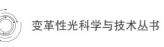变革性光科学与技术丛书

国家出版基金项目
NATIONAL PUBLICATION FOUNDATION

"十三五"国家重点
图书出版规划项目

Optical Fiber Communication Technologies Based
on Digital Signal Processing（Ⅰ）

基于数字信号处理的
光纤通信技术

（第一卷）

Single Carrier Propagation

单载波信号传输

余建军　迟楠　著

清华大学出版社
北京

内 容 简 介

本书主要介绍了高速光纤通信技术中的数字信号处理技术的原理及其在系统中的应用。主要内容包括在高速光纤长距离传输系统中的基于相干光探测和在城域网、局域网或数据中光互连中的短距离传输中的强度调制和直接检测系统中的数字信号处理技术。为了提高传输距离或增加传输容量,第 8 章介绍了能够接近香农极限的概率整形技术和相关的新算法。总之本书是对近十年来高速光纤传输中的数字信号处理新技术的总结,对光纤通信系统中数字信号处理的原理及应用都有系统而详细的介绍。

本书适合从事通信领域包括光纤通信、无线通信等研究的工程技术人员,以及高等院校通信工程等相关专业的教师和研究生阅读。

图书在版编目(CIP)数据

基于数字信号处理的光纤通信技术.第一卷,单载波信号传输/余建军,迟楠著.—北京:清华大学出版社,2020.10
(变革性光科学与技术丛书)
ISBN 978-7-302-56520-8

Ⅰ.①基… Ⅱ.①余…②迟… Ⅲ.①光纤通信-数字信号-信号处理 Ⅳ.①TN929.11

中国版本图书馆 CIP 数据核字(2020)第 182926 号

责任编辑:鲁永芳
封面设计:意匠文化·丁奔亮
责任校对:刘玉霞
责任印制:沈 露

出版发行:清华大学出版社
　　网　　　址:http://www.tup.com.cn,http://www.wqbook.com
　　地　　　址:北京清华大学学研大厦 A 座　　　　邮　　编:100084
　　社 总 机:010-62770175　　　　　　　　　　　邮　　购:010-62786544
　　投稿与读者服务:010-62776969,c-service@tup.tsinghua.edu.cn
　　质量反馈:010-62772015,zhiliang@tup.tsinghua.edu.cn
印 装 者:北京雅昌艺术印刷有限公司
经　　销:全国新华书店
开　　本:170mm×240mm　　印　张:21.25　　字　数:400 千字
版　　次:2020 年 12 月第 1 版　　　　印　次:2020 年 12 月第 1 次印刷
定　　价:169.00 元

产品编号:089656-01

丛书编委会

主　编

罗先刚　中国工程院院士,中国科学院光电技术研究所

编　委

周炳琨　中国科学院院士,清华大学

许祖彦　中国工程院院士,中国科学院理化技术研究所

杨国桢　中国科学院院士,中国科学院物理研究所

吕跃广　中国工程院院士,中国北方电子设备研究所

顾　敏　澳大利亚科学院院士、澳大利亚技术科学与工程院院士、
　　　　中国工程院外籍院士,皇家墨尔本理工大学

洪明辉　新加坡工程院院士,新加坡国立大学

谭小地　教授,北京理工大学、福建师范大学

段宣明　研究员,中国科学院重庆绿色智能技术研究院

蒲明博　研究员,中国科学院光电技术研究所

丛 书 序

    光是生命能量的重要来源,也是现代信息社会的基础。早在几千年前人类便已开始了对光的研究,然而,真正的光学技术直到400年前才诞生,斯涅耳、牛顿、费马、惠更斯、菲涅耳、麦克斯韦、爱因斯坦等学者相继从不同角度研究了光的本性。从基础理论的角度看,光学经历了几何光学、波动光学、电磁光学、量子光学等阶段,每一阶段的变革都极大地促进了科学和技术的发展。例如,波动光学的出现使得调制光的手段不再限于折射和反射,利用光栅、菲涅耳波带片等简单的衍射型微结构即可实现分光、聚焦等功能;电磁光学的出现,促进了微波和光波技术的融合,催生了微波光子学等新的学科;量子光学则为新型光源和探测器的出现奠定了基础。

    伴随着理论突破,20世纪见证了诸多变革性光学技术的诞生和发展,它们在一定程度上使得过去100年成为人类历史长河中发展最为迅速、变革最为剧烈的一个阶段。典型的变革性光学技术包括:激光技术、光纤通信技术、CCD成像技术、LED照明技术、全息显示技术等。激光作为美国20世纪的四大发明之一(另外三项为原子能、计算机和半导体),是光学技术上的重大里程碑。由于其极高的亮度、相干性和单色性,激光在光通信、先进制造、生物医疗、精密测量、激光武器乃至激光核聚变等技术中均发挥了至关重要的作用。

    光通信技术是近年来另一项快速发展的光学技术,与微波无线通信一起极大地改变了世界的格局,使"地球村"成为现实。光学通信的变革起源于20世纪60年代,高琨提出用光代替电流,用玻璃纤维代替金属导线实现信号传输的设想。1970年,美国康宁公司研制出损耗为20dB/km的光纤,使光纤中的远距离光传输成为可能,高琨也因此获得了2009年的诺贝尔物理学奖。

    除了激光和光纤之外,光学技术还改变了沿用数百年的照明、成像等技术。以最常见的照明技术为例,自1879年爱迪生发明白炽灯以来,钨丝的热辐射一直是最常见的照明光源。然而,受制于其极低的能量转化效率,替代性的照明技术一直是人们不断追求的目标。从水银灯的发明到荧光灯的广泛使用,再到获得2014年诺贝尔物理学奖的蓝光LED,新型节能光源已经使得地球上的夜晚不再黑暗。另外,CCD的出现为便携式相机的推广打通了最后一个障碍,使得信息社会更加丰富多彩。

20 世纪末以来,光学技术虽然仍在快速发展,但其速度已经大幅减慢,以至于很多学者认为光学技术已经发展到瓶颈期。以大口径望远镜为例,虽然早在 1993 年美国就建造出 10m 口径的"凯克望远镜",但迄今为止望远镜的口径仍然没有得到大幅增加。美国的 30m 望远镜仍在规划之中,而欧洲的 OWL 百米望远镜则由于经费不足而取消。在光学光刻方面,受到衍射极限的限制,光刻分辨率取决于波长和数值孔径,导致传统 i 线(波长:365nm)光刻机单次曝光分辨率在 200nm 以上,而每台高精度的 193 光刻机成本达到数亿元人民币,且单次曝光分辨率也仅为 38nm。

在上述所有光学技术中,光波调制的物理基础都在于光与物质(包括增益介质、透镜、反射镜、光刻胶等)的相互作用。随着光学技术从宏观走向微观,近年来的研究表明:在小于波长的尺度上(即亚波长尺度),规则排列的微结构可作为人造"原子"和"分子",分别对入射光波的电场和磁场产生响应。在这些微观结构中,光与物质的相互作用变得比传统理论中预言的更强,从而突破了诸多理论上的瓶颈难题,包括折反射定律、衍射极限、吸收厚度-带宽极限等,在大口径望远镜、超分辨成像、太阳能、隐身和反隐身等技术中具有重要应用前景。譬如:基于梯度渐变的表面微结构,人们研制了多种平面的光学透镜,能够将几乎全部入射光波聚集到焦点,且焦斑的尺寸可突破经典的瑞利衍射极限,这一技术为新型大口径、多功能成像透镜的研制奠定了基础。

此外,具有潜在变革性的光学技术还包括:量子保密通信、太赫兹技术、涡旋光束、纳米激光器、单光子和单像元成像技术、超快成像、多维度光学存储、柔性光学、三维彩色显示技术等。它们从时间、空间、量子态等不同维度对光波进行操控,形成了覆盖光源、传输模式、探测器的全链条创新技术格局。

值此技术变革的肇始期,清华大学出版社组织出版"变革性光科学与技术丛书",是本领域的一大幸事。本丛书的作者均为长期活跃在科研第一线,对相关科学和技术的历史、现状和发展趋势具有深刻理解的国内外知名学者。相信通过本丛书的出版,将会更为系统地梳理本领域的技术发展脉络,促进相关技术的更快速发展,为高校教师、学生以及科学爱好者提供沟通和交流平台。

是为序。

罗先刚

2018 年 7 月

序

　　光纤有上百太(T)比特每秒的传输带宽和小于 0.2dB/km 的传输损耗,可以实现超宽带信号的长距离传输。但随着传输距离的增加,信噪比的下降限制了信号的传输距离。随着基于相干光通信处理的数字信号处理技术引入到高速光纤传输系统中,光纤通信技术发生了革命性的变化。相干光通信可以极大地提高信号的接收机灵敏度,从而延长传输距离和增加传输容量。采用数字信号处理的先进算法还能够有效地减小或克服光纤通信系统中的各种线性或非线性效应,极大地提高系统性能。而且最近的研究也表明,这些数字信号处理算法在短距离传输系统包括数据中心光互连中也是非常有用的一项技术。

　　笔者在高速光传输领域进行了 20 余年的研究,在大容量、高速率光纤传输方面创造了许多项世界纪录,包括最先实现频谱效率达到 4bit/(s・Hz)的相干光传输,最先实现 100G 的 8 相移键控(PSK)信号的传输,最先实现从 400Gbit/s 到 1Tbit/s 再到 10Tbit/s 的相干光信号的传输和探测;在高波特传输方面最先实现了最高波特率的 160Gbaud 正交相移键控(QPSK)和 128Gbaud 16 正交幅度调制(QAM)信号的产生和相干探测;在高波特率传输方面,最先实现 256QAM 信号产生传输速率每信道 400Gbit/s。

　　笔者先后在北京邮电大学、丹麦技术大学、美国朗讯(Lucent)贝尔实验室、美国佐治亚理工学院、美国 NEC 研究所、中兴通讯美国光波研究所和复旦大学从事高速光传输技术方面的研究,发表了 500 余篇学术论文,获得 60 余项美国专利授权。先后担任 *Journal of Optical Networking*(OSA)、*Journal of Lightwave Technology*(IEEE/OSA)、*Journal of Optical Communications and Networking*(OSA/IEEE)和 *IEEE Photonics Journal* 的编委,美国光学学会会士(OSA Fellow)和电气工程师学会会士(IEEE Fellow)。

　　本书另一位作者迟楠是复旦大学教授,复旦大学信息科学和工程学院院长。先后在丹麦技术大学和英国布里斯托大学留学从事高速光通信研究。发表论文 300 余篇,先后在美国光纤通讯展览会及研讨会(OFC)等国际会议作邀请报告 40

余次。

《基于数字信号处理的光纤通信技术》分为两卷：第一卷主要讨论单载波调制技术，第二卷主要介绍基于正交平分复用的多载波调制、四维调制和机器学习人工智能等新技术。

本书以笔者和迟楠教授发表的论文及申请的专利为主要内容，包括笔者部分博士期间发表的论文、专利和实验结果。在本书撰写过程中得到作者指导的博士研究生张俊文、李欣颖、董泽、李凡、曹子峥、王源泉、许育铭、陈龙，以及肖江南、王凯辉、孔淼、燕方、勾鹏琪、王灿、石蒙和赵明明等学生在章节撰写和文字校对方面的支持和帮助，特此感谢。

余建军

2020 年 8 月

目 录

绪　　论

1.1　研究背景和意义

近十年来,伴随着以视频会议、高清互联网电视、云计算、物联网、社交媒体和移动数据传输为代表的新业务和新技术的迅猛发展,通信传输速率和互联网的数据流量一直处于爆炸式增长中,这对作为整个通信系统基础的物理层——光传输网提出了更高的传输性能要求[1-14]。光纤通信具有极大的宽带传输能力,而我国97%以上的信息量是通过光纤传送的,从核心骨干网到城域网、光网络交换节点,再到数据中心光互连、城市光纤接入网甚至光纤无线融合接入网,光纤通信网络已成为国家信息建设的基础设施,以及信息传输和交换不可替代的承载平台[11-14]。从国际上看,许多发达国家均对超宽光传输网技术的发展非常重视。欧盟通过其第七框架计划(FP7)继续关注该领域的研究,并以此为契机推进欧洲大容量传输技术的探索与发展;美国政府积极推行宽带激励计划以实现全美范围内大容量骨干网的建设,同时也将其列为经济刺激计划的重点。在国际高速互联通信方面,由中美日等多国共建的新一代跨太平洋高速海底光缆"FASTER"于 2016 年 6 月底正式投入使用[15]。该光缆总长为 9 000km,设计峰值容量高达 60Tbit/s(100Gbit/s×100 波长×6 光纤)。在固定接入网方面,国际电信联盟电信标准局(ITU-T)于2016 年完成了基于时分波分复用技术(T-WDM)的 40Gbit/s 无源光网络(NG-PON2)G.989.3 标准制定工作[16],各大运营商也已进入测试甚至实际部署阶段。在此全球背景下,我国也紧紧把握住超宽带光传输技术更新换代的历史机遇,提出"中国制造 2025""中国一带一路的互联互通"等国家战略和倡议,并将其作为未来国家信息领域发展的重要着眼点。在各因素的驱动下,从物联网、云计算、大数据、移动社交网络到"互联网＋"、虚拟现实(VR)、增强现实(AR)再到人工智能(AI)等，都显示了信息通信技术的重要性。由此可见，宽带高速光传输网已成为全球信息发展战略的重中之重，而研究超高速大容量的光传输基础理论和实现技术已成为当前全球信息领域的迫切需求。

应当认识到，对超高速大容量光传输网络的研究是一个全面而又多层次的技术探索。针对不同的网络传输层次的光纤传输，开展相对应的理论和技术研究非常必要。图 1-1 为超高速光通信网络的结构层次图，纵观传输网络的结构，光纤传输从上到下依次覆盖了核心骨干网、城域光交换网、光纤接入网、数据中心光互连，以及光纤无线融合移动接入网。不同的网络具有不同的技术特点和发展需求，核心骨干网需要传输距离大于 1 000～2 000km，跨洋海底光缆甚至要大于 5 000～10 000km。目前商用的核心骨干网已经开始部署 100Gbit/s 每信道(波长)，而科研院所已经瞄准 400Gbit/s 甚至 1Tbit/s 每信道的研究工作[11-14,17-19]。此外，核心骨干传输网还要求容量要大于 1～10Tbit/s，从而实现超高速超大容量和超长距离光传输[20]。相比较而言，城域光交换网方面则针对的是距离大于 100～500km，传输速率在 40～100Gbit/s 每信道，主要面向的是光网络交换节点的传输网络；容量方面也比核心骨干网要低一些，需要 400G～1Tbit/s 的信道容量。

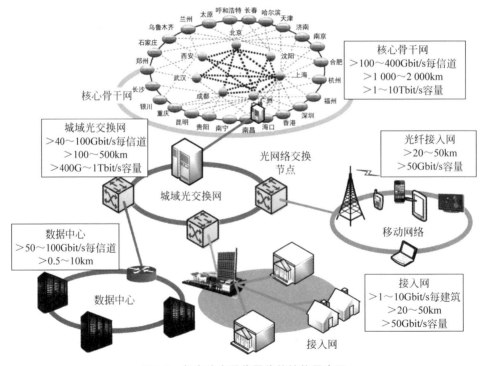

图 1-1　超高速光通信网络的结构层次图

城域网之下,接入网和短距离光传输的带宽需求逐年快速增长[1-8]。一方面,随着云计算时代的来临和数据中心的普及,大容量高速率的数据中心逐渐成为新一代互联网服务的基础,迫切需要面向数据中心的短距离高速光互连的传输支持[6-7];另一方面,随着用户端数据业务和移动互联的带宽需求不断增加,作为"最后一千米"的光接入网的传输速率也在不断增加[4-5]。数据中心光互连尽管传输距离短(0.5~10km),但速率要求较高,未来预计需要达到 50~100Gbit/s 的单信道速率。同时,不同于长距离传输的承载网,其技术发展还需要考虑成本、方案复杂度和系统功耗的平衡问题。考虑到成本、功耗和复杂性,目前强度调制和直接检测(IM/DD)与高阶调制格式相结合是一种更实际的方法。同样地,接入网对成本、带宽和用户数量的综合考虑也同样重要。最后,考虑到光纤传输的有线性,尽管传输速率高,但无法实现移动、大范围覆盖,而无线通信具有广泛覆盖性和移动性,是贴近用户使用最为方便的通信方式,特别是在某些特殊灾害场景下,无线通信具有快速覆盖的优势。不过其频段资源、通信带宽和传输距离均有限。为了实现广泛、高速且稳定安全的通信接入,业界也早已开始了高速光纤无线通信的融合接入网的部署和研究。

综上所述,研究面向整个光通信网络的超高速大容量光通信基础理论和关键技术,针对不同网络层次的应用场景和技术要求,探索理论基础和创新应用技术,具有重要的科研价值和应用前景。本书所研究的超高速大容量光通信系统的若干关键技术,针对核心骨干网实现大容量、超高速和长距离光传输;针对城域光交换网实现高频谱效率和全光信号处理;而针对数据中心和接入网等短距离光传输,实现结构简单、低成本的高速光传输和光接入;针对光通信领域其他研究方向及最新热点,介绍了概率整形(PS)技术、前向纠错码(FEC)、四维调制及机器学习、克拉默斯-克勒尼希(KK)相位恢复技术等。以上各项技术可满足不同场景的技术需求,是国内外研究的热点和重点。

1.2　国内外研究现状

为实现超高速大容量的光传输网络,针对不同层次光传输网,需要研究多种关键的系统理论基础和实现技术,如为实现大容量需要 1Tbit/s 甚至 10Tbit/s 的多波长光源,为实现长距离光传输所需的准线性系统和非线性补偿技术,为实现超高速光传输的高频谱效率编码与调制技术,还有针对短距离光互连和接入网的新型高效调制格式和信号处理技术,以及高速光无线融合网络,等等。下面将从国外和国内两方面,分别介绍国内外在不同层次的超高速大容量光传输网络的理论基础和实现技术上的重要研究工作与发展趋势。

1.2.1　国外研究现状

随着数字信号处理技术的迅速发展和日益成熟,为实现超高速大容量信号的长距离光传输,包括针对色散补偿、时钟恢复、信道动态均衡算法、偏振模色散补偿、载波恢复以及相位补偿在内的一系列数字相干算法,均得到了广泛深入的研究和较为系统的发展[12-14,21-30]。

在色散补偿方面,相比于色散补偿光纤,在相干系统中采用基于数字信号处理的色散补偿算法,实现成本更低且对光纤非线性效应的容忍度更高,因此成为数字信号处理流程中必不可少的一环。2009 年和 2010 年,美国和英国研究人员相继验证了时域和频域色散补偿算法在相干光通信中的应用[13,30]。在时钟恢复方面,德国亚琛(Aachen)技术大学提出的数字平方滤波平方定时估计算法受限于其平方运算计算复杂度高和采样速率要求高,因而在高速传输系统中的应用有限[31];加德纳(Gardner)算法在系统中实现简单且对载波相位不敏感,因此应用非常广泛[32];高达(Godard)算法可以有效控制和避免符号频谱交叠引起的干扰,并且仅需以一倍符号速率采样[33];穆勒(Muller)算法可以直接通过接收信号的采样值获取对时钟函数的无偏估计[34]。

在偏振模色散补偿方面,对于高阶调制格式,如 16QAM、32QAM,甚至更高级 QAM,诸多文献均给出了适用于这些调制格式的动态均衡算法[13,24,26,35-37]。值得注意的是,由于恒模算法(constant modulus algorithm,CMA)本身的误差函数更新针对正交相移键控的单一模,对于高阶调制格式如 16QAM 等,并不能使误差函数趋向于零,因此均衡信道时存在较大的误差。2010 年,美国电话电报公司(AT&T)提出了一种针对 8QAM、16QAM 等高阶 QAM 结构的级联多模算法(cascaded multi-modulus algorithm,CMMA)[13,37],这种算法根据高阶 QAM 信号不同的模半径选择最佳的判决值,提高了误差函数的精度,理论上误差函数趋向于零;美国贝尔(Bell)实验室也通过实验验证了模半径选择均衡(RDE)算法在 16QAM 等调制格式中的应用[38],这种算法在计算误差函数时进行不断地模半径判决,最终选择判决后的模半径作为误差函数计算值。更进一步,改进的级联多模算法(modified cascaded multi-modulus algorithm,MCMMA)是在星座点的统计规律为方形的调制信号的基础上提出的,它利用星座点分布的统计规律修正了传统的多模算法,将依赖收敛半径的单一误差函数转变成两个正交的误差函数,最终提高均衡器性能[39]。此外,常用的偏振均衡算法还有独立成分分析算法(ICA)等[24]。

在载波恢复方面,基于经典维特比(Viterbi-Viterbi,V-V)算法[40]的前馈载波恢复已经在相干光系统中得到广泛应用;2009 年,德国帕德博恩(Paderborn)大学提出了一种硬件实现简单且高效的前馈式相位恢复算法,即盲相位搜寻(blind phase search,BPS)算法[41]。2010 年,美国 AT&T 实验室通过引入最大似然估计算法,提出了一种计算复杂度更低的改进算法[13,37]。

在非线性补偿方面,数字反向传播(DBP)技术被看作是最有前途的一种技术:2009 年,美国佛罗里达大学提出了采用一种 DBP 技术对信道间的非线性损伤进行补偿的运算负荷[42];2011 年,美国佛罗里达大学研究人员再次提出了一种改进的分步方法用于极化复用-波分复用(PDM-WDM)系统,一个由马纳科夫(Manakov)方程所推导出的耦合系统的非线性偏微分方程被用在 DBP 技术的计算过程中[43];2012 年,日本电气公司美国实验室(NEC)提出了一种色散折叠的 DBP 技术,用来减少在进行非线性补偿时产生的庞大的计算量[44]。

随着波分复用(wavelength division multiplexing,WDM)系统的广泛应用,考虑到有限的可用带宽,高频谱效率光传输是大容量光通信系统的关键[17,19,26,36,45-47]。一方面,高频谱效率光传输可以通过高阶调制格式实现,如 2010 年日本电报电话公司(NTT)实现了 120Gbit/s 的偏振复用 64QAM 信号传输 160km[36];2011 年,美国 AT&T 实验室实现了 64Tbit/s 的谱效率高达 6bit/(s·Hz)的 64QAM 传输 320km[46];2012 年,日本东京大学率先实现了 60Gbit/s 的 1024QAM 相干光传输[26],然而由于高阶调制格式所需的信噪比很高,传输距离非常有限,难以满足长距离传输的要求[36];自 2016 年 9 月以来,PS 技术作为高阶调制格式优化技术凭借其传输容量高、复杂度低的优势受到关注。2016 年,欧洲光通讯展览会(ECOC)会议文章中诺基亚贝尔实验室等在德国骨干网中通过四载波超频道的 1Tbit/s 数据传输,利用 PS 技术,实现了前所未有的传输容量和频谱效率[48]。同年 10 月,阿尔卡特朗讯和阿尔卡特朗讯诺基亚贝尔实验室用 PS 技术实现了 6 600km 的单模光纤 65Tbit/s 的数据传输[49]。另一方面,近些年来所提出的频谱压缩技术,在不致增加过多系统设备和增加过多信噪比需求的基础上,提高原有系统谱效率,已成为国内外研究的热点[17,19,47,50-59]。1990 年前后,研究人员提出了包括常规 WDM(符号带宽小于信道间距)[60],2010 年,意大利研究人员首次提出了奈奎斯特(Nyquist)WDM(符号带宽等于信道间距)在光通信里面的应用[61];2011 年,美国泰科(Tyco)公司首次提出了压缩频谱实现 SN-WDM(super-Nyquist WDM,SN-WDM)(符号带宽小于信道间距)的可能[53]。常规 WDM 方案中,信道之间有防护频带,因此可消除信道串扰与符号间干扰。但是,在超奈奎斯特系统中,正是由于滤波效应,系统性能受到噪声、信道间串扰和符号间干扰等影响而被严重降低[47-53,59]。因此,为了在包括 FEC 开销的长距离传输中解决噪声、串扰和符号间干扰等问题,并实现更高的频谱效率,新型的数字信号处理和恢复算法是亟待解决的核心问题[17,19,47,54,58]。

在正交复用方面,迄今为止,高阶调制格式的相干光正交频分复用(OFDM)已经被广泛研究,基于电的和全光的 OFDM 信号产生都有报道,尤其是全光 OFDM。2011 年,德国卡尔斯鲁厄理工学院(KIT)在 *Nature Photonics* 上报道了基于 16QAM 和相干探测 26Tbit/s 线速率的超级信道全光 OFDM 传输系统[62]。与 OFDM 相比,2010 年,意大利研究人员首次提出并证实了奈奎斯特信号传输有几个独特的优点,包括低接收机复杂度、低接收机带宽以及改善光纤非线性损伤的低峰均比[61]。高频谱效率大传输容量的方案也已经被报道。同样是德国 KIT,于 2012 年采用 12.5Gbaud PDM-16QAM 和 325 个光载波的单光源 32.5Tbit/s NWDM(Nyquist WDM,NWDM)传输,并以截稿日期后接收的文章(Post-deadline)的形式发表在当年的美国光纤通讯展览会及研讨会(OFC)上[63]。高质量 Sinc 型奈奎斯特脉冲的全光方案可以由线性相位且频率锁定的光梳产生,此方案最早于 2013 年由瑞士和德国科学家在 *Nature Communication* 上提出[64]。

不同于长距离传输的承载网,短距离与接入网的光传输则需要考虑成本、方案复杂度和系统功耗等问题,因而短距离传输一般是直调直检的系统。国际上已经有多家研究所和企业对数据中心这种短距离光互连开展了大量的研究[1-8]。2014 年,日本 NTT 光学实验室使用光学组件和循环阵列波导光栅,实现了 400Gbit/s 的大容量光纤传输。2013 年,丹麦科学技术大学在 O 波段采用 4 路多边带无载波幅相调制(CAP)技术,实现了客户端的 400Gbit/s 数据传输,并且基于垂直腔表面发射激光器(VCSEL)实现了速率为 100Gbit/s 的 100m 多模光纤传输[6]。2014 年,贝尔实验室使用新型的接收机电路,不使用均衡技术和数字信号处理,实现了速率为 100Gbit/s 的开关键控(OOK)信号在标准单模光纤中的 1km 传输[65]。2012 年,剑桥大学研究人员重点研究了 CAP 技术并指出其具有低功耗和低成本的优点,相比于其他调制格式,如非归零码(NRZ)和 OFDM 等,CAP 技术用于短距离光传输具有巨大潜力[4]。而脉冲幅度调制(PAM)同样因其原理简单和低成本受到关注。2016 年,OFC 会议上贾(Z. Jia)提出了一种设计简单的查找表(LUT)预畸变的非线性补偿方法[66]。

在新型编码方面,2017 年,德国诺基亚贝尔实验室首次实验展示了基于 PS 技术的 IM/DD 系统,结果表明 56Gbaud 的 PS-PAM8 可以达到 0.16bit/symbol 的更高可达信息速率,这对应于净传输速率增加 8.96Gbit/s,等效于可以多传输 135km 标准单模光纤(SSMF)[67]。2017 年,麦吉尔大学提出了基于新型斯托克斯矢量克拉默斯-克勒尼希收发机的四维(4D)调制,在 C 波段无色散管理传输 60Gbaud PDM-16QAM 信号 80km 光纤,实现了单波长 400Gbit/s 净传输速率[68]。同年,麦吉尔大学演示了以 84Gbaud 符号速率运行的单载波直接检测收发器,采用新型调制格式每个符号提供 5.5bit 和 6bit,实现 462Gbit/s 和 504Gbit/s 速率传输 500m SSMF[69]。2017 年,麦吉尔大学在斯托克斯空间上提出了一种新颖的三维 16QAM-PAM2 编码调制,使用斯托克斯矢量接收机实现了 280Gbit/s 信号传输 320km 光纤,该方案可以用于城域光交换网或区域网络[70]。2019 年,德国诺基亚贝尔实验室钱虎(Hu Qian)等采用汤姆林森-哈拉希玛预编码(Tomlinson-Harashima precoding,THP),在 33GHz 带宽受限的 IM/DD 系统中传输 74Gbaud 预编码 PAM8,在 2km 的光纤链路上实现了 185Gbit/s 净传输速率[71]。2019 年,日本 NTT 通过使用由 AMUX IC 和 InP 马赫-曾德尔调制器(MZM)组成的集成发射机,实验演示了 162Gbaud PS-PAM16 传输 20km 光纤,实现了高达 400Gbit/s 净传输速率(总速率 516.7Gbit/s),这是使用紧凑型发射机通过单载波 IM/DD 实现的首次 400Gbit/s 传输[72]。

在先进数字信号处理方面,2017 年,华为德国研究中心提出了一种新型时钟恢复算法和偏微分编解码多带 CAP 方案,实验演示了使用 10G 级收发机实现每波 40Gbit/s 长距离无源光网络(PON),传输 80km(90km)SSMF 后分别实现 33dB(29dB)的链路功率预算[73-74]。2018 年,韩国科学技术院提出并演示了一种基于人工神经网络(ANN)的机器学习算法的低复杂度非线性均衡器,在 1 310nm 直接调制激光器(DML)实现了 20Gbit/s PAM4 信号传输 18km SSMF,ANN-NLE 均衡器可以明显减小非线性影响[75]。2019 年,日本 NTT 提出了一种基于三阶沃尔泰拉滤波器的非线性最大似然序列估计(NL-MLSE)均衡器,基于该均衡器,使用只有 3dB 20GHz 带宽的发射机,实现了创纪录的 255Gbit/s PAM8 传输,比传统的前馈均衡器(FFE)有 2.2dB 性能提升[76]。2019 年,美国诺基亚贝尔实验室提出在光线路终端(OLT)接收机侧神经网络(NN)均衡器,避免在用户侧进行复杂处理,基于该 NN 均衡器实验演示了 C 波段 50Gbit/s NRZ 和 92Gbit/s PAM4 时分复用-无源光网络(TDM-PON)[77]。

1.2.2 国内研究现状

我国在超高速大容量光通信方面的研究仍处于发展阶段,目前尚处于理论研究和基础实验阶段,离国外一流研究水平还有一段距离。然而,也应当看到,在国家科研计划如"973 计划""863 计划"和国家自然科学基金的支持下,国内已有不少单位开展了相关研究,复旦大学、清华大学、北京邮电大学、北京大学、湖南大学、上海交通大学、华中科技大学、武汉邮电科学研究院等高校和研究所都在这些方面开展了不少工作,而华为、中兴通讯、烽火通信等高科技光通信企业也做了大量的产业化实践。

在科技部支持的"973 计划"项目——超高速超大容量超长距离光传输基础研究(2010CB328300)就涉及了关于超高速超大容量光传输高频谱效率极限的理论研究,在该项目的资助下,复旦大学于 2011 年实现了创纪录的 178 条全 C 波段多载波产生[78]，并于 2012 年至 2013 年相继提出了多种多载波产生结构，分别面向 1Tbit/s 和 10Tbit/s 的多载波信道[79-81]。在多维多阶调制格式方面，2011 年，中兴通讯实现了单信道超过 1Tbit/s 的 7 路 PDM-64QAM 光信号在 320km 光纤上的传输[10]。2012 年，复旦大学与中兴通讯通过产学研方式合作实现了 30Tbit/s(3×12.84Tbit/s)的 PDM-64QAM 光信号在 320km 光纤上的传输[9]。2014 年，武汉邮电科学研究院实现了 63Tbit/s 的 C＋L 波段的全波段 PDM-16QAM 信号传输[82]。在开展基于光实时数字相干接收的光传输技术的研究方面，2011 年 12 月 5 日，武汉邮电科学研究院在国家重点实验室成功实现 240Gbit/s OFDM 信号在普通单模光纤上无误码实时传输 48km，这是国际上首个用在线实时处理方式实现的超 100Gbit/s 超高速光通信传输试验[83]。2014 年，中兴通讯与湖南大学等合作，实现了双边带 100Gbit/s 的 16QAM-OFDM 信号的实时产生与传输。频谱压缩方面，2014 年华中科技大学实现了基于偏移 16QAM 的奈奎斯特波分复用传输和接收[84]。超高速信号全光奈奎斯特信号产生方面，复旦大学于 2014 年率先实现了完整意义上的全光奈奎斯特信号的产生与相干探测，该项成果利用全光梳状谱，成功实现了世界上首个真正意义上的全光奈奎斯特信号相干通信系统，成功产生并相干探测了高达 125Gbaud 的全光奈奎斯特 QPSK 信号。该项成果同时也是目前单载波单个接收机探测的最高波特率纪录。这一重要成果首次成功实现，对未来超高速光传输网络、全光信号处理具有重要的研究意义，成果发表在 *Nature* 旗下期刊 *Scientific Reports* 上[85]。清华大学在 2014 年的 OFC 上报道了 25 条平坦光梳奈奎斯特脉冲的产生，为全光奈奎斯特信号的产生提供了技术支持[86]。短距离光传输与光接入方面，北京邮电大学做了大量的工作，包括正交频分复用-无源光网络(OFDM-PON)相关研究，从理论和实验多方面进行了研究[87]。清华大学在光纤承载无线信号传输方面做了大量工作，实现了结构简单性能稳定的光子毫米波的产生与传输[88]。上海交通大学则在光接入方面，如时分复用(TDM)和波分复用无源光网络(WDM-PON)方面做了大量的工作，取得了不少成果[89]。2015 年，中兴通讯利用残留边带调制和离散傅里叶变换扩频(DFT-S)OFDM 格式实现了 100Gbit/s 信号在单模光纤中传输 2km[90]；武汉邮电科学研究院利用偏振特性和 IQ 调制，成功把 100.29Gbit/s 的 OFDM/交错正交幅度调制(OQAM)信号在单模光线中传输 880km[91]；华为利用 IQ 调制和单边带滤波技术实现 112Gbit/s 信号传输 80km[92]。2016 年，复旦大学采用 1 550nm MZM，实现 4×128Gbit/s DFT-S 单边带离散多音(SSB-DMT)信号在 320km 单模光纤(single mode fiber，SMF)上的传输，信道间隔为 150GHz[93]。

北京大学在基于硅光集成调制器和 KK 收发机上演示了创纪录的传输实验，2017 年，基于奈奎斯特 16QAM 半周期单边带副载波调制信号(SSB-SCM)，实验演示了 224Gbit/s(56Gbaud×4bit)传输 160km SSMF,净速率为 203.4Gbit/s,这是首次使用单端光电二极管(PD)在 C 波段实现 200Gbit/s 城域光交换网传输[94];同年,在 C 波段演示了单信道 112Gbit/s 奈奎斯特 16QAM 半周期单边带副载波调制信号传输掺铒光纤放大器(EDFA)中继的 960km SSMF[95];2019 年,使用具有 3dB 22.5GHz 带宽的常规硅光行波马赫-曾德尔调制器(TW-MZM),通过实验分别演示了 192Gbit/s PAM4 和 200Git/s PAM6 信号传输 1km SSMF 以及背靠背传输 192Gbit/s PAM8 信号,这一成果作为 OFC 2019 发布截止后文章(PDP)进行了大会报告[96-97]。华中科技大学在 2017 年提出了一种线性和非线性损伤稀疏沃尔泰拉滤波器,使用 O 波段 18G 级 DML 和掺错光纤放大器(PDFA)演示了 2×64Gbit/s PAM4 信号传输 70km SSMF[98];2019 年,提出了一种非线性判决反馈沃尔泰拉均衡器,使用 4 个 O 波段 DML 演示了 384Gbit/s(4×96Gbit/s)PAM8 信号无光放大器传输 15km[99-100]。北京邮电大学在 2018 年提出了一种基于 ANN 的非线性均衡器,基于该均衡器,在 C 波段实现了 112Gbit/s SSB-PAM4 传输 80km SSMF[101];同年,使用 KK 接收机和稀疏 IQ 沃尔泰拉滤波器,在 960km SMMF 上实验演示了单个光电二极管 112Gbit/s 16QAM 传输[102]。上海交通大学在 2020 年提出了一种二维网格编码调制 PAM8(2D-TCM-PAM8)调制格式和有效分段线性沃尔泰拉滤波器,使用 20GHz 带宽 DML 通过实验实现了 104Gbit/s 2D-TCM-PAM8 信号传输 10km SSMF[103];2019 年,提出了一种计算有效的分段线性(PWL)均衡器,在 C 波段 56Gbit/s 和 84Gbit/s 的 PAM4 信号无色散补偿分别传输了 40km 和 80km SSMF[104];在 2020 年,提出了一种基于多输入多输出-人工神经网络(multiple-input multiple-output ANN,MIMO-ANN)的非线性均衡器,实验验证了 112Gbit/s SSB 16QAM 信号传输 120km SSMF[105]。中山大学在 2019 年采用自适应前馈均衡器抽头数系数均衡器,在 O 波段基于 10G 级 DML 实现了 45Gbaud PAM6 信号传输 40km SSMF[106];2019 年,提出了离散傅里叶变换扩展频谱有效的频分复用(DFT-S SEFDM)传输系统,实验验证了在 C 波段净速率 100Gbit/s 传输 2km SSMF,该方案能有效降低 IM/DD 系统峰均比(PAPR)[107];在 2020 年,提出一种预啁啾技术,使用一个商用双臂 MZM 在 C 波段通过实验演示了 100Gbit/s PAM6 和 PAM8 信号传输 10km SSMF[108]。

复旦大学团队近几年在高速短距离光纤传输方面取得了一系列创新性成果。2017 年,使用 10Gbit/s 级 C 波段 DML 和光间插器产生 56Gbit/s 啁啾管理的 OOK 信号成功传输 10km SSMF,无需任何色散补偿和数字信号处理算法(DSP)[109];同年,提出了发射端联合线性数字预均衡和非线性查找表的方案,通过实验演示了 4×112.5Gbit/s PAM4 传输 80km SSMF[110];基于双单边带(Twin-SSB)调制和 MIMO-沃尔泰拉(Volterra)均衡器,在 C 波段通过实验实现了

208Gbit/s DFT-S OFDM 信号传输 40km SSMF[111]；基于数字色散预补偿和先进的非线性失真补偿,通过实验创造了 4×112Gbit/s PAM4 IM/DD 传输 400km SSMF 的纪录[112]；基于双臂 MZM 产生 SSB 信号和数字色散预补偿,通过实验对 PAM4、CAP16 和 PAM8、CAP64,以及 DFT-S OFDM 16QAM、64QAM 实现 112Gbit/s 传输进行了详细的比较,这也是目前最为详细地对比不同调制格式实验[113-115]；2018 年,将 PS 技术首次引入 OFDM 系统中并通过实验实现了每波 28.95 Gbit/s PS-1024QAM DFT-S OFDM 传输 40km SSMF[116]；同年,提出了一种联合 MIMO-沃尔泰拉均衡算法,在 C 波段通过实验演示了每波 112Gbit/s CAP-16QAM 传输 480km SSMF,是 100Gbit/s CAP 调制格式最长传输纪录[117-118]；2019 年,基于数字预均衡、概率整形和硬限幅技术,实验演示了单信道电吸收光调制器(EML)106 Gbaud PAM4 和 PS-PAM8 信号传输 1km 非零色散位移光纤,最高实现 260Gbit/s PS-PAM8 信号传输[119]；2019 年,基于 KK 接收机,实验演示了 25GHz 间隔 4×140Gbit/s 128QAM 和 4×160Gbit/s 256QAM SSB 信号传输 20km SSMF,在 256QAM 时有效频谱效率可达 5.12bit/(s·Hz)[120-121]；2020 年,利用收发端半导体光放大器(SOA)和概率整形高阶 PAM8 调制信号,实验演示了 1Tbit/s(280Gbit/s×4) PS-PAM8 传输 40km SSMF,净速率高达 880Gbit/s,可以支持未来 800G 数据中心互连,这是当前 PAM IM/DD 传输最高纪录[122]；2019 年,使用 10Gbit/s 级 DML 和 SOA 前置放大器,首次实验演示了 O 波段每波 100Gbit/s PAM4 TDM-PON 下行传输 50km SSMF,实现了 29dB 的功率预算[123-124],这一成果作为 OFC 2019 发布截止后文章进行了大会报告；2019 年,使用奈奎斯特脉冲整形和强度调制外差相干检测,首次实验演示了 C 波段单波长 200Gbit/s PDM-PAM4 PON,20km SSMF 传输后实现超过 29dB 的功率预算[125-126],这一成果作为 2019 年 OFC 最高分论文进行了大会报告。

总之,尽管同国外的研究成果还有一些差距,但仍能欣喜地看到国内各大学和相关研究院所已经在高速大容量光传输方面做了诸多突出的工作,差距正在逐渐缩小。综合国内外的研究现状我们看到以下几方面。

第一,高速大容量光传输网是未来通信网络的发展方向,宽带高速光传输网已成为全球信息发展战略的重中之重,研究超高速大容量的光传输基础理论和实现技术已成为当前全球信息领域的迫切需求。国内外研究机构面向不同的网络层次,已经开展了大量富有成效的研究工作。本书的研究工作紧扣国内外的研究趋势,符合未来光传输网络的发展方向。

第二,在大容量高速长距离光传输方面,多波长产生、准线性相干光通信、高频谱效率光编码与调制是系统的关键实现技术和研究重点。将来的单信道 400Gbit/s 以及 1Tbit/s 信号传输,多信道 1Tbit/s 甚至 10Tbit/s 都需要这些关键技术。国内外科研院所均已经开展了相应的研究。本书也将介绍作者在这几个关键技术上的研究成果。

第三,不论是长距离光传输还是短距离光传输,甚至还有高速光无线融合传输,从核心骨干网到城域光交换网再到接入网,数字信号处理在不同层次网络传输中的地位和作用越来越大。国内外科研院所针对不同网络传输层次,采用数字信号处理做了大量的工作,本书的研究内容也体现了这一点。

第四,国内外系统方案众多且各有所长,不同的方案和不同的研究持续推动了技术的进步,不断实现了超高速大容量光传输。我国在相关领域也做了许多工作,具有一定的自主知识产权。本书在研究过程中,也非常注重创新,申请了多项具有自主知识产权的专利。

1.3 本书内容和结构安排

1.3.1 本书的研究内容和意义

随着社会信息化的迅猛发展和宽带新业务的不断涌现,作为信息建设基础的光通信网络的体系规模、传输容量以及通信速率均呈指数式增长,宽带高速光传输网已成为全球信息发展战略的重中之重,而研究超高速大容量的光传输基础理论和实现技术已成为当前全球信息领域的迫切需要。针对高速光传输网络的发展趋势和迫切需求,本书将主要介绍光通信方面的基础技术、算法、系统及最新研究进展。

本书针对光传输的不同层次,深入研究了超高速大容量光通信系统的若干关键技术及其实现原理,包括:针对长距离光传输及其数字信号处理,研究了相干光传输系统的基本算法和准线性相干光传输系统与数字信号处理;针对有限带宽及对高频谱效率的需求,研究了频谱压缩和高阶调制格式及其优化,主要研究了高频谱效率奈奎斯特波分复用系统、全光奈奎斯特信号产生与处理、光纤信道的非线性补偿算法和概率整形技术,还研究了相关的实际实验;针对短距离传输,主要研究了低成本、低功耗、低复杂度的直接检测系统及其新型调制格式和数字信号处理算法,具体研究了无载波幅度相位调制、脉冲幅度调制、正交频分复用技术及 IQ 调制技术;最后,针对光通信领域其他研究方向及最新热点,研究了前向纠错码、四维调制和机器学习、KK 算法原理与应用等。本书的研究工作紧扣国内外的研究趋势,符合未来光传输网络的发展方向,为未来高速大容量光传输网络奠定了理论与技术基础,有重要的科学意义和应用前景。

1.3.2　本书的结构安排

针对光传输网络的不同层次,本书的结构安排如下。

第1章,绪论。首先简要介绍了超高速大容量光传输网络的研究意义和国内外研究现状,然后总结了本书的研究内容,并介绍了全书的结构安排。

第2章,单载波先进调制格式。介绍了单载波 QAM 信号产生的方法。首先对单载波光调制格式的基本原理进行介绍;并详细阐述了实现光调制的光调制器的原理,对 QPSK、16QAM 以及高阶 QAM 等单载波先进调制格式的实现方式、产生原理进行了分析介绍;最后讲述单载波光通信中的软件定义收发机(SDT)。

第3章,单载波相干光传输系统基本算法。主要介绍了单载波相干光传输系统的基本算法,包括 IQ 不平衡补偿、正交归一化、色散补偿、时钟恢复、信道均衡、载波恢复和相位补偿算法。其中针对信道均衡,介绍了基于统计特性的盲均衡算法,从经典的 CMA 算法到能针对偏振复用信号的 CMA 算法,但 CMA 算法由于没有恒定幅度并不能对高阶信号做出很好的恢复,于是本书进一步介绍了针对高阶的非恒模调制的级联多模盲均衡算法,这种算法需要用到角度和模值;CMMA 的参考电平过多,于是又有了改进的级联多模算法,MCMMA 需要将多样化的角度和模值变到正交的实部和虚部,减少了参考电平,在高阶信号优化中性能更明显。此外,还介绍了独立成分分析算法。该章最后,进行了算法的演示与总结,将该章介绍的基本的数字信号处理算法进行排列比较,展现相关星座图,更直观地表现了各算法的作用。

第4章,准线性相干光传输系统与数字信号处理。重点介绍了基于先进的数字信号处理技术的准线性相干光探测系统的研究,主要包括前端线性预均衡算法。器件的带宽限制与光纤链路的非线性损伤一直都是限制高速光信号传输的两个重要因素,前者限制了信号产生的带宽和波特率,后者则限制了高速信号的传输距离。该章首先介绍了基本的相干光通信数字信号处理;然后基于此,介绍了一种新型的前端数字时域预均衡方案;最后,从仿真和实验验证了相干光通信时域数据预均衡的补偿性能。

第5章,高频谱效率超奈奎斯特波分复用系统研究。针对高频谱效率高速光传输,首先介绍针对超奈奎斯特频谱压缩信号的新型多模盲均衡算法,该算法能有效抑制噪声和信道间串扰,从而实现超奈奎斯特波分复用系统的信号传输。同时,通过实验验证,该算法比普通的处理均衡算法具有更好的抗噪声、抗滤波和抗信道干扰的性能。在该章中,将介绍基于前端滤波实现的超奈奎斯特信号数字产生和四载波的 400Gbaud 光传输,以及高达 110Gbaud 的超高速 PDM-QPSK 相干传输系统实验。利用该系统,成功实现了当时世界首个基于单载波超奈奎斯特的

400Gbit/s 光传输系统,并创造了世界最高波特率(110Gbaud)的信号传输纪录,载波间隔压缩至 100GHz,传输容量达到 8.8Tbit/s,实现信号谱效率大于 4bit/(s·Hz)。最后,还通过实验研究了超奈奎斯特滤波信号在多个可重构上下话路复用器(ROADM)中的性能。我们也在实验中证实了 9QAM 超奈奎斯特信号的高抗滤波性。本章内容为实现高频谱效率光传输提供了有效的理论和技术支持。

第 6 章,全光奈奎斯特信号产生与处理。探索了全光信号处理技术,主要针对全光奈奎斯特信号的产生、传输与信号探测。首先,将介绍全光奈奎斯特信号脉冲产生的原理、信号调制以及复用机制,还给出了基于单个 MZM 实现频率锁定、线性相位且等幅度的光梳的理论基础;然后,介绍了首个完整意义上的全光奈奎斯特信号的产生与相干探测系统,利用全光梳状谱,产生并相干探测了高达62.5Gbaud、75Gbaud 和 125Gbaud 的全光奈奎斯特 QPSK 信号;最后,介绍了在偏振复用的全光奈奎斯特信号长距离和高阶调制格式方面的研究工作,包括37.5Gbaud 和 62.5Gbaud 全光奈奎斯特 PDM-QPSK 和 16QAM 信号的产生、传输和全带相干探测的结果。该章内容瞄准全光奈奎斯特信号,不仅能实现高频谱效率光信号的产生与传输,还有望突破电子器件的带宽限制而极大地提高信号产生与处理速率。

第 7 章,光纤信道非线性补偿算法研究。该章首先对非线性补偿算法展开介绍,从理论、仿真和实验多方面验证非线性补偿的性能。接着,介绍了一种新型基于改进对数步长分布的 DBP 非线性补偿算法,并对其在奈奎斯特波分复用系统(NWDM)中的补偿效果进行了研究分析。最后,介绍了基于对数步长的改进数字非线性补偿算法。

第 8 章,概率整形技术研究。该章介绍的概率整形技术是一种对高阶调制格式的优化技术,具有传输容量高、系统复杂度低的优势。该章从概率整形的基本原理出发,分别从算法、仿真及实验的角度探究了概率整形技术对光载无线(radio-over-fiber,RoF)系统的优化。

第 9 章,超高波特率光信号传输技术。该章对超高波特率光信号传输的实验进行了介绍和分析。主要从实验设置、实验结果分析的角度介绍了三个不同的实验:第一个是对 110Gbaud 极化复用 QPSK 信号传输 3000km 的实验;第二个是128Gbaud 极化复用 QPSK 信号传输 10 000km 的实验;第三个是 128Gbaud 极化复用的 16QAM 信号长距离传输的实验。该章从实验上证明了超高波特率光传输系统的可行性和前景。

第 10 章,高阶调制码光信号传输技术。该章也从实验角度进行验证,首先验证了 34Gbaud 极化复用(polarization multiplexing,PM)-256QAM 信号的产生实验,然后验证了单载波 400G PM-256QAM 信号传输实验。实验结果表明了高阶调制码光信号传输技术的优势和前景。

第 11 章,无载波幅相调制技术。该章主要介绍短距离高速光传输。首先,介绍了新型高效调制格式 CAP 的调制与解调原理和实现方法,包括单带的 CAP-mQAM 的产生和接收,以及多带多阶的 CAP 信号的产生与接收方法。其次通过实验研究,介绍了一种基于多阶多带 CAP 调制的 WDM-CAP-PON 多用户接入网络,并验证了其高速接入性能,首次展示了高速多阶多带的 CAP 信号用于 WDM-CAP-PON 实验系统。接着,介绍了基于高阶调制 CAP-64QAM 的无线接入网传输试验。然后,介绍了基于直接调制激光器的直接检测和数字均衡化技术的高速 CAP-64QAM 系统,利用改进的判决引导的最小均方误差算法(decision-directed least-mean square,DD-LMS)来均衡 CAP-64QAM。最后,介绍了 100Gbit/s 带电色散补偿的 CAP 长距离传输。其中细致介绍了 CAP 的数字信号处理、SSB 信号的生成、实验装置和结果,此外还比较了并行双电极马赫-曾德尔调制器(dual-drive MZM,DDMZM)的预色散、色散补偿光纤、SSB 和 IQ 调制器(in-phase/quadrature modulator,IQMOD)之间的性能。

第 12 章,PAM4 信号调制和基于数字信号处理的探测技术。本章主要介绍了 PAM4 信号调制及其相应的数字信号处理算法与相关的 PAM4 高速传输系统实验。首先,介绍了 PAM4 原理,介绍了 DD-LMS 和预色散补偿原理,此外还介绍了操作简单的查找表算法,其可以在发送端对信号进行预畸变,抵抗直接检测系统中的各种非线性损伤。然后,介绍了 4 信道强度调制/直接检测 112Gbit/s PAM4 系统,联合应用了色散预补偿(Pre-CDC)、预均衡、LUT 和 DD-LMS 等一系列算法,实现了 400Gbit/s 大容量高速系统。最后,介绍了极化复用的 400Gbit/s PAM4 信号相干系统,该系统通过时分复用和极化复用(PDM),再采用预加重技术克服光电器件的带宽限制,实现了 120Gbaud PDM-PAM4 信号,其数据传输速率达到 480Gbit/s,考虑 20% FEC 开销依然可以达到 400Gbit/s 净传输速率。这些均显示其在短距离接入网和城域光交换网中有广阔应用前景。

第二卷:多载波信号传输和神经网络等新算法的结构安排如下。

第 13 章,光 OFDM 原理。该章针对正交频分复用技术,介绍了光 OFDM 的基本原理,并分别介绍了直接检测的光 OFDM 系统基本结构和相干检测的光 OFDM 系统结构与基本原理。最后,对该章进行了小结。

第 14 章,直接检测 OFDM 的基本数字信号处理技术。该章针对直接检测 OFDM 系统,主要研究其基本的数字信号处理技术。首先,介绍了系统原理。其次,介绍了基于半波技术消除直接检测光正交频分复用(DDO-OFDM)中子载波互拍效应的研究,分别从实验装置、结果进行了展示。然后,介绍了直接检测的高阶 QAM-OFDM 信号传输研究,也从实验装置、结果进行了介绍,并对实验结果进行了分析总结。最后,介绍了基于 DFT-S 的大容量 DDO-OFDM 信号短距离传输研究。其中,先介绍了系统中训练序列的优化,然后比较了 DDO-OFDM 中预增强和 DFT-S 技术的作用和效果。

第 15 章,强度调制直接检测高速光纤接入系统。该章系统介绍了强度调制直接检测系统中面临的带宽不足、强非线性效应以及光纤色散三个重要因素的影响,并从系统结构、调制编码技术和数字信号处理算法等方面提出了相应的解决方案。首先介绍了奈奎斯特调制技术和超奈奎斯特两种高频谱效率调制技术,然后介绍了沃尔泰拉级数和类平衡编码两种非线性补偿技术。接着介绍了低功率峰均比,高频谱效率的调制技术 DFT-S OFDM,并基于此技术结合一系列先进的数字信号处理算法,包括预均衡、非线性补偿、DD-LMS 等技术,实现了 100Gbit/s 以上的单边带信号在单模光纤中传输 320km。

第 16 章,基于 IQ 调制直流检测的高速光纤接入系统。该章详细介绍了一种基于 IQ 调制器产生独立双边带信号,并在接收端分别进行直接检测的光接入系统架构,通过采用新型的镜像(image)消除算法,可以成功实现基于两个独立边带的单载波 64Gbit/s CAP4 信号和多载波 300Gbit/s DFT-S OFDM 信号产生和检测。其中基于两个独立边带的 240Gbit/s 16QAM DFT-S OFDM 信号可以在单模光纤传输 160km,并不需要进行色散补偿。

第 17 章,前向纠错码。该章介绍了前向纠错算法中常见的几种编码技术。重点介绍了使用低密度奇偶校验(LDPC)编码级联网格编码调制技术在 OFDM 光载无线系统中的应用,以及使用 Turbo 均衡技术降低光传输系统色散影响。FEC 技术通过在信号中加入少量的冗余信息来发现并纠正光传输过程中由色散和非线性等原因引起的误码,降低光链路中色散和非线性等因素对传输系统性能的影响,通过牺牲信号的传输速率来降低接收端的光信噪比(OSNR)容限,从而获得编码增益、降低误码率和提高通信系统的可靠性。

第 18 章,高频谱效率光四维调制基本原理与关键技术。该章介绍了高频谱效率的光四维调制基本原理和关键技术。首先介绍了二维、三维恒模调制的星座点分布与性能分析。然后介绍了四维多阶调制的原理和实现。接着从四维扩展到多维,介绍了多维多阶调制星座图的设计依据。再接着,对典型多维多阶星座图性能进行了分析。最后,对本章做了总结和展望。

第 19 章,光通信系统中的机器学习算法。该章针对目前最热门的机器学习算法,主要介绍了在光通信系统中应用的机器学习算法。首先介绍了支持向量机。它以结构风险最小化原则为理论基础,通过适当地选择函数子集及该子集中的判别函数,使学习机器的实际风险达到最小,保证了通过有限训练样本得到的小误差分类器对独立测试集的测试误差仍然较小。然后,介绍了反向传播(BP)神经网络,它是一种按误差逆传播算法训练的多层前馈网络,是目前应用最广泛的神经网络模型之一。BP 网络能学习和存储大量的输入-输出模式映射关系,而无需事前揭示描述这种映射关系的数学方程。接着,介绍了聚类算法。主要介绍了 K 均值(K-means)聚类算法原理、流程、展示和分析。最后,基于原理,以实例介绍了聚类算法在抗非线性中的应用,对原理和实验结果进行了分析和展示。该章紧扣当前人工智能和机器学习的研究热点,并结合机器学习在光通信领域中的应用进行了介绍和展示,同时也说明了机器学习算法在光通信领域的作用和价值。

第 20 章,KK 算法原理与应用。该章将介绍和分析 KK 算法的原理及其在直接检测系统中的应用。KK 接收机可以通过在满足最小相位条件时从光检测幅度重建复杂光场来固有地去除边带信号的非线性串扰。应用 KK 接收机还可以实现接收机侧数字色散补偿和更低的 DSP 复杂度。最后还将介绍 KK 技术的最新研究进展。

参考文献

[1] KARAR A S, CARTLEDGE J C. Generation and detection of a 56Gb/s signal using a DML and half-cycle 16-QAM Nyquist-SCM[J]. IEEE Photonics Technology Letters, 2013, 25(8): 757-760.

[2] RODES R, MÜELLE M, LI B, et al. High-speed 1550 nm VCSEL data transmission link employing 25GBd 4-PAM modulation and hard decision forward error correction[J]. Journal of Lightwave Technology, 2013, 31(4): 689-695.

[3] TANAKA T, NISHIHARA M, TAKAHARA T, et al. 50 Gbps class transmission in single mode fiber using discrete multi-tone modulation with 10G directly modulated laser [C]. Optical Fiber Communication Conference, 2012.

[4] WEI J L, INGHAM J D, CUNNINGHAM D J, et al. Performance and power dissipation comparisons between 28Gb/s NRZ, PAM, CAP and optical OFDM systems for data communication applications[J]. Journal of Lightwave Technology, 2012, 30(20): 3273-3280.

[5] RODES R, WIECKOWSKI M, PHAM T T, et al. Carrierless amplitude phase modulation of VCSEL with 4bit/(s·Hz) spectral efficiency for use in WDM-PON[J]. Opt Express, 2011, 19(27): 26551-26556.

[6] OLMEDO M I, ZUO T, JENSEN J B, et al. Towards 400GBASE 4-lane solution using direct detection of multi-CAP signal in 14GHz bandwidth per lane[C]. Optical Fiber Communication Conference & Exposition & the National Fiber Optic Engineers Conference, 2013.

[7] TAO L, WANG Y, GAO Y, et al. Experimental demonstration of 10Gb/s multi-level carrier-less amplitude and phase modulation for short range optical communication systems [J]. Optics Express, 2013, 21(5): 6459-6465.

[8] WEI J L, GENG L, PENTY R V, et al. 100 Gigabit Ethernet transmission enabled by carrierless amplitude and phase modulation using QAM receivers[C]. Optical Fiber

Communication Conference，2013.

［9］　YU J，DONG Z，CHIEN H C，et al. 30Tb/s（3×12. 84Tb/s）signal transmission over 320km using PDM 64-QAM modulation ［C］. Optical Fiber Communication Conference，2012.

［10］　YU J，DONG Z，CHIEN H C，et al. 7 Tb/s（7×1. 284Tb/s/ch）signal transmission over 320km using PDM-64QAM modulation［J］. IEEE Photonics Technology Letters，2012，24（4）：264-266.

［11］　LI G. Coherent optical communication［J］. Optics Express，2008，16（2）：752-752.

［12］　KIKUCHI K. Digital coherent optical communication systems：fundamentals and future prospects［J］. IEICE Electronics Express，2011，8（20）：1642-1662.

［13］　ZHOU X，YU J. Digital signal processing for coherent optical communication［C］. The 18th Annual Wireless and Optical Communications Conference，2009.

［14］　SAVORY S J. Digital signal processing for coherent optical communication systems［C］. The 18th Opto Electronics and Communications Conference & International Conference on Photonics in Switching，2013.

［15］　史上最快的跨太平洋海底光缆"FASTER"投入使用中美日等共建［N/OL］.观察者网 ［2016-06-30］. http：//www. guancha. cn/Project/2016_06_30_365933. shtml.

［16］　ITU-T. Recommendation G. 989. 3，40-Gigabit-capable passive optical networks（NG-PON2）：Transmission convergence layer specification［S/OL］.［2016-11-01］. http：//www. itu. int/rec/T-REC-G. 989. 3/en.

［17］　ZHANG J，YU J，JIA Z，et al. 400G transmission of super-Nyquist-filtered signal based on single-carrier 110Gbaud PDM QPSK with 100GHz grid［J］. Journal of Lightwave Technology，2014，32（19）：3239-3246.

［18］　ZHANG J，YU J，DONG Z，et al. Transmission of 20×440Gbit/s super-Nyquist-filtered signals over 3600km based on single-carrier 110Gbaud PDM QPSK with 100GHz grid［C］. Optical Fiber Communication Conference，2014.

［19］　YU J，ZHANG J，DONG Z，et al. Transmission of 8480Gb/s super-Nyquist-filtering 9-QAM-like signal at 100GHz-grid over 5000km SMF-28 and twenty-five 100GHz-grid ROADMs［J］. Optics Express，2013，21（13）：15686-15691.

［20］　HILLERKUSS D，SCHELLINGER T，SCHMOGROW R，et al. Single source optical OFDM transmitter and optical FFT receiver demonstrated at line rates of 5. 4 and 10. 8 Tbit/s［C］. Optical Fiber Communication Conference，2010.

［21］　LIU C，PAN J，DETWILER T，et al. Joint digital signal processing for superchannel coherent optical communication systems［J］. Optics Express，2013，21（7）：8342-8356.

［22］　XIE C，RAYBON G. Digital PLL based frequency offset compensation and carrier phase estimation for 16-QAM coherent optical communication systems ［C］. European Conference and Exhibition on Optical Communication，2012.

［23］　YU C，KAM P Y，CAO S. Decision-aided phase estimation in single carrier and OFDM coherent optical communication systems ［C］. Asia Communications and Photonics Conference，2012.

[24] LU L, LEI J, ZOU X, et al. Complex-valued QAM ICA for polarization demultiplexing in coherent optical communication systems [J]. Journal of Convergence Information Technology, 2012, 7(10): 59-67.

[25] LIU X, CHANDRASEKHAR S, WINZER P J, et al. Scrambled coherent superposition for enhanced optical fiber communication in the nonlinear transmission regime[J]. Optics Express, 2012, 20(17): 19088-19095.

[26] KOIZUMI Y, TOYODA K, YOSHIDA M, et al. 1024 QAM (60Gbit/s) single-carrier coherent optical transmission over 150km [J]. Optics Express, 2012, 20 (11): 12508-12514.

[27] XIAN X, CHATELAIN B, PLANT D V. Decision directed least radius distance algorithm for blind equalization in a dual-polarization 16-QAM system[C]. Optical Fiber Communication Conference, 2012.

[28] XIE C. Polarization-dependent loss induced penalties in PDM-QPSK coherent optical communication systems[C]. Conference on Optical Fiber Communication, 2010.

[29] TAN A S, WYMEERSCH H, JOHANNISSON P, et al. The impact of self-phase modulation on digital clock recovery in coherent optical communication[C]. European Conference on Optical Communication, 2010.

[30] SAVORY S J. Digital coherent optical receivers: algorithms and subsystems[J]. IEEE Selected Topics in Quantum Electronics, 2010, 16(5): 1164-1179.

[31] OERDER M, MEYR H. Digital filter and square timing recovery[J]. IEEE Transactions on Communications, 1988, 36(5): 605-612.

[32] GARDNER F M. A BPSK/QPSK timing-error detector for sampled receivers[J]. IEEE Transactions on Communications, 1986, 34(5): 423-429.

[33] GODARD D N. Passband timing recovery in an all-digital modem receiver[J]. IEEE Transactions on Communications, 1978, 26(5): 517-523.

[34] MUELLER K H, MULLER M. Timing recovery in digital synchronous data receivers [J]. IEEE Transactions on Communications, 1976, 24(5): 516-531.

[35] FATADIN I, IVES D, SAVORY S J. Blind equalization and carrier phase recovery in a 16-QAM optical coherent system[J]. Journal of Lightwave Technology, 2009, 27(15): 3042-3049.

[36] SANO A, KOBAYASHI T, MATSUURA A, et al. 100 × 120Gb/s PDM 64-QAM transmission over 160km using linewidth-tolerant pilotless digital coherent detection[C]. European Conference on Optical Communication, 2010.

[37] YU J, ZHOU X. Generation and detection of QAM in digital coherent systems[C]. 23rd Annual Meeting of the IEEE Photonics Society, 2010.

[38] WINZER P J, GNAUCK A H. 112Gb/s polarization-multiplexed 16-QAM on a 25-GHz WDM grid[C]. Optical Communication, 2008.

[39] YANG J, WERNER J, GUY A D. The multimodulus blind equalization and its generalized algorithms[J]. IEEE Journal on Selected Areas in Communications, 2002, 20(5): 997-1015.

[40]　PFAU T，HOFFMANN S，NOE R. Hardware-efficient coherent digital receiver concept with feedforward carrier recovery for m-QAM constellations[J]. Lightwave Technology，2009，27(8)：989-999.

[41]　VITERBI A J. Nonlinear estimation of PSK-modulated carrier phase with application to burst digital transmission[J]. IEEE Information Theory，1983，29(4)：543-551.

[42]　YAMAN F，LI G. Nonlinear impairment compensation for polarization-division multiplexed WDM transmission using digital backward propagation[J]. IEEE Photonics Journal，2009，1(2)：144-152.

[43]　LI G，MATEO E，ZHU L. Compensation of nonlinear effects using digital coherent receivers[C]. Optics InfoBase Conference Papers，2011.

[44]　IP E. Complexity reduction algorithms for nonlinear compensation using digital backpropagation[C]. Photonics Conference，2012.

[45]　KOIZUMI Y，TOYODA K，OMIYA T，et al. 512 QAM transmission over 240km using frequency-domain equalization in a digital coherent receiver[J]. Optics Express，2012，20 (21)：23383-23389.

[46]　ZHOU X，PECKHAM D W，LINGLE R，et al. 64Tb/s，8b/s/Hz，PDM-36QAM transmission over 320 km using both pre-and post-transmission digital signal processing [J]. Journal of Lightwave Technology，2011，28(4)：571-577.

[47]　CAI J X，DAVIDSON C R，LUCERO A，et al. 20Tbit/s transmission over 6860km with sub-Nyquist channel spacing[J]. Lightwave Technology，2012，30(4)：651-657.

[48]　IDLER W，BUCHALI F，SCHMALEN L，et al. Field demonstration of 1 Tbit/s super-channel network using probabilistically shaped constellations[C]. European Conference on Optical Communication，2016.

[49]　COLIN J. Nokia's super-fast subsea data cable torpedos the competition [EB/OL]. [2016-10-13]. http://newatlas. com/record-fiber-optic-transmission-alcatel-nokia/45889.

[50]　LI J，TAO Z，ZHANG H，et al. Spectrally efficient quadrature duobinary coherent systems with symbol-rate digital signal processing[J]. Lightwave Technology，2011，29 (8)：1098-1104.

[51]　JIA Z，YU J，CHIEN H C，et al. Field transmission of 100G and beyond：multiple baud rates and mixed line rates using Nyquist-WDM technology[J]. Lightwave Technology，2012，30(24)：3793-3804.

[52]　CHIEN H C，YU J，JIA Z，et al. Performance assessment of noise-suppressed Nyquist-WDM for terabit superchannel transmission[J]. Lightwave Technology，2012，30(24)：3965-3971.

[53]　CAI J C. 100G transmission over transoceanic distance with high spectral efficiency and large capacity[J]. Lightwave Technology，2012，30(24)：3845-3856.

[54]　JIA Z，CHIEN C C，ZHANG J，et al. Super-Nyquist shaping and processing technologies for high-spectral-efficiency optical systems [C]. The International Society for Optical Engineering，2014.

[55]　HUANG B，ZHANG J，YU J，et al. Robust 9-QAM digital recovery for spectrum

shaped coherent QPSK signal[J]. Optics Express，2013，21(6)：7216-7221.

[56] ZHANG J，HUANG B，LI X. Improved quadrature duobinary system performance using multi-modulus equalization[J]. IEEE Photonics Technology Letters，2013，25(16)：1630-1633.

[57] ZHANG J，YU J，CHI N，et al. Multi-modulus blind equalizations for coherent quadrature duobinary spectrum shaped PM-QPSK digital signal processing[J]. Journal of Lightwave Technology，2013，31(7)：1073-1078.

[58] ZHANG J，YU J，CHI N. Generation and transmission of 512Gb/s quad-carrier digital super-Nyquist spectral shaped signal[J]. Optics Express，2013，21(25)：31212-31217.

[59] LI J，TIPSUWANNAKUL E，ERIKSSON T，et al. Approaching Nyquist limit in WDM systems by low-complexity receiver-side duobinary shaping[J]. Journal of Lightwave Technology，2012，30(11)：1664-1676.

[60] GLANCE B U，KOREN U，BURRUS C A，et al. Discretely-tuned n-frequency laser for packet switching applications based on WDM[J]. Electronics Letters，1991，27(15)：1381-1383.

[61] BOSCO G，CARENA A，CURRI V，et al. Performance limits of Nyquist-WDM and co-OFDM in high-speed PM-QPSK systems[J]. IEEE Photonics Technology Letters，2010，22(15)：1129-1131.

[62] HILLERKUSS D，SCHMOGROW R，SCHELLINGER T，et al. 26 Tbit s-1line-rate super-channel transmission utilizing all-optical fast Fourier transform processing[J]. Nature Photonics，2011，5(6)：364-371.

[63] HILLERKUSS D，SCHMOGROW R，MEYER M，et al. Single-laser 32. 5 Tbit/s Nyquist WDM transmission[J]. Optical Communications and Networking，2012，4(10)：715-723.

[64] SOTO M A，ALEM M，SHOAIE M A，et al. Optical sinc-shaped Nyquist pulses of exceptional quality[J]. Nature Communications，2013，4：2898.

[65] LEE J，KANEDA N，PFAU T，et al. Serial 103. 125Gb/s transmission over 1 km SSMF for low-cost，short-reach optical interconnects[C]. Optical Fiber Communication Conference，2014.

[66] JIA Z，CHIEN H C，CAI Y，et al. Experimental demonstration of PDM-32QAM single-carrier 400G over 1200km transmission enabled by training-assisted pre-equalization and look-up table[C]. Optical Fiber Communication Conference，2016.

[67] ERIKSSON T A，CHAGNON M，BUCHALI F，et al. 56 Gbaud probabilistically shaped PAM8 for data center interconnects[C]. European Conference on Optical Communication，2017.

[68] HOANG T M，SOWAILEM M Y S，ZHUGE Q，et al. Single wavelength 480Gb/s direct detection over 80km SSMF enabled by Stokes vector Kramers Kronig transceiver [J]. Optics Express，2017，25(26)：33534-33542.

[69] CHAGNON M，PLANT D V. 504 and 462Gb/s direct detect transceiver for single carrier short-reach data center applications[C]. Optical Fiber Communications Conference and Exhibition，2017.

［70］ HOANG T，SOWAILEM M，OSMAN M，et al. 280Gb/s 320km transmission of polarization-division multiplexed QAM-PAM with stokes vector receiver［C］. Optical Fiber Communications Conference and Exhibition，2017.

［71］ HU Q，CHAGNON M，SCHUH K，et al. IM/DD beyond bandwidth limitation for data center optical interconnects［J］. Journal of Lightwave Technology，2019，37(19)：4940-4946.

［72］ YAMAZAKI H，MAKAMURA M，KOBAYASHI T，et al. Net-400Gb/s PS-PAM transmission using integrated AMUX-MZM［J］. Optics Express，2019，27（18）：25544-25550.

［73］ WEI J，GIACOUMIDIS E. Multi-band CAP for next-generation optical access networks using 10-G optics［J］. Journal of Lightwave Technology，2017，36(2)：551-559.

［74］ WEI J. DSP-based multi-band schemes for high speed next generation optical access networks［C］. Optical Fiber Communication Conference，2017.

［75］ REZA A G，RHEE J K K. Nonlinear equalizer based on neural networks for PAM-4 signal transmission using DML［J］. IEEE Photonics Technology Letters，2018，30(15)：1416-1419.

［76］ MASUDA A，YAMAMOTO S，TANIGUCHI H，et al. 255Gb/s PAM-8 transmission under 20-GHz bandwidth limitation using NL-MLSE based on Volterra filter［C］. Optical Fiber Communication Conference，2019.

［77］ HOUTSMA V，CHOU E，VEEN D V. 92 and 50Gb/s TDM-PON using neural network enabled receiver equalization specialized for PON［C］. Optical Fiber Communications Conference and Exhibition，2019.

［78］ ZHANG J，YU J，DONG Z，et al. Generation of full C-band coherent and frequency-lock multi-carriers by using recirculating frequency shifter loops based on phase modulator with external injection［J］. Optics Express，2011，19(27)：26370-26381.

［79］ ZHANG J，YU J，CHI N，et al. Flattened comb generation using only phase modulators driven by fundamental frequency sinusoidal sources with small frequency offset［J］. Optics Letters，2013，38(4)：552-554.

［80］ LI X，YU J，DONG Z，et al. Multi-channel multi-carrier generation using multi-wavelength frequency shifting recirculating loop［J］. Optics Express，2012，20（20）：21833-21839.

［81］ ZHANG J，YU J，CHI N，et al. Theoretical and experimental study on improved frequency-locked multicarrier generation by using recirculating loop based on multifrequency shifting single-sideband modulation［J］. IEEE Photonics Journal，2012，4(6)：2249-2261.

［82］ LI C，LUO M，XIAO X，et al. 63Tb/s（368×183. 3Gb/s）C-and L-band all-Raman transmission over 160km SSMF using PDM-OFDM-16QAM modulation［J］. Chinese Optics Letters，2014，12(4)：40601-40604.

［83］ YANG Q. Digital signal processing for multi-gigabit real-time OFDM［C］. Processing in Photonic Communications，2011.

［84］ XIANG M，FU S，TANG M，et al. Nyquist WDM superchannel using offset-16QAM and receiver-side digital spectral shaping［J］. Optics Express，2014，22(14)：17448-17457.

［85］ ZHANG J，YU J，FANG Y，et al. High speed all optical Nyquist signal generation and full-band coherent detection［J］. Scientific Reports，2014，4：6156-6158.

［86］ WANG Q，HUO L，XING Y，et al. Cost-effective optical Nyquist pulse generator with ultraflat optical spectrum using dual-parallel Mach-Zehnder modulators［C］. Optical Fiber Communication Conference，2014.

［87］ ZHANG L，LIU B，XIN X，et al. Theory and performance analyses in secure co-OFDM transmission system based on two-dimensional permutation［J］. Journal of Lightwave Technology，2013，31(1)：74-80.

［88］ LI S，ZHENG X，ZHANG H，et al. Highly linear radio-over-fiber system incorporating a single-drive dual-parallel Mach-Zehnder modulator［J］. IEEE Photonics Technology Letters，2010，22(24)：1775-1777.

［89］ ZHU M，GUO W，XIAO S，et al. Design and performance evaluation of dynamic wavelength scheduled hybrid WDM/TDM PON for distributed computing applications ［J］. Optics Express，2009，17：1023-1032.

［90］ LI F，LI X，ZHANG J，et al. Transmission of 100Gb/s VSB DFT-spread DMT signal in short-reach optical communication systems［J］. Photonics Journal，2015，7(5)：1-7.

［91］ LI C，YANG Q，LUO M，et al. 100.29Gb/s direct detection optical OFDM/OQAM 32-QAM signal over 880 km SSMF transmission using a single photodiode［J］. Opt. Lett.，2015，40(7)：1185-1188.

［92］ ZHANG L，ZUO T，ZHANG A，et al. Transmission of 112Gb/s＋ DMT over 80km SMF enabled by twin-SSB technique at 1550nm［C］. European Conference on Optical Communication，2015.

［93］ WANG Y，YU J，CHI N. Demonstration of 4×128Gb/s DFT-S OFDM signal transmission over 320km SMF with IM/DD［J］. IEEE Photonics Journal，2016，8(2)：7903209.

［94］ ZHU Y，ZOU K，CHEN Z，et al. 224Gb/s optical carrier-assisted Nyquist 16-QAM half-cycle single-sideband direct detection transmission over 160km SSMF［J］. Journal of Lightwave Technology，2017，35(9)：1557-1565.

［95］ ZHU Y，ZOU K，ZHANG F. C-band 112Gb/s Nyquist single sideband direct detection transmission over 960km SSMF［J］. IEEE Photonics Technology Letters，2017，29(8)：651-654.

［96］ ZHANG F，ZHU Y，YANG F，et al. Up to single lane 200G optical interconnects with silicon photonic modulator［C］. Optical Fiber Communications Conference and Exhibition，2019.

［97］ ZHU Y，ZHANG F，YANG F，et al. Toward single lane 200G optical interconnects with silicon photonic modulator［J］. Journal of Lightwave Technology，2019，38(1)：67-74.

［98］ GAO F，ZHOU S，LI X，et al. 2× 64Gb/s PAM-4 transmission over 70km SSMF using O-band 18G-class directly modulated lasers (DMLs)［J］. Optics Express，2017，25(7)：7230-7237.

［99］ LI D，DENG L，YE Y，et al. 4× 96Gbit/s PAM8 for short-reach applications employing low-cost DML without pre-equalization［C］. Optical Fiber Communications Conference and Exhibition，2019.

[100] LI D，DENG L，YE Y，et al. Amplifier-free 4×96 Gb/s PAM8 transmission enabled by modified Volterra equalizer for short-reach applications using directly modulated lasers [J]. Optics Express，2019，27(13)：17927-17939.

[101] WAN Z，LI J，SHU L，et al. Nonlinear equalization based on pruned artificial neural networks for 112Gb/s SSB-PAM4 transmission over 80-km SSMF [J]. Optics Express，2018，26(8)：10631-10642.

[102] SHU L，LI J，WAN Z，et al. Single-photodiode 112Gbit/s 16-QAM transmission over 960-km SSMF enabled by Kramers-Kronig detection and sparse I/Q Volterra filter[J]. Optics Express，2018，26(19)：24564-24576.

[103] FU Y，KONG D，BI M，et al. Computationally efficient 104Gb/s PWL-Volterra equalized 2D-TCM-PAM8 in dispersion unmanaged DML-DD system [J]. Optics Express，2020，28(5)：7070-7079.

[104] FU Y，KONG D，XIN H，et al. Piecewise linear equalizer for DML based PAM-4 signal transmission over a dispersion uncompensated link [J]. Journal of Lightwave Technology，2020，38(3)：654-660.

[105] AN S，ZHU Q，LI J，et al. 112Gb/s SSB 16-QAM signal transmission over 120-km SMF with direct detection using a MIMO-ANN nonlinear equalizer[J]. Optics express，2019，27(9)：12794-12805.

[106] LI F，ZOU D，SUI Q，et al. Optical amplifier-free 100 Gbit/s/λ PAM transmission and reception in O-band over 40-km SMF with 10-G class DML[C]. Optical Fiber Communications Conference and Exhibition，2019.

[107] LI Z，WANG W，ZOU D，et al. DFT spread spectrally efficient frequency division multiplexing for IM-DD transmission in C-band[J]. Journal of Lightwave Technology，2019，99：1-1.

[108] ZOU D，LI F，LI Z，et al. 100G PAM-6 and PAM-8 signal transmission enabled by pre-chirping for 10km intra-DCI utilizing MZM in C-band [J]. Journal of Lightwave Technology，2020，99：1-1.

[109] YU J，ZHANG J，CHIEN H C，et al. 56 Gb/s chirp-managed symbol transmission with low-cost，10G class LD for 400G intra-data center interconnection[C]. Optical Fiber Communication Conference，2017.

[110] ZHANG J，YU J，CHIEN H C. EML-based IM/DD 400G (4×112.5Gbit/s) PAM-4 over 80km SSMF based on linear pre-equalization and nonlinear LUT pre-distortion for inter-DCI applications [C]. Optical Fiber Communications Conference and Exhibition. 2017.

[111] SHI J，ZHOU Y，XU Y，et al. 200Gb/s DFT-S OFDM using DD-MZM-based twin-SSB with a MIMO-Volterra equalizer [J]. IEEE Photonics Technology Letters，2017，29(14)：1183-1186.

[112] ZHANG J，YU J，SHI J，et al. Digital dispersion pre-compensation and nonlinearity impairments pre-and post-processing for C-band 400G PAM-4 transmission over SSMF

based on direct-detection[C]. European Conference on Optical Communication，2017.

[113] SHI J，ZHANG J，ZHOU Y，et al. Transmission performance comparison for 100Gb/s PAM-4，CAP-16，and DFT-S OFDM with direct detection[J]. Journal of Lightwave Technology，2017，35(23)：5127-5133.

[114] SHI J，ZHANG J，CHI N，et al. Comparison of 100G PAM-8，CAP-64 and DFT-S OFDM with a bandwidth-limited direct-detection receiver[J]. Optics Express，2017，25(26)：32254-32262.

[115] ZHANG J，SHI J，YU J. The best modulation format for 100G short-reach and metro networks：DMT，PAM-4，CAP，or duobinary[C]. Metro and Data Center Optical Networks and Short-Reach Links. International Society for Optics and Photonics，2018.

[116] SHI J，ZHANG J，CHI N，et al. Probabilistically shaped 1024-QAM OFDM transmission in an IM-DD system[C]. Optical Fiber Communication Conference，2018.

[117] SHI J，ZHANG J，LI X，et al. 112 Gb/s/λ CAP signals transmission over 480 km in IM-DD System[C]. Optical Fiber Communications Conference and Exposition，2018.

[118] SHI J，ZHOU Y，ZHANG J，et al. Enhanced performance utilizing joint processing algorithm for CAP signals[J]. Journal of Lightwave Technology，2018，36(16)：3169-3175.

[119] ZHANG J，YU J，ZHAO L，et al. Demonstration of 260Gb/s single-lane EML-based PS-PAM-8 IM/DD for datacenter interconnects[C]. Optical Fiber Communications Conference and Exhibition，2019.

[120] ZHOU Y，YU J，WEI Y，et al. 160Gb/s 256QAM transmission in a 25GHz grid using Kramers-Kronig detection[C]. Optical Fiber Communication Conference，2019.

[121] ZHOU Y，YU J，WEI Y，et al. Four-channel WDM 640Gb/s 256 QAM transmission utilizing Kramers-Kronig receiver[J]. Journal of Lightwave Technology，2019，37(21)：5466-5473.

[122] WANG K，ZHANG J，ZHAO M，et al. High-speed PS-PAM8 transmission in a four-lane IM/DD system using SOA at O-band for 800G DCI[J]. IEEE Photonics Technology Letters，2020，32(6)：293-296.

[123] ZHANG J，YU J，CHIEN H C，et al. Demonstration of 100Gb/s/λ PAM-4 TDM-PON supporting 29dB power budget with 50km reach using 10Gclass O-band DML transmitters[C]. Optical Fiber Communication Conference，2019.

[124] ZHANG J，YU J，WEY J S，et al. SOA pre-amplified 100Gb/s/λ PAM-4 TDM-PON downstream transmission using 10 Gb/s O-band transmitters[J]. Journal of Lightwave Technology，2020，38(2)：185-193.

[125] ZHANG J，YU J，WANG K，et al. 200Gb/s/λ PDM-PAM-4 PON with 29dB power budget based on heterodyne coherent detection[C]. Optical Fiber Communication Conference，2019.

[126] ZHANG J，YU J，LI X，et al. 200 Gbit/s/λ PDM-PAM-4 PON system based on intensity modulation and coherent detection[J]. Journal of Optical Communications and Networking，2020，12(1)：A1-A8.

单载波先进调制格式

要想构建一个灵活、低成本、高容量的基于光路由的波分复用光纤网络,选择合适的调制格式是关键。单载波速率 100Gbit/s 的系统已经在广泛使用,更高速率的单载波速率 400Gbit/s 尽管传输距离有限,但还是使用在许多现有网络中。为了更进一步增加系统容量和降低成本,实现高速大容量光信号长距离传输,先进光调制格式已成为国际上光通信技术研究的热点之一。现今,单载波先进光调制格式的研究主要聚焦于多维多阶调制格式,国内外光通信的研究组织已做了不少实验,已进入了比较成熟的研究阶段。本章首先对单载波光调制格式的基本原理进行介绍[1],并详细阐述实现光调制的光调制器的原理,对正交相移键控、16QAM以及高阶 QAM 等单载波先进调制格式的实现方式、产生原理进行分析和介绍[2-13];最后讲述单载波光通信中的软件定义收发机[14-20]。

2.1　调制格式概述

在单模光纤中,光域里可以用来传递信息的物理量有四个:强度、相位、频率、偏振。根据选用哪一个物理量来传递数据信息,我们将调制格式分为强度、相位、频率和偏振数据四种形式,如图 2-1 所示。需要注意的是,这种分类方法并不要求相位调制时其幅度值恒定不变,或强度调制时其相位保持不变。这种分类方法是由传递数据信息的物理量决定的。典型的例子如差分相移键控(DPSK)是相位调制格式,而不考虑传输 DPSK 信号的是以恒定包络传输还是以归零形式传输。另一方面,载流子压缩归零码(carrier-supression return-to-zero,CSRZ)是强度调制格式,而不考虑光电场相位是否有反转。

强度和相位数据调制格式现在已经被广泛用于高速光通信里,但偏振位移键

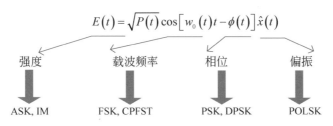

$$E(t) = \sqrt{P(t)} \cos\left[w_0(t)t - \phi(t)\right] \hat{x}(t)$$

图 2-1　光调制方式与光信号电场参量的关系

控的应用比较而言,相对较少。这主要是因为光纤中的偏振变化是随机的,极化相移键控(polarization shift keying,Pol-SK)要求在接收机端有灵活的偏振管理。而对于强度调制或相位调制以及直接检测接收机,只有在极化模色散比较严重时才需要偏振管理。如果 Pol-SK 的接收机灵敏度能够得到重大改善,那么因应用 Pol-SK 数据调制而增加的接收机复杂度还是可以接受的。另外,偏振常常在研究实验中用来提高信号的频谱效率,如相同波长不同信号可以用两个正交的偏振态传输(即偏振复用,polarization division mutiplexing,PDM),与相邻的 WDM 信道间采用交互的偏振态来减少信道间的非线性作用和交叉串扰(即偏振交叉,polarization-interleaving)。由于相干检测技术以及数字信号处理技术的应用,将传输光纤中波长决定的随机性偏振变化引入的复杂度转移到了离线的数字信号处理中,减小了接收机的复杂度,因此,偏振复用现今已广泛应用于高速相干光通信中,目前 100Gbit/s 的光发射机芯片即基于 QPSK 的偏振复用。此外衍生出的混合调制技术是以上两种或几种调制方式的有机结合。以 OOK 和 DPSK 为例,图 2-2 显示了现今最重要的单载波光调制格式的分类方法。

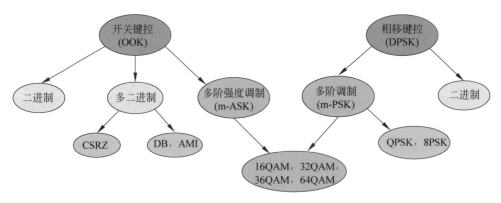

图 2-2　先进光调制格式

通过多阶信号处理,M 个符号可以映射为 $\log_2 M$ 位数据比特,以 $R/\log_2 M$(R 为传输速率)符号速率进行传输,减小了传输所需的符号率。一般来说,分配给一个符号的数据码元与前一个传送的符号和下一个将要传送的符号之间是没有任何关系的,也就是通常所说的无记忆调制。多阶信号处理提高了频谱效率,但这是以降低抗噪声能力为代价的。使用多阶信号处理,单个信道的数据速率可以超出高速光电器件的极限速率。换句话说,在固定的数据速率的情况下,经过多阶信号处理所需的符号速率比较小,这对观察色散信号失真(如色散或极化模色散)以及数字电信号处理的应用都非常有利。

多阶强度调制、多阶相位调制以及多阶混合调制在高速光传输里面都有讨论。多阶强度调制(m-ASK)在光纤传输应用里还没有显示出优越性,这主要是因为相对于 OOK 来说,m-ASK 接收机有大量的背靠背灵敏度损耗。例如,4-ASK 由于信号振幅水平不一致,在平方律检测时引入了信号噪声,因此,4-ASK 会有一个大约 8dB(分贝)的损耗。差分正交相移键控(DQPSK)是最具前景的光调制格式之一,DQPSK 将比特序列映射到如{0,+π/2,−π/2,π}的符号集里,见表 2-1,通过将信息加载在相互正交的相位上,实现信号的传输。正交幅度调制属于多阶混合调制,跟 m-ASK 以及 m-PSK 不同的是,QAM 同时对光场的幅度和相位加载信息,因此,QAM 调制格式能够提供更高的调制速率和频谱效率。同时,QAM 调制里相邻星座点的距离在同进制的调制方式中也是最大的,这使得 QAM 接收机具有灵敏度高的优势。然而万事万物都不是绝对的完美,QAM 调制的这些优点也使得其发射机和接收机的复杂程度大,对数字信号处理的要求比较高。目前,国际上高速大容量的传输实验很大一部分都是采用 QAM 调制技术进行信号的传输。

表 2-1　不同调制格式的编码映射

数据序列	0	0	1	0	1	1	1	0	0	1	0	1
DQPSK	0		+π/2		π		+π/2		−π/2		−π/2	
CSRZ	0	0	+1	0	+1	−1	+1	0	0	−1	0	−1
DB	0	0	+1	0	−1	−1	−1	0	0	−1	0	+1
AMI	0	0	+1	0	−1	+1	−1	0	0	+1	0	−1

如果调制格式里一个比特位可以用两个以上的符号来表示,且冗余符号与传输位之间的分配和数据信号无关,我们把这种调制格式叫做伪多阶数据调制格式;而如果冗余位的分配是由传输的数据信息决定的,通常情况下,我们称它为相关编码的数据调制,它是部分响应数据调制格式中最重要的一种形式。

最普遍的伪多阶数据调制格式为载波抑制归零,因为它最容易产生,它将信息根据强度大小编码在 0 和 1 上,而相位变化为 π/bit,且相位的变化与数据信息无关。最重要的部分响应数据调制格式为光双二进制调制格式。对于 CSRZ,信息是通过强度水平{0,1}来进行传递的,而 π 相移只有当 1 比特被奇数个 0 比特分隔时才会发生。辅助性相位变化和信息编码之间的这种关联是部分响应调制格式的特性。然而,需要强调的是,由于平方律直接检测接收机的相位不敏感特性,相位信息通常不用于信息的检测。为了克服光纤的非线性,国内外一些研究组织致力于研究更高级的线路编码方案(包括伪多阶和相关编码)。

图 2-3 是光通信中常见的四种符号图,其中几乎包括了图 2-2 中所有分类的调制格式。如图 2-3(a)所示的是 OOK 的符号图。假设波形是理想化的且采样是最佳时间采样,符号图能够捕获所有数据符号的幅度和相位信息,然后将它们映射到光域的复平面上。如果位过渡在调制格式的研究中有意义,那么符号集里不符合规则的曲线也能在符号图中显示出来,这为研究位过渡提供了一条途径。图 2-3(a)中虚线表示的就是这种位过渡,且它是一种啁啾 OOK 的调制方式。但是,符号图并不能将符号之间转变的动态过程显示出来,如脉冲的上升和下降时间或光脉冲的持续时间(在图 2-3(a)的符号图中,我们也不能判断出虚线表示的是C-NRZ 还是 CRZ)。图 2-3(b)表示的是 CSRZ、双二进制(DB)以及交替传号翻转码(AMI)的符号图。而图 2-3(c)和(d)分别为 QPSK 和 DQPSK 的符号图。为了便于比较,这两种相位调制的平均光功率相等,图 2-3 中(a)和(b)两种强度调制格式也是如此。图 2-3 中的符号图都是二维形式的,只包括光强度和光相位信息,多维的符号星座图很可能会把光的偏振信息加入到符号图中。

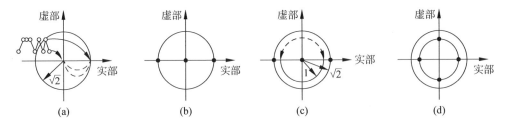

图 2-3　不同调制格式在复光场域的符号图
(a) OOK,啁啾 OOK；(b) CSRZ、DB、AMI；(c) QPSK；(d) DQPSK

当信息加载到光脉冲的强度、相位或偏振上,此时便得到了非归零码或归零码,后者表示在一个位时隙里,光脉冲会回到零。相比之下,非归零允许经过连续的数据位后,光强保持不变。

2.2　光调制器

在光通信系统中,光调制器是一种将承载信息的电信号转换为光信号的变换器件,它将电信号调制到光源产生的光载波上,实现光信号传输。目前最常用的光调制器是基于材料电光效应的晶体材料,即电光材料的折射率随施加的外电压而变化从而实现对激光的相位、频率和幅度的调制,这样的调制器具有调制速率高、频带宽的特点,适用于高速通信系统。最常用的电光晶体是铌酸锂(LiNbO$_3$)晶体。

光调制发射机有直接调制发射机和外调制发射机两种。直接调制发射机具有高度特定于器件的啁啾效应,激光器的啁啾效应使光频谱拓宽,这对密集波分复用信道的隔离十分不利,且会加剧由于光纤色散效应引起的信号失真,在现今高速相干光通信中应用很少。外调制发射机一般由一个或多个基本的外光调制器组成。目前光通信系统中常见的外光调制器有相位调制器(phase modulator,PM)、马赫-曾德尔调制器以及光 IQ 调制器。它们不仅可以用来实现不同调制格式的光调制,在正弦信号的驱动下还可以用来产生多波长光源,在光通信中应用非常广泛。

2.2.1　相位调制器

相位调制器的工作机制正是基于 LiNbO$_3$ 晶体的折射率随外电场变化而产生的光波传播速度和相位的变化。电光效应实验发现,晶体材料折射率随外加电场存在复杂的关系,可近似认为 $\Delta n \propto (R|E| + \gamma|E|^2)$,其第一项与 E 呈线性关系,称为普克尔效应,第二项与 E 呈平方关系,称为克尔效应。在电光相位调制器中主要利用普克尔效应。

采用 LiNbO$_3$ 晶体集成的光相位调制器结构如图 2-4 所示。可以看到,相位调制器是在 LiNbO$_3$ 衬底上用扩散技术制造出一个条形波导,波导上下加上电极。当电极上施加调制电压时,波导折射率因电光效应而改变,导致光波通过电极后相位随调制电压而变,实现了调相功能。

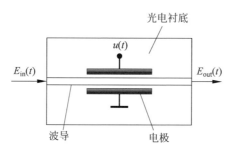

图 2-4　LiNbO$_3$ 晶体集成光相位调制器结构

根据电光效应可知,相位调制器的调制系数 $\varphi_{PM}(t)$ 是输入光波长 λ、光与电极相互作用长度 L,以及有效折射系数的改变 Δn_{eff} 的函数。当只考虑一阶普克尔效应,相位的改变可以视为输入驱动电压 $u(t)$ 的线性函数:

$$\varphi_{PM}(t) = \frac{2\pi}{\lambda} \cdot k \, \Delta n_{eff} L \cdot u(t) \tag{2-1}$$

同时,定义了一个调制器的主要特征参数——半波电压 V_π,即当调制器相位发生 π 变化反转时所需的调制电压,称为半波电压。可以表示为

$$V_\pi = \frac{\lambda}{2k \, \Delta n_{eff} L} \tag{2-2}$$

由式(2-1)和式(2-2),可以得到调制系数与输入驱动电压和半波电压的关系为

$$\varphi_{PM}(t) = \frac{u(t)}{V_\pi} \pi \tag{2-3}$$

2.2.2 马赫-曾德尔调制器

马赫-曾德尔调制器是基于干涉原理的光调制器,其结构如图 2-5 所示。

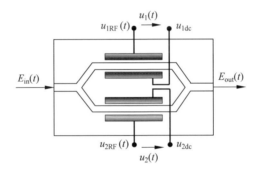

图 2-5 MZM 结构

可以看到,通过将两个相位调制器平行组合在 $LiNbO_3$ 晶体衬底上就可以构成 MZM。在 $LiNbO_3$ 衬底上制作一对平行条形波导,两端均连接一个 3dB Y 形分支波导,波导两侧和中间位表面均连接电极。从输入端进入的光束,经过一个 3dB Y 形分支波导被分割成功率相等的两束光,耦合进两个结构参数完全相同的平行直波导中。在上下两臂驱动信号的作用下,两个分别进行相位调制,然后通过第二个 3dB Y 形分支波导后将两调相波相互干涉,转换为强度调制。在 MZM 中,上下两臂的驱动不仅有射频信号,还包括了直流偏置电压,这两种信号相互作用决定了 MZM 的工作状态。

首先可以通过对相位调制器的原理分析得到 MZM 的传输函数,可以表示为

$$E_{out} = E_{in} \cdot \frac{1}{2} \cdot (e^{j\varphi_1(t)} + e^{j\varphi_2(t)}) \tag{2-4}$$

式中,$\varphi_1(t)$ 和 $\varphi_2(t)$ 分别表示 MZM 的上臂和下臂的相移。根据相位调制器原理,上下臂的相移可以表示为

$$\varphi_1(t) = \frac{u_1(t)}{V_{\pi 1}}\pi, \quad \varphi_2(t) = \frac{u_2(t)}{V_{\pi 2}}\pi \tag{2-5}$$

$V_{\pi 1}$ 和 $V_{\pi 2}$ 分别表示使得上下臂的相移为 π 的驱动电压,称为半波电压。$u_1(t)$ 和 $u_2(t)$ 分别表示上下臂的外接电压,分别包括了射频驱动电压 $u_{RF}(t)$ 和直流偏置电压 $u_{dc}(t)$。

当 MZM 工作在推推(push-push)模式,意味着上下臂的相移完全相同。上下臂只是增加了相移,对信号仍然是相位调制。

当 MZM 工作在推挽(push-pull)模式,双臂之间的相移相反,即 $\varphi_1(t) = -\varphi_2(t)$,$u_1(t) = -u_2(t) = 1/2u(t)$。这时输出端得到的就是强度调制的光信号。输入和输出光信号表示为

$$\begin{aligned}
E_{out}(t) &= \frac{1}{2} \cdot E_{in}(t) \cdot (e^{j\varphi_1(t)} + e^{j\varphi_2(t)}) \\
&= \frac{1}{2} \cdot E_{in}(t) \cdot \Big[\cos(\varphi_1(t)) + \cos(\varphi_2(t)) + \\
&\quad j \cdot (\sin(\varphi_1(t)) + \sin(\varphi_2(t)))\Big] \\
&= E_{in}(t) \cdot \Big(\frac{\Delta\varphi_{MZM}(t)}{2}\Big) = E_{in(t)} \cdot \cos\Big(\frac{u(t)}{2V_\pi}\pi\Big) \tag{2-6}
\end{aligned}$$

进行强度调制时,调制器的直流偏置要在正交位置,即 $-V_\pi/2$,驱动电压变化范围为 $0\sim V_\pi$。当直流偏置在功率传输函数最低点时,驱动电压变化范围为 $2V_\pi$,当驱动电压经过最低点时,有 π 相移。

2.2.3　IQ 调制器

光 IQ 调制器由两个 MZM 和一个 90°相移器组成,其集成器件已经商用化,广泛应用于高速相干光通信中。其原理如图 2-6 所示:输入光信号在输入端输入后,被等分为两路信号——同相分路和正交分路,沿不同的路径传输。然后,两路信号中的一路通过相位调制器,使这两路光信号具有 90° 相对相位差。同相分路和正交分路的 MZM 工作在推挽模式,且直流偏置在功率传输函数的最低点。最后,这两路信号在输出端的输出耦合器干涉,合并为一路有用信号。

如图 2-6 中,同相分路和正交分路中 MZM 产生的相差为

$$\varphi_1(t) = \frac{u_1(t)}{V_{\pi 1}}\pi, \quad \varphi_Q(t) = \frac{u_Q(t)}{V_{\pi 2}}\pi \tag{2-7}$$

不考虑插入损耗的影响,同时使 PM 的驱动电压为 $U_{PM} = -V_\pi/2$,光 IQ 调制器的传输函数可以表示为

$$E_{\text{out}}(t) = \frac{1}{2} \cdot E_{\text{in}}(t) \cdot \left(\cos\left(\frac{\varphi_{\text{I}}(t)}{2} \right) + j\sin\left(\frac{\varphi_{\text{Q}}(t)}{2} \right) \right) \tag{2-8}$$

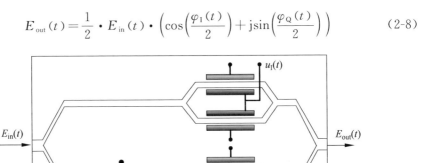

图 2-6　光 IQ 调制器

2.2.4　电吸收光调制器

　　电吸收光调制器(EAM)是一种 PIN 半导体结构的调制器,通过一个外部电压,可以对其带隙进行调制,从而改变设备的吸收特性。EAM 的显著特点是其驱动电压低。现在,实际应用的调制速率可达 40Gbit/s,在实验室研究中,调制速率最高可达 120Gbit/s。然而,和直接调制激光器一样,它也会产生剩余啁啾效应,在现今研究的高速相干光通信中应用很少。EAM 的吸收特性是由波长决定的,动态消光比(最大调制光功率与最小调制光功率之比)通常不会超过 10dB,且它具有有限的功率响应。EAM 光纤与光纤之间连接引入的插入损耗大约为 10dB。在EAM 中,激光二极管与芯片集成在一起,从而减小了光纤-芯片输入接口的损耗,同时也减小了发送机的尺寸大小。这种调制格式叫做光电吸收激光调制器(EMLs),它的输出功率为 0dBm 量级,调制速率可达几十吉比特每秒。另外一种减小 EAM 插入损耗的方法是将激光二极管与半导体光放大器集成在一起,这样甚至可以产生光纤增益。EAM 的光传输函数如下所示:

$$E_{\text{out}}(t) = E_{\text{in}}(t) \cdot \sqrt{d(t)} \cdot \exp\left(\frac{ja}{2} \ln[d(t)] \right) \tag{2-9}$$

式中: $E_{\text{in}}(t)$ 是输入的光信号;功率传输函数 $d(t)$ 的表达式为 $d(t) = (1-m) + m \cdot \text{data}(t)$, m 是调制器的调制指数,$\text{data}(t)$ 是电调制信号。为了使功率传输函数 $d(t)$ 大于 0,一般情况下,输入数据的值只能在 0 和 1 之间变化。因此,我们可以得到输出信号的功率为

$$P_{\text{out}} = |E_{\text{out}}(t)|^2$$

$$P_{\text{out}} = P_{\text{in}}(t) \cdot d(t) = P_{\text{in}}(t) \cdot [(1-m) + m \cdot \text{data}(t)] \tag{2-10}$$

2.3　单载波高阶调制

随着互联网业务和多媒体应用的快速发展,网络业务量正在以指数级的速度迅速膨胀,这就要求网络必须具有高传输速率的数据传输能力和大吞吐量的交叉能力。为了满足下一代密集波分复用(DWDM)系统不断增长的带宽需求,高频谱效率传输变得前所未有的重要,基于偏振复用和相干检测的多维多阶调制格式,由于其频谱效率可达几 bit/(s·Hz),并在抗色散和非线性效应等损耗方面表现出明显的优势,被认为是解决不断增长的带宽需求的最佳传输技术。

2007 年,格努克(Gnauck)使用 PDM-RZ-DQPSK 调制技术、直接检测技术和混合掺铒光纤放大技术/拉曼光纤放大技术,在 C+L 波段 50GHz 的信道间距上,实现了 160×160Gbit/s(容量为 25.6Tbit/s)DWDM 信号在 240km 标准单模光纤上的传输。如此大容量的传输,激起了人们对多维多阶调制格式的研究热情。但是如果调制格式的阶数太高,会使星座点间距离很近,接收机的判决变得非常困难,虽然频谱效率高,但波特率难以提升,从而导致整个系统的容量并不太高。而多阶强度调制(m-ASK)在光纤传输应用里还没有显示出优越性,因此,对于单载波多维多阶调制格式的研究主要是针对 QPSK、8PSK、8QAM、16QAM 等调制格式的研究,以实现长距离、大容量的应用。

单载波光多阶调制发射机主要有以下几种基本形式:①串联方式(图 2-7(a));②MZM 与 PM 组成的 IQ 调制方式(图 2-7(b));③单臂驱动 MZM 的 IQ 调制方式(图 2-7(c));④双臂 MZM 组成的 IQ 调制方式(图 2-7(d))。要实现多维多阶信号的光调制,必须完成原始的电信号到光载波参量的映射,而要完成这种映射,主要是基于 MZM 和 PM 的串并配置,从系统拓扑结构来说主要有串行和并行两种方案:串行方案基于级联思想,该方案中是通过对输入光场的信号一级一级进行调制,最后实现对上述光信号的调制;并行方案中则通过并联多个 MZM 来实现多路二进制数字信号到上述光信号的映射。另外也可以根据集成需要,采用串并混合的方式实现电信号到光信号的调制。需要指出的是,不同的调制发射机具有不同的性能,在实际的系统中,需要对各种不同的调制发射机进行比较,以选取最佳的方案。

作为高效的调制方式,QPSK、8PSK、8QAM 以及 16QAM 被认为是 100Gbit以太网络传输系统的候选。而想要实现更大容量的传输,则需使用更高阶的调制格式,如 32QAM、64QAM、256QAM 等。本节主要对以上几种调制格式的产生方法进行详细的分析。

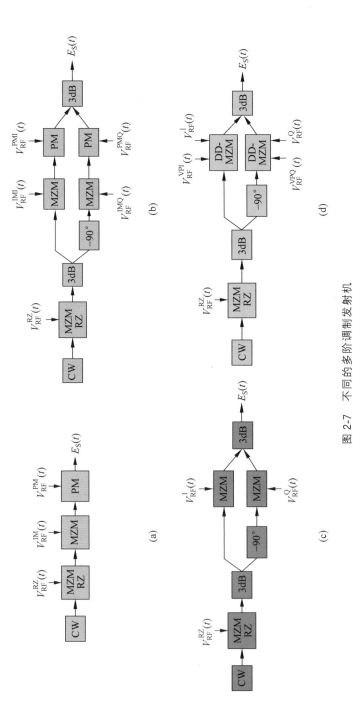

图 2-7　不同的多阶调制发射机

2.3.1　QPSK 实现方式

QPSK 是一种四进制相移调制格式,也是目前为止在高速光通信中获得最多关注的多进制调制格式。它以总比特率一半的符号率传输四个相移(幅度保持不变)。通过两个 MZM,可以很容易地产生所需要的 QPSK 信号。

QPSK 调制结构有两种形式(图 2-8):并联式和级联式[2]。在并行方案中(图 2-8(a)),双平衡结构中的两个 MZM 都是偏置在 0 处,驱动信号波动的幅度为 $2V_\pi$,从而产生两路二进制相移键控(BPSK)信号(两路 BPSK 信号分别为 $E_1 = E_{in} e^{j\pi c_k}$,$E_2 = E_{in} e^{j\pi(d_k + 0.5)}$,$c_k$ 和 d_k 分别为两路输入数据比特序列),QPSK 信号就是通过这两路正交的(BPSK)信号干涉产生的,输出为 $E_{out} = E_{in}(e^{j\pi c_k} + e^{j\pi(d_k + 0.5)})$;而在串行方案当中(图 2-8(b)),QPSK 信号则是在 0.5π 相位调制器的旋转作用下实现的,此时,QPSK 的输出信号为 $E_{out} = E_{in} e^{j\pi(c_k + 0.5 d_k)}$,$c_k$ 和 d_k 为两路输入数据比特序列。

虽然这两种实现方式的拓扑结构都比较简单,使用现在已商用化的光电器件都能实现,但是实际应用中通常采用前者,这主要是因为相位调制器会将驱动电流的抖动转化为光信号相位的抖动,使在带宽受限的系统中串联 MZM 形式的 QPSK 调制器性能比较差。

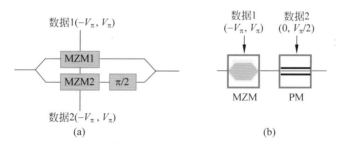

图 2-8　QPSK 调制结构
(a) 并联式;(b) 级联式

2.3.2　8PSK 实现方式

PDM-8PSK 是一种具有很大吸引力的多维多阶调制格式,主要是因为:①通过在一个 QPSK 调制器后面添加一级$(0,\pi/4)$相位调制器(PM),就可以产生我们所需要的 8PSK 信号;②由于 8PSK 的幅度值保持恒定,因而相对于其他 64 进制调制格式而言(如 8QAM),8PSK 有更好的光纤非线性容限;③大多数针对 QPSK 开发的 DSP 同样适用于 8PSK。图 2-9 是 8PSK 在不使用数模变换器(DAC)情况下的发射机结构框图,如图 2-9(a)所示的串行结构当中 8PSK 发射机由两个 MZM (MZM1 和 MZM2)和两个相位调制器(PM1 和 PM2)组成[2]。前面的三个调制器 MZM1、PM1、PM2 分别提供 $0/\pi$、$0/0.5\pi$、$0/0.25\pi$ 的相位调制,通过三个调制器 以后的输出分别为 $E_{out} = E_{in} e^{j\pi c_k}$,$E_{out} = E_{in} e^{j\pi(c_k + 0.5d_k)}$ 和 $E_{out} = E_{in} e^{j\pi(c_k + 0.5d_k + 0.25e_k)}$, c_k、d_k 和 e_k 分别为图中三路输入数据比特序列,整个结构相当于在一个 QPSK 调 制器后面添加一级$(0, \pi/4)$相位调制器,最终实现 8PSK 的调制。MZM2 则是负责 整形产生占空比为 50% 的 RZ-8PSK 信号,若只需产生 NRZ-8PSK,则 MZM2 可省 略。而若要生成 PDM-8PSK 信号,则只需在图 2-9(a)后面增加一级偏振复用 装置。

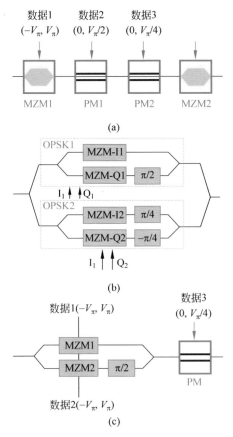

图 2-9　8PSK 发射机框图

　　然而,这种在 QPSK 调制器后面增加一级$(0, \pi/4)$相位调制器产生 8PSK 信号 的方法并不是理想的。因为在这种传统的产生 8PSK 信号的模式当中,相移变化 将引起非线性影响,在某种程度上将引入不必要的信号啁啾。图 2-9(b)是一种产生 8PSK 信号的新方法,通过使用一种新的有四个并行的 MZM 结构的调制器(QPMZM)来产生 8PSK 信号[3]。图 2-9(b)QPMZM 结构中的每一个 MZM 的偏置点都为 0,NRZ 数据序列驱动信号的波动幅度为 $2V_\pi$,因此每一条臂都会产生一个 BPSK 信号,且这些臂的偏置电压不相同,具体为 $n\pi/4(n=-1,0,1,2)$。从图中可以看出,MZM-I1、MZM-Q1、MZM-I2 以及 MZM-Q2 的光相位偏置分别为 0、$\pi/2$、$\pi/4$ 和 $-\pi/4$。因此,当输入的三路数据比特序列经过编码生成 I1、I2、Q1、Q2后(编码规则为:$I_1=c_k$、$Q_1=d_k$,当 I_1 XOR $Q_1=1$ 时,$I_2=d_k$、$Q_2=e_k$;当 I_1 XOR $Q_1=0$ 时,$I_2=e_k$、$Q_2=e_k$),通过分别对[MZM-I_1,MZM-Q_1]和[MZM-Q_2,MZM-I_2]组合可以产生两路 QPSK 信号,两路 QPSK 信号的光相位偏置变为 $\pi/4$,然后两路 QPSK 信号叠加就可以产生 8PSK 信号。通过这种方法产生的 8PSK 信号不会产生多余的频率啁啾,因而,符号之间的传输是理想的线性轨道,且发射机集成度要高。而图 2-9(c)是图 2-9(a)和图 2-9(b)两种方法的综合,它是一种串并结合的结构模式,首先通过并行模式产生 QPSK 信号,然后在 $\pi/4$ 相位调制器的旋转作用下,产生 8PSK 信号。

从上述实现方式的简要分析可以知道,使用已商用的调制器件,通过级联的方式可以实现 8PSK 的调制,这种合成信号的方法容易实现,但器件集成度不高,且性能也不是很优化;而通过并行方法来合成信号,可以减小甚至消除由于频率啁啾引起的非线性效应,集成度和性能得到了优化,同时也对光学器件的成本和工艺提出了更加严格的要求。值得指出的是,虽然通过并行方法可以减小由于频率啁啾引起的非线性效应,却并不能消除铌酸锂器件自身引起的非线性效应(MZM 的功率传递函数具有正弦波特性)。目前,我们可以采用预失真(发射机端)或使用相干接收并匹配相关算法(接收机端)的方法来减小由于器件本身引起的非线性效应。在现有的工艺和技术背景下,通过图 2-9(b)并行方法来合成信号还不太实际,通过图 2-9(a)串行方法合成的信号在性能、集成度方面也有待改善,而图 2-9(c)的产生方法虽然在一定程度上继承了前面两种方法的优点,但性能方面的改善要大于因此带来的系统复杂度。

大概在 2013 年以后,随着取样速率达到 64GSa/s 和带宽超过 16GHz 的 DAC或任意波形发生器(AWG)的商用,极大简化了 8PSK 或其他高阶 QAM 信号产生难度。在 DAC 使用的系统中只需要将 8PSK 矢量信号的实部和虚部分离,然后分别由两个 DAC 产生实部和虚部电信号。用这两个电信号经过放大后驱动一个如图 2-8(a)所示的 IQ 调制器就能产生 8PSK 光信号。同样也可以用相同的方法产生 16QAM、32QAM 或更高阶 QAM 光信号。然而为了更好、更直观地理解高阶QAM 的特点,我们还是介绍如何用多个调制器,而不使用 DAC 来产生这些光信号。

2.3.3 8QAM 实现方式

8QAM 信号的产生不像 8PSK 这么直接,因为在光场的相位被调制的同时振幅也被调制。使用任意 AWG 可以很容易产生所需要的 8QAM 信号,但是在全光情况下,很难实现。图 2-10 是一种全光条件下基于串行结构的 8QAM 调制方案[2]。该 8QAM 调制器由一个 π/4 偏置的双平衡的 MZM 和一个(0,π/2)相位调制器组成。π/4 偏置的双平衡的 MZM 与 QPSK 类似:结构中的双平衡的两个 MZM 都是偏置在 0 处;不同的是,MZM2 的驱动信号波动的幅度只有 $0.7V_\pi$。两路信号叠加后产生的星座图如图 2-10(b)所示,之后在 0.5π 相位调制器的旋转作用下,产生如图 2-10(c)所示的 8QAM 星座图,产生 8QAM 信号。值得指出的是,将图中的 MZM2 波动幅度设为 V_π,在其后级联一个 5.7dB 的光衰减器,亦可以实现相同的调制效果。

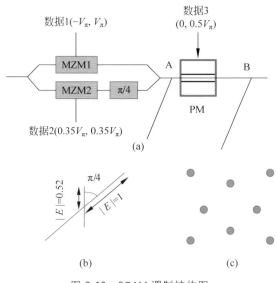

图 2-10　8QAM 调制结构图

2.3.4 16QAM 实现方式

目前,实现 16QAM 调制的方法主要有三种。一种是使用 AWG,输入的二进制电信号送往 AWG,产生四阶强度信号,通过 IQ 调制器,分别对相位相差 $90°$ 的 I 光与 Q 光进行多阶强度调制,这样 IQ 光混叠后产生(0,π/2)的星座点,同时 AWG 输出一路电信号驱动级联的相位调制器,使得 IQ 调制器输出的光信号相位发生旋转,从而使得星座点分布在 4 个星座区域,最终生成 16QAM 光信号[4]。

另外一种是使用 QPMZM,其结构和图 2-9(b)相似,在调制器的每一条臂上通过 MZM 产生 BPSK 信号,两条臂上的 BPSK 信号合成一路 QPSK(QPSK1、QPSK2)信号,通过衰减使两路 QPSK 信号具有不同的幅度,然后使两路 QPSK 信号耦合生成 16QAM 信号,其通用模型如图 2-11 所示。当 $n = 2$ 时,则实现 16QAM 光信号的调制[5]。

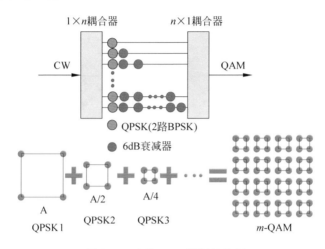

图 2-11　高阶 QAM 调制结构图

在这两种方案中,需要使用 AWG、QPMZM 等新型光学器件,对光学器件的工艺水平提出了较为苛刻的要求。而通过新的产生方式,利用已商用化的光学器件,也可以产生 16QAM 信号,如图 2-12 所示[2]。

图 2-12 方案中的双平衡 MZM 的偏置为 π/2,其中的 MZM1 和 MZM2 均偏置在 0.6π,驱动波动峰峰值为 0.8π。经过该双平衡 MZM 结构产生如图 2-12(b)所示的直角 4QAM 星座点。将该 4QAM 信号通过设置为(0,π)的相位调制器 MZM3 后,产生如图 2-12(c)所示的特殊 8QAM 星座点,最后在(0,π/2)相位调制器的旋转作用下产生 16QAM 星座点。从该 16QAM 产生过程可以看到,与图 2-10 所示的 8QAM 方案思想类似,该方案是先采用双平衡 MZM 生成某个象限中的星座点,然后通过相位调制器实现星座点的旋转变换,使得星座点布满整个空间。

2.3.5　高阶 QAM 调制

为了合理利用有限的带宽资源,进一步提高光信号传输的频谱效率,更高阶的 QAM 调制近年来备受关注。目前,已在实验室实现调制传输的具有更高频谱效率的 QAM 调制格式主要有 32QAM、36QAM、64QAM、128QAM、256QAM、512QAM 以及 1024QAM。

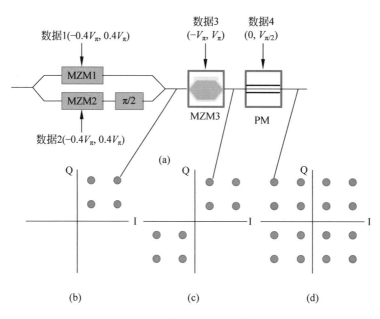

图 2-12　级联 16QAM 调制结构图

1. 36QAM

由于采用 2.3.4 节讲述的 QPMZM 方法,只能产生阶数为 4^m 的 QAM 信号,因此,目前光 32QAM 都是通过 AWG 实现的。商用的 AWG 可以产生 6 阶的强度信号,因而,对于 32QAM,同相分量和正交分量不能在同一时间都为最高阶,不然,就会产生 36QAM 信号。

采用商用的 AWG,使其工作在交织模式,只输出一路数据信号,可以很容易地产生 36QAM 电信号。另外,通过合适的编码方案,36QAM 可以获得比 32QAM 更高的频谱效率。因而,随着预均衡、后均衡等技术的发展,近年来,36QAM 也获得了一定的关注。图 2-13(a)是光 36QAM 的产生原理图:通过 AWG,在 I 路和 Q 路同时产生 6 阶的强度信号,输出 6 阶模拟信号;AWG 输出及其输出时延反转信号分别驱动 IQ 调制器的 I 路和 Q 路,产生光 36QAM 信号。虽然,从理论上说,36QAM 可以获得比 32QAM 更高的频谱效率,但需要采用非常复杂的多维信号编码/解码技术,在现已报道的关于 36QAM 的传输实验中,为了简化信号处理,在接收机端将 36QAM 符号映射成 5bit(与 32QAM 一样)。图 2-13(b)是基于正交差分编码的 36QAM 的比特映射原理图[6],一般来说,映射比特的前两位由测量符号的相对象限位置关系决定,而后三位则由每个象限的 9 个星座点的位置决定。

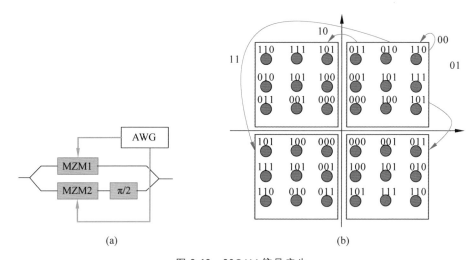

图 2-13　36QAM 信号产生

（a）原理图；（b）基于正交差编码的 36QAM 比特映射

　　而在发射机端,由 AWG 和 IQ 调制器引起的线性带限效应在频域基于测量的传输函数,通过静态预均衡技术可以得到补偿,且不需要使用反馈环回路。如图 2-14 所示[7],同时采用预均衡和后均衡的效果比只采用后均衡的效果要好。这主要是因为,对发射机滤波带限效应而言,后均衡会增强噪声分量,从而降低信号的光信噪比。

2. 64QAM

　　64QAM 光信号的产生主要有两种方法,一种是全光产生 64QAM 信号,这时具有高速光电响应和复杂光结构的集成光模块必不可少。为了获得 64QAM 的集成光调制模块,山崎（Hiroshi Yamazaki）等采用 LiNbO$_3$ 高速相位调制器和硅基平面波导电路（PLC）的混合集成技术,研制了 64QAM 的集成光调制器[8-9],其结构如图 2-15 所示,原理与图 2-11 的原理结构图相同:6 个平行的 MZM、低损耗耦合器以及 PLC 集成在一起,通过 3 路 QPSK 信号耦合成 64QAM 信号。

　　另外一种是先产生电的 64QAM 信号,然后再通过 IQ 调制器调制到光上,产生光 64QAM 信号。这种方法主要有两种实现形式:①通过 AWG 和 DAC 产生 8 阶强度信号[10-11];②采用电耦合器组合三个幅度不同的电信号获得 8 阶强度的电信号;分别调制 IQ 调制的同相分量和正交分量,实现光 64QAM 的调制。

　　对于②所述的 8 阶电信号的产生方法,由于连接器、电缆以及电耦合器存在反射,因而在通常的实验室环境下,很难通过单个的离散元件获得高质量以及高速的 8 阶电信号。然而,通过采用现在流行的 RoF 技术可以克服这个难点,产生高质量的多阶光信号。图 2-16 是 E-O-E 方案的原理图[9]:三个连续的光源经过不同 IM

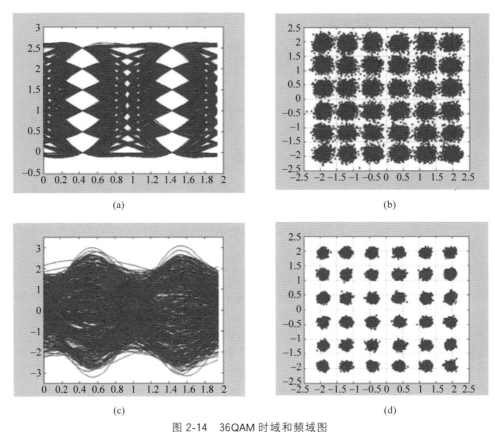

图 2-14　36QAM 时域和频域图

（a）后均衡时电域波形；（b）后均衡时光星座图；（c）预均衡和后均衡时电域波形；

（d）预均衡和后均衡时光星座图

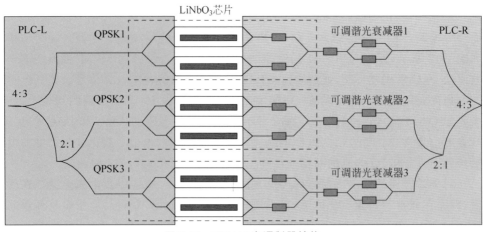

图 2-15　64QAM 光调制器结构

调制后,使其中两路分别经过 3dB 和 6dB 的衰减,产生幅度不同的三路光信号,通过光耦合器耦合产生 8 阶光信号;然后使 8 阶光信号经过一个 PD 探测器,得到 8 阶强度的电信号。结构中,可以使用光时延进行三路信号的同步控制。值得一提的是,为了驱动 IQ 调制器产生光 64QAM 信号,8 阶电信号需满足一定的幅度要求,因此,可以使产生的 8 阶电信号先通过一个电放大器放大后,再注入 IQ 调制器驱动产生光 64QAM 信号。利用这种结构可以产生稳定的 8 阶电信号,且其速率只受到光电器件如 IM、PD 等的带宽限制。

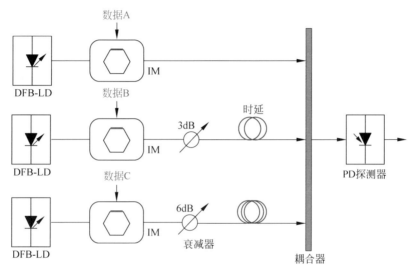

图 2-16　E-O-E 8 阶电信号产生原理

前面一共介绍了三种实现光 64QAM 调制的方案:第一种是全光的调制方案,它几乎不受电器件的速率限制,可以实现速率高、稳定性高的光 64QAM 的调制,但是其集成工艺复杂,成本高;第二种是采用 AWG,可以很容易地实现光 64QAM 的调制,且通过调节 AWG 的输出信号的阶数,可以实现如 32QAM、128QAM 等多种光调制格式的调制,但这种结构的光调制容易受到 DAC 速率和精度的限制;第三种是 E-O-E 方案,虽然可以产生高速、稳定的 8 阶电信号,但由于结构中存在光电转换,功率消耗大,且三路不同幅度的信号之间需同步,同步控制困难。因而,采用何种结构实现光 64QAM 调制,需要在成本、速率、稳定性、复杂度以及功率消耗等之间进行权衡。但到目前为止,报道的关于 64QAM 光传输实验中,主要是采用 AWG 实现调制。

3. 1024QAM

采用任意波产生器能够实现 1024QAM[12-13] 或更高阶 QAM 信号。例如在参考文献[12]和[13]中分别在 160km 和 150km 光纤上实现了 50.53Gbit/s 和

60Gbit/s 的光传输。在他们的实验中,也都是先利用高精度 AWG(精度为 10)产生基带的 1024QAM 信号,然后再通过 IQ 调制器将基带 1024QAM 信号调制到光上,实现光 1024QAM 的调制。另外,通过对 1024QAM 信号进行升余弦奈奎斯特数字滤波,减小其基带带宽,可以在 4.05GHz 频谱上实现 3G 符号每秒的信号传输,频谱效率高达 13.8bit/(s·Hz)。

对于以上高阶调制格式,包括 128QAM、256QAM 以及 512QAM,它们都有一个通用的产生方式,即采用 AWG 和 DAC 得到高阶的强度信号,然后正交驱动 IQ 调制器,实现高阶光 QAM 信号的调制。而要全光实现如此高阶的 QAM 调制,对器件水平和工艺提出了很苛刻的要求,因此,在目前实验室环境下,大多数的传输实验都还依赖于 AWG 和 DAC。

2.3.6 多维多阶调制格式比较研究

从上述多维多阶调制格式实现方式的简要分析,可以知道:使用现已商用的调制器件,通过级联的方式可以实现 QPSK、8PSK、8QAM、16QAM 的调制,这种合成信号的方法器件集成度不高,且性能也不是很优化,但容易实现;而通过并行方法来合成信号,可以减小甚至消除由于频率啁啾引起的非线性效应,集成度和性能得到了优化,同时也对光学器件的成本和工艺提出了更加严格的要求,具体比较见表 2-2。值得指出的是,虽然通过并行方法可以减小由于频率啁啾引起的非线性效应,却并不能消除锂酸铌器件自身引起的非线性效应(MZM 的功率传递函数具有正弦波特性)。目前,我们可以采用预失真(发射机端)或使用相干接收并匹配相关算法(接收机端)的方法来减小由于器件本身引起的非线性效应。

表 2-2 多维多阶调制格式比较

调制格式	实现方式	系统复杂度	所需调制器总数(MZM、PM)	集成度	对器件要求程度	器件工程上是否已实现
QPSK	级联	简单	2	低	低	是
	并联	简单	2	较高	低	是
8PSK	级联	简单	3	低	低	是
	并联	复杂	4	高	高	否
8QAM	级联	复杂	3	低	低	是
16QAM	AWG 级联	复杂	3	低	高	否
	QPMZM	复杂	4	高	高	否
	耦合级联	复杂	4	低	低	是

而对更高阶的 QAM 信号,如 36QAM、64QAM、1024QAM 信号等,要实现其光信号的产生,目前,主要还是通过 AWG 和 DAC 产生基带的电信号,然后再通过

IQ 调制器调制到光上。但随着"绿色"概念植入人心,人们对器件的尺寸、功率消耗越来越注重,集成的高阶 QAM 调制器是发展趋势,也是器件水平发展的主流方向。

2.4　软件定义光收发机

对于下一代光传输系统来说,提高传输速率和频谱效率是最基本的需求。因此,当前光传输的研究大都致力于在多样服务上提高传输速率和频谱效率。然而除了传输速率和频谱效率的高要求之外,未来的光网络也突出了对灵活度的要求,并且这一点越来越受到关注。以软件定义技术为支撑的通用可配置的发送机和接收机对于光传输系统和网络的优化利用有着重要的意义,可以实现更好的资源配置。利用软件定义光收发机(SDOT),光传输系统能够在应用方面、信道要求以及服务质量上调节到最佳的配置状态。

软件定义光收发机的迅速发展主要源自两方面的驱动力。一方面,光电信号处理上的最新进展促进了发送技术的进步,使得可用的传输光纤带宽得到了最大化的利用。另一方面,实时 DSP 的快速发展使得其能够摆脱离线处理的阻碍。许多新的传输纪录对 SDOT 技术的成熟有很大的贡献[14]。近来软件定义的光多格式接收发机已经被报道[15],这种收发机能够在不出现数据损失的条件下 5ns 内转换 8 种调制格式。除了单载波传输系统中的 SDOT 外,实时软件定义的 OFDM 的收发机也有相应的报道[16],这种收发机使用 64 点傅里叶逆变换(IFFT)和 16QAM 数据的 58 路子载波的电信号调制技术,能够达到 101.5Gbit/s 的实时线速率。下面主要讲述单载波光通信中的软件定义收发机。

2.4.1　软件定义的多格式收发机

对于单载波通信中软件定义的收发机而言,适应多格式调制、极化选择以及前向纠错是关键技术,也是亟待解决的问题。

图 2-17 是一种典型的多调制格式收发机的原理图。多格式收发机(SPOT)实时生成 8 种调制格式,分别是 BPSK、QPSK、4PAM、6PAM、8PSK、16QAM、32QAM 和 64QAM,支持的波特率则高达 28Gbaud。外腔激光器的光场由 IQ 调制器来调制,该调制器是由两个 6bit 分辨率的数/模转换器的输出信号来实现电驱动的,时钟均为 28GHz。同时用到了两块生成伪随机序列的 FPGA 板。每个DAC 都带有 1∶128 的分频器,为 FPGA 提供 218.75MHz 的时钟信号。I 信道和Q 信道各自独立,这些数据流驱使 FPGA 查表产生 6 位二进制输入,而表示一个字符的 6 位二进制输出以 28Gbaud 的波特率驱动 DAC。为了在光域中获得等距的星座点,在存储 LUT 内的字符时,MZM 的非线性传输效应予以考虑,就可以把

不规则分布的电输出转换成等距分布的光域信号。不同调制格式的切换是通过改写 LUT 的内容实现的。变换调制格式只需要一个单时钟循环(波特率为 28Gbaud,周期 5ns)。7%的 FEC 保证了在 BER$\leqslant 2\times 10^{-3}$ 的情况下始终可以恢复出信号。

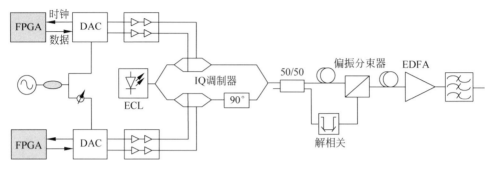

图 2-17　软件定义的多调制格式收发机原理图

2.4.2　软件定义的偏振转换的收发机

　　基于软件定义的偏振转换(polarization switching,PS)的收发机在长距离传输系统中也有着典型的应用[17]。偏振转换的 QPSK 格式已经被广泛关注,PS-QPSK 相比于偏振极化复用-QPSK 对于光噪声有着更好的抵抗性能。此外实验也表明在 100Gbit/s 的 WDM 传输模式中,对非线性的容错率也得到了提升。尽管有这些优势,但是 PS-QPSK 的频谱效率并不像 PDM-QPSK 那么好,这限制了它在 100Gbit/s 的光网络中的利用。不过 PS-QPSK 有一个非常引人注目的优点,就是能够对应用于自适应比特率系统中的传统调制格式进行补充,在这样的系统中光路的数据速率根据容量需求和需要补偿的物理损耗是动态变化的。PS-QPSK 能够在相同的发送机硬件配置下以相同的波特率运作,而只需要在接收机一侧中 DSP 做小的调整。

　　PS-QPSK 格式通过一个 8 状态的 4D 星座图以每字符 3bit 的方式编码,因为这样使得两个比特在同偏振上一起编码(有 4 种可能的状态),另外一个比特反应光的偏振。对于 PS-QPSK 的信号,并不是所有的 4 个 QPSK 字符都能够在满足 X 独立于另外四字符的 Y 的情况下被使用,如图 2-18(b)所示。因此一个 PS-QPSK 字符只能有 8 种状态,而 PDM-QPSK 字符则有 16 种状态。这种表示特别的好处在于,和 PDM-QPSK 相同的硬件配置下,给出了生成 PS-QPSK 的一种简单方案[18],如图 2-18(a)所示。

　　PS-QPSK 由于其两个偏振方向的 QPSK 符号不完全独立的特点,其偏振解复用及均衡算法不同于 PDM-QPSK。PDM-QPSK 系统中的偏振解复用的经典算法

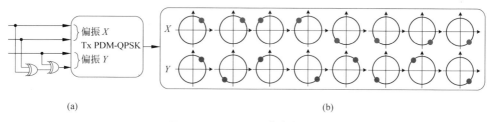

图 2-18　PS-QPSK 收发机原理

（a）PS-QPSK 利用 PDM-QPSK 硬件配置；（b）PS-QPSK 信号在 X 和 Y 偏振方向上的关联输出状态

是常模算法,已经在自适应盲均衡器中广泛使用。然而,CMA 不能被用来在 PS-QPSK 系统中偏振解复用,最近提出了一种改进的常数模算法来允许偏振解复用和 PS-QPSK 的均衡[19],另一个解决方案是通过几个符号来延迟 PS-QPSK 发射机的在 X 和 Y 偏振的相关数据流驱动的 IQ 调制器,这样可以在偏振分支之间引入独立性,而且 PS-QPSK 信号同 PDM-QPSK 信号一样可以很容易地被自相关接收机用常规的 CMA 来偏振解复用。在偏振解复用后,符号延时被数字化的移除来恢复真正的 PS-QPSK 信号,如图 2-19 所示。最后基于维特比的算法被用于载波相位恢复,并通过从接收到的信号点的最小欧几里得距离为依据的判决方式来检测信号。

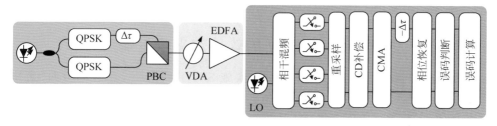

图 2-19　软件定义的 PS-QPSK 收发机原理图

　　图 2-19 显示了基于 PS-QPSK 的 SDOT 原理图。从激光源产生的光被分为两个分支,并输入到两个工作在 28Gbaud 的 QPSK 调制器中。根据图 2-18(a),驱动两个 IQ 调制器的四个输入数据流是由 FPGA 电路板提供的相关二进制序列。在偏振合束之前,在一个分支上引入了一个可调的光延迟线,如前所述。

　　基于 PS-QPSK 的 SDOT 在 WDM 传输场景中的设置如图 2-20 所示。发射器由 80 个分布反馈(DFB)激光器组成,它被分成 50GHz 间隔,并分离成两个独立调制的、频谱交错的奇偶梳状滤波器和一个可调协激光器。从奇偶梳状滤波器产生的光被送到两个工作在 28Gbaud 的 QPSK 调制器中。调制器被速率在 28Gbit/s 的 PRBS 序列所驱动。偏振复用最终通过将 QPSK 数据分成两个支流,并给它们加上 300 码元的延时后,合束到一个光偏振合束器中,生成速率在 112Gbit/s 的

PDM-QPSK 数据。28Gbaud 的 PS-QPSK 信号，以及两路奇偶 PDM-QPSK 信号分别被送入一个 50GHz 的网格波长选择开关（WSS）的三个输入端口。根据 WSS 的配置，输出可以是一个完整的 PDM-QPSK 信号，或者是在 C 波段中间插入 PS-QPSK 测试信号的 PDM-QPSK 信号。如图 2-20 所示，产生的复用信号被送入一个双级的掺铒光纤放大器，然后送到重新循环的环路中，该环路包括 4 段 100km 跨距的 SSMF。所有的色散被接收机数字化地补偿，而光纤损耗由混合拉曼-掺铒光纤放大器来补偿。功率均衡是通过在循环的末端插入一个动态增益均衡器（DGE）来实现。这种软件定义的偏振转换方案可以视为软件定义多调制格式方案的有力补充。

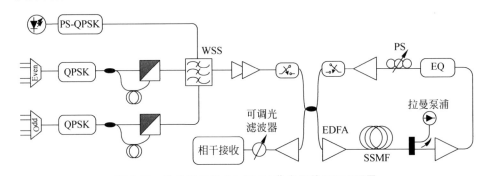

图 2-20　软件定义的 PS-QPSK 收发器的 WDM 配置

2.4.3　自适应复用 PON 的软件定义收发器

除了多调制格式和偏振转换，复用是实施 SDOT 的另一个潜在的方向，尤其是在基于数字软件的无源光网络中。综合了软件定义技术和无源光接入的基于数字软件的 PON 将会成为未来接入方案的一个有力竞争者。在这样的 PON 中的光线路终端（OLTs）和光网络单元（ONUs）中包含数字信号处理部分。因此，不同的调制格式、复用技术和补偿方法可以被应用和切换。这就会为多元化的服务需求提供在系统带宽有限条件下的高效利用和广泛的灵活性。此外，由于较小的硬件改变会使系统的总容量得到提升，所以长期来说有非常高的成本效益。

图 2-21 给出了星座共享的原理在基于数字软件 PON 中的一个新颖的复用方法。星座共享使得 OLT 可以同时给多个 ONU 发送不同的数据，因此，该功能类似于 OFDM 和单载波的子载波复用（SCM）。在这种方法中，ONU 的容量被 OLT 发送来的若干个比特的多电平调制信号所分割。该比特的分配由每一个 ONU 使用的辨别规则所决定。图 2-21(a)展示了一个数字软件控制系统应用星座共享方法的一个例子。QAM 信号通过无源光分路器从 OLT 发送到所有的 ONU。ONU #1、#2 和 #3 分别通过以下方式来辨别信号：仅通过幅度，通过幅度和相

位,仅通过相位。当每个 ONU 接收到它所能辨别的所有数据后,帧会被逐比特的恢复和排序,根据帧头的目的地址来决定接收或遗弃。采用该方法时,不同模式的比特分配方法将成为可能,如图 2-21(b)所示。

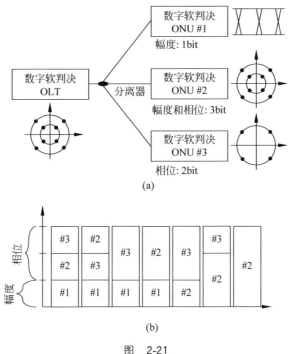

(a)

(b)

图　2-21

(a)星座共享和(b)数字软件 PON 的分配模式

基于星座共享的 SDOT 的原理如图 2-22 所示。假设这里的条件是一个数字的基于软件的 OLT 连接到一个数字的基于软件的 ONU 和一个只能接受 OOK 信号的 ONU 上。该数字软件 OLT 包含一个 IQ 调制器,数字软件 ONU 包含一个有 90°混频器和两对平衡探测器的相干接收机,DSP 的信号处理由 MATLAB 离线执行。为了模拟一个 OOK-ONU,用到了一个光电二极管。

所用的调制格式在图 2-23 中示出。在发送的 3bit 中,1bit 是在幅度方向调制,其余 2bit 是相位方向调制。Ds1 和 Ds2 分别是外圆和内圆中点与点的间距。在这里,引入了一个新的参数 Rds 用来调整点的间距的比例,也就是 Ds1/Ds2。在数字的基于软件的无源光网络中,Rds 可以自适应地改变,如图 2-23 所示。随着 Rds 的增大,内圈和外圈的距离也随之增大,星座图最终就变成 OOK。因此,大的 Rds 值改善了幅度方向的接收灵敏度。与此相反,随着 Rds 逐渐变小,内圈和外圈的距离也随之变小,星座图最终就变成 QPSK。因此,小的 Rds 值会改善相位方向的接收灵敏度。所以,在幅度方向和相位方向的接收灵敏度之间会有一个权衡问

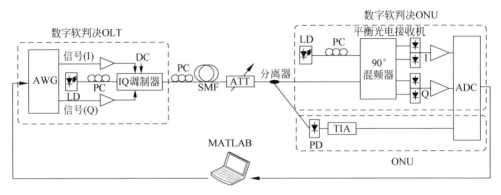

图 2-22　用于 PON 的软件定义收发器的原理图

题。这个权衡的理想点可以通过调整 Rds 值来找到。一般来说,在一个 PON 系统中,从 OLT 到每个 ONU 之间的用户的用途和传输环境各不相同,因此,需要的带宽是时变的,而且必要的功率预算随每个 ONU 位置的不同而不同。在数字的基于软件的 PON 中,不同的 Rds 改变调制格式取决于实际需要,并且可以减轻由于传输环境不同造成的影响。对于 PON 系统需要处理时变的带宽需求和不同的传输环境的要求,这种高度灵活的基于星座共享的 SPOT 具有很多优点。

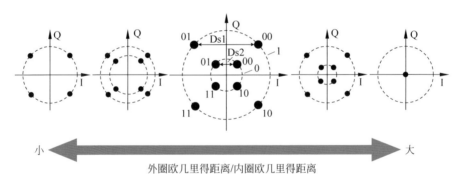

图 2-23　数字的基于软件 PON 的不同调制格式的星座图

2.5　本章小结

本章主要对高速相干光通信中发射机端单载波先进调制格式进行了详细的介绍。单载波多维多阶调制格式通过在每一个符号中传输多个比特的数据信息,降低信号传输的波特率,实现高频谱效率的传输。本章主要对 QPSK、8PSK、8QAM 以及 16QAM 的发射机实现方式进行了分析和比较。在选择合适的光多阶调发射机时,需要权衡考虑成本、性能、集成等因素的影响。对于 QPSK 光调制发射机,科研界现在已形成共识,已研制成功的集成芯片基本上都是采用如图 2-8(a)所示的结构。但 8PSK 和 16QAM 等,尤其是 16QAM,由于全光调制实现上的难题,带来了成本、工艺以及集成上的困难,发射机结构还没有形成统一标准。目前实验室研究的 16QAM 发射机结构基本上都还是基于 AWG,然后通过 DAC,在电域实现 16QAM 调制后,再将信号上变频到光域上。而对于更高阶的 32QAM、64QAM、128QAM、256QAM 以及 512QAM 等调制格式,也基本上是采用这种方法。

参考文献

[1] WINZER P J, ESSIAMBRE R J. Advanced optical modulation formats[J]. Proceedings of the IEEE,2006, 94(5):952-985.

[2] YU J, ZHOU X. Ultra-high-capacity DWDM transmission system for 100G and beyond [J]. IEEE Communications Magazine,2010,48(3):S56-S64.

[3] SAKAMOTO T, CHIBA A, KAWANISHI T. Electro-optic synthesis of 8PSK by quad-parallel Mach-Zehnder modulator [C]. Optical Fiber Communication Conference and National Fiber Optic Engineers Conference, 2009.

[4] GNAUCK A H, WINZER P, DOERR C R, et al. 10 × 112Gb/s PDM 16-QAM transmission over 630km of fiber with 6.2-b/s/Hz spectral efficiency[C]. Optical Fiber Communication,2009.

[5] SAKAMOTO T, CHIBA A, KAWANISHI T. High-bit-rate optical QAM[C]. Optical Fiber Communication Conference and National Fiber Optic Engineers Conference,2009.

[6] ZHOU X, YU J, HUANG M F, et al. 64-Tb/s, 8 b/s/Hz, PDM-36QAM transmission over 320 km using both pre-and post-transmission digital signal processing[J]. Journal of Lightwave Technology, 2011, 29(4):571-577.

[7] YU J, ZHOU X. 16 × 107-Gb/s 12.5-GHz-spaced PDM-36QAM transmission over 400 km of standard single-mode fiber[J]. IEEE Photonics Technology Letters, 2010, 22(17):1312-1314.

[8] YAMAZAKI H, YAMADA T, GOH T, et al. 64QAM modulator with a hybrid configuration of silica PLCs and LiNbO$_3$ phase modulators for 100-Gb/s applications[J]. IEEE Photonics Technology Letters,2010, 22(5):344-346.

[9] YU J, ZHOU X, GUPTA S, et al. A novel scheme to generate 112.8-Gb/s PM-RZ-64QAM optical signal[J]. IEEE Photonics Technology Letters, 2010, 22(2):115-117.

[10] YU J, DONG Z, CHIEN H C, et al. 7-Tb/s (7 × 1.284 Tb/s/ch) signal transmission over 320 km using PDM-64QAM modulation[J]. IEEE Photonics Technology Letters, 2012, 24(4):264-266.

[11] GNAUCK A H, WINZER P J, KONCZYKOWSKA A, et al. Generation and transmission of 21.4-Gbaud PDM 64-QAM using a novel high-power DAC driving a single I/Q modulator[J]. Journal of Lightwave Technology, 2012, 30(4):532-536.

[12] HUANG M F, QIAN D, IP E. 50.53-Gb/s PDM-1024QAM-OFDM transmission using

51

pilot-based phase noise mitigation[C]. Opto Electronics and Communications Conference，2011.

[13] KOIZUMI Y，TOYODA K，YOSHIDA M，et al. 1024 QAM (60 Gbit/s) single-carrier coherent optical transmission over 150km [J]. Optics Express，2012，20（11）：12508-12514.

[14] FREUDE W，SCHMOGROW R，NEBENDAHL B，et al. Software-defined optical transmission[C]. 13th International Conference on Transparent Optical Networks，2011.

[15] SCHMOGROW R，HILLERKUSS D，DRESCHMANN M，et al. Real-time software-defined multiformat transmitter generating 64QAM at 28 GBd[J]. IEEE Photonics Technology Letters，2010，22(21)：1601-1603.

[16] SCHMOGROW R，WINTER R M，NEBENDAHL B，et al. 101. 5 Gbit/s real-time OFDM transmitter with 16QAM modulated subcarriers [C]. Optical Fiber Communication Conference and Exposition，2011.

[17] RENAUDIER J，BERTAN-PARDO O，MARDOYAN H，et al. Experimental comparison of 28Gbaud polarization switched-and polarization division multiplexed-QPSK in WDM long-haul transmission system[C]. 37th European Conference and Exhibition on Optical Communication，2011.

[18] KARLSSON M，AGRELL E. Which is the most power-efficient modulation format in optical links[J]. Optics Express，2009，17：10814-10819.

[19] JOHANNISSON P，MARTIN S，MAGNUS K，et al. Modified constant modulus algorithm for polarization-switched QPSK[J]. Optics Express，2011，19(8)：7734-7741.

[20] IIYAMA N，KIM S，SHIMADA T，et al. Co-existent downstream scheme between OOK and QAM signals in an optical access network using software-defined technology [C]. Optical Fiber Communication Conference，2012.

单载波相干光传输系统基本算法

3.1 引言

数字相干光通信是未来高速光通信的发展方向,通过相干接收与高速数字信号处理相结合,能有效地对光链路中的色度色散、偏振模色散以及非线性等各种损伤进行均衡处理,从而极大地改善传输性能,提高传输速率和距离。利用成熟的数字信号处理技术还可以在电域里处理激光器线宽、频偏以及各种非理想器件带来的问题,从而避免使用锁相环等一系列复杂器件[1-2];数字相干光通信系统通过在各个维度上编码显著地提高了频谱效率,并且随着高速率大带宽的数/模或模/数转换器件(ADC 或 DAC)的发展,高集成度和灵活度的数字相干光探测技术能够有效地实现高速、长距离和大容量的光通信[3-4]。

针对上述一系列器件和链路的损伤,采用数字信号处理能有效地均衡和补偿,从而改善信号质量,实现超高速、大容量和长距离光传输。图 3-1 给出了一个典型的相干光通信接收机的基本数字信号处理算法流程图,包含了对器件和链路一系列损伤的均衡和补偿,包括 IQ 信号的正交化和归一化以及对 IQ 不平衡的补偿、光纤的色散和非线性补偿、时钟恢复算法、偏振解复用偏振模色散补偿以及信道估计和均衡、频偏估计和补偿、相位恢复和线宽噪声估计与均衡,最后是判决以及误码率的计算。在具体实现中,这些算法流程的先后顺序可能会有微小的调制,同时根据算法的不同,不同的处理过程可能相互嵌套或并行处理。一般来讲,图 3-1 不仅给出了基本的算法组成,也给出了相关算法的作用顺序和步骤。上述算法均衡模块,均针对系统中的各类损伤。相干光通信的相关算法与无线通信的相干通信系统类似,因此大多数算法都能在无线通信中找到原始模式。下面针对图 3-1 所示的数字信号处理算法流程详细介绍基本的算法实现。

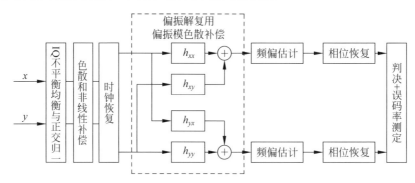

图 3-1　典型相干光通信接收机的基本数字信号处理算法流程图

3.2　IQ 不平衡补偿和正交归一化

　　理想情况下,I 路和 Q 路信号应当是正交的,但是在实际系统中,IQ 调制器的工艺问题造成两臂消光比不一致,或者两臂的驱动信号由于电放大器的工艺问题驱动幅度大小不一样,也可能在接收机端的光混频器或平衡探测器的响应不一致,都有可能造成 IQ 两路信号不正交或不平衡,从而影响后续算法流程的准确性。因此,通常需要在数字信号处理的第一步,做相关的 IQ 不平衡补偿和正交归一化处理。这里介绍一种常用的正交算法,即格拉姆-施密特(Gram-Schmidt)正交归一算法(GSOP)。

　　GSOP 通过人为建立一系列的正交向量,同时将第一组向量作为参考量,并将后续向量均映射为正交量[3-5]。GSOP 是一种有效的正交化算法,能够将不正交的 IQ 向量从统计学平均量映射为一系列正交的向量,同时完成归一化处理。由于该算法对调制格式并不敏感,因此也是相干光通信系统中均衡不平衡的常用方法,适用于多种调制格式。

3.3　光纤色度色散补偿

　　光纤的色度色散属于光纤的静态线性损伤,一方面,由于光纤材料本身的特性,光信号在光纤中传输信号时,不同频率分量的传播群速度并不一致,这种效应类似于无线通信的多径效应,会造成信号的时域展宽,从而恶化信号质量。实际系统中,色散会造成眼图模糊、时钟分量消失、符号间干扰造成信号畸变等。另一方面,由于色散补偿是一种静态线性损伤[3-5],对一定速率的光信号,不论调制格式如何,只要光纤传输长度一定,色散就一定。因此,通常将色散放在数字信号处理均衡的第二步进行。

对于单模光纤光传输系统,色度色散主要是由光纤的材料色散和波导色散所决定。对于早期的直接调制直接检测光通信系统,通常采用色散补偿光纤、光纤光栅等色散补偿模块进行光学的色散补偿。这种光学的色散补偿通常是利用负的色散系数介质对光纤中的色散进行补偿。发展到数字相干光通信系统,数字信号处理完全能替代光色散补偿的模块功能,通过反向推导光纤的时域或频域传递函数,能很容易地进行时域或频域的色散补偿。

由于色散对于高速光纤通信系统有着不可忽视的影响,色散补偿技术已经成为光通信领域的研究热点。目前抑制光纤中色散的方案主要有三类:一是在光域进行色散补偿,例如在传输链路中使用色散补偿光纤(DCF)[6]或者光子晶体光纤(PCF)[7];二是在电域进行色散补偿,主要是各种信号处理算法[8-9];三是采用新型的信号调制格式压缩边带,例如联合使用单边带调制(SSB)和光 OFDM 格式[10-11]。本章着重讨论电域色散补偿算法。

3.3.1　色散补偿概述

在光纤中传输信号由于含有不同的频率或模式成分,经光纤传输后信号脉冲会因群速度不同而展宽,引起信号失真,这种物理现象称为色散。从机理上来说,光纤色散分为材料色散、波导色散和模式色散。前两种色散主要存在于单模光纤中,后一种色散主要存在于多模光纤中。光纤色散的普遍存在使得传输的信号脉冲产生畸变,从而限制了光纤的传输容量和传输带宽。对单载波相干光通信系统而言,采用基于色散补偿光纤的光域补偿或者数字信号处理算法的电域补偿均可实现对光纤色散的补偿,但后者成本更低且配置调整更加灵活[12],因此光纤色散补偿模块是数字信号处理流程中必不可少的一个环节。

首先从光纤色散效应的机理出发,对色散补偿算法进行详细分析。从色散的物理性质角度来说,光作为一种电磁波与电介质的束缚电子相互作用时,介质的响应通常同光波的频率 ω 相关,因此在数学上,可以将传输常数 β 在固定角频率 ω_0 处展开成泰勒级数:

$$\beta(\omega) = n(\omega)\frac{\omega}{c}$$

$$= \beta_0 + \beta_1(\omega - \omega_0) + \frac{1}{2}\beta_2(\omega - \omega_0)^2 + \cdots$$

$$\beta_m = \left(\frac{\mathrm{d}^m \beta}{\mathrm{d}\omega^m}\right)_{\omega=\omega_0}, \quad m = 0,1,2,\cdots \tag{3-1}$$

参量 β_1、β_2 和折射率 n 有关,它们的关系如下:

$$\beta_1 = \frac{n_g}{c} = \frac{1}{v_g} = \frac{1}{c}\left(n + \omega\,\frac{\mathrm{d}n}{\mathrm{d}\omega}\right) \tag{3-2}$$

$$\beta_2 = \frac{1}{c}\left(2\,\frac{\mathrm{d}n}{\mathrm{d}\omega} + \omega\,\frac{\mathrm{d}^2 n}{\mathrm{d}\omega^2}\right) \tag{3-3}$$

其中,n_g 是群折射率,v_g 是群速度,光脉冲包络以群速度运动。参量 β_2 表示群速度色散,与脉冲展宽有关。这种现象称为群速度色散(GVD),β_2 是 GVD 参量。

在光纤通信系统中,已调信号的带宽远远小于光载波频率。另外,由于在已调信号的带宽内光纤折射率变化相对较小,因此泰勒展开式中的二次项系数已经足以反映光脉冲的展宽效应[10]。

一般采用色散系数 D 对由光纤色散引起的脉冲展宽的程度进行量化,单位为 ps/(nm·km)。色散系数 D 给出了单位谱宽 $\xi\lambda$ 为 1nm 的光信号脉冲经 1km 光纤传输后脉冲展宽的程度 ΔT(以 ps 为单位)。可用下式表示:

$$\Delta T = D \cdot \xi\lambda \cdot L \tag{3-4}$$

同时,色散系数 D 同 GVD 参量 β_2 满足如下关系:

$$D = \frac{\mathrm{d}\beta_1}{\mathrm{d}\lambda} = -\frac{2\pi c}{\lambda^2}\beta_2 \approx -\frac{\lambda}{c}\,\frac{\mathrm{d}^2 n}{\mathrm{d}\lambda^2} \tag{3-5}$$

文献[3]给出了光脉冲单模光纤内传输的非线性薛定谔方程,如下式:

$$\mathrm{j}\frac{\partial A}{\partial z} = -\mathrm{j}\frac{\alpha}{2}A + \frac{\beta_2}{2}\frac{\partial^2 A}{\partial T^2} - \gamma\,|\,A\,|^2 A \tag{3-6}$$

其中:A 为脉冲包络的慢变振幅; $T = t - z/v_g$,是随脉冲以群速度 v_g 移动的参考系中的时间度,

$$\tau = \frac{T}{T_0} = \frac{t - z/v_g}{T_0} \tag{3-7}$$

同时利用如下定义引入归一化振幅 U:

$$A(z,t) = \sqrt{P_0}\,\mathrm{e}^{-\alpha z/2}U(z,\tau) \tag{3-8}$$

式中指数因子体现了光纤损耗。利用式(3-6)～式(3-8)并且忽略式(3-6)中最后一项非线性项,得到光脉冲的归一化振幅 $U(z,\tau)$ 应满足:

$$\mathrm{j}\frac{\partial U}{\partial z} = \frac{\beta_2}{2T_0^2}\frac{\partial^2 U}{\partial \tau^2} \tag{3-9}$$

将式(3-5)代入式(3-9),取 $T_0 = 1$ 得

$$\frac{\partial U(z,\tau)}{\partial z} = \frac{-\mathrm{j}}{2}\left(\frac{-D\lambda^2}{2\pi c}\right)\frac{\partial^2 U(z,\tau)}{\partial \tau^2} = \mathrm{j}\frac{D\lambda^2}{4\pi c}\frac{\partial^2 U(z,\tau)}{\partial \tau^2} \tag{3-10}$$

上述理论推导得到了光纤色散对信号包络 $U(z,\tau)$ 影响的偏微分方程,这也是所有光纤色散均衡算法的基础。其中,z 表示传输距离,τ 表示归一化时间参量,D 表示光纤的色散系数,λ 表示光波波长,c 表示光速。

针对如式(3-10)的偏微分方程,一种直接的求解方法是对其进行傅里叶变换(FFT)得到频域传输方程 $G(z,w)$:

$$G(z,w) = \exp\left(-\mathrm{j}\,\frac{D\lambda^2}{4\pi c}\omega^2\right) \tag{3-11}$$

其中,ω 表示任意频率分量。

由式(3-11)易知,可通过无限冲击响应滤波器(IIR)递归结构[3]或有限冲激响应(FIR)非递归结构[5]的数字滤波器来近似全通滤波器 $1/G(z,w)$,实现在频域对色散的直接补偿。虽然采用 IIR 滤波器进行色散补偿所需的滤波器抽头数量远小于 FIR 滤波器的,但 IIR 滤波器固有的递归反馈结构使其在高速并行信号处理中几乎不可能实现,同时基于如式(3-11)的相位响应也难以设计完全符合该条件的 IIR 滤波器,因此一般采用 FIR 型滤波器对光纤色散进行补偿。

3.3.2　色散补偿基本结构

为了更好地补偿信号传输过程中的信号损伤,通常将信号处理模块分为两部分,其中第一部分针对与偏振无关的损耗,如色散,进行补偿;继而在第二部分对偏振相关的损耗如偏振旋转、偏振模色散进行补偿。本节只讨论与偏振无关的色散补偿部分。

采用如图 3-2 所示的分层结构的原因是,考虑到经分层处理后模块内部前后两个子模块可分别运行于不同的速率,这无疑为数字信号处理的实现带来了极大的便利。例如毫秒量级下色散近似不变而偏振模色散则随时间变化,因此色散补偿过程中无需频繁地更新滤波器的抽头数系数,大大简化了系统的计算复杂度。

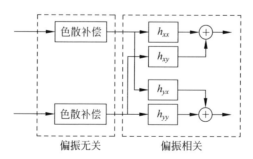

图 3-2　光纤线性损耗补偿算法框图

另外,这种算法结构只适用于补偿系统的线性损伤,对于非线性相位噪声等一系列非线性损伤,需要添加额外的非线性滤波器进行补偿。这种结构可以很好地补偿系统的色度色散和偏振模色散损耗,同时为了降低算法复杂度,既可以使用时域均衡算法,也可以使用频域均衡算法。

从 3.3.1 节可以知道,由式(3-11)可以设计出相应的 FIR 滤波器进行频域色散补偿。除了以上所述在频域对色散进行直接均衡外,将式(3-11)进一步傅里叶变换,易得到时域冲击响应,如下式：

$$g(z,t) = \sqrt{\frac{c}{jD\lambda^2 z}} \exp\left(j\frac{\pi c}{D\lambda^2 z}t^2\right) \tag{3-12}$$

因此,在时域同样可以设计与该冲击响应相吻合的滤波器,对光纤色散进行时域均衡。针对第一部分色散补偿是采用时域还是频域均衡算法,可进一步将图 3-2 细分为如图 3-3(a)、(b)两类结构。其中图 3-3(a)给出了一种纯时域均衡结构,而图 3-3(b)则给出了一种频时域融合的混合结构,两种结构的计算复杂度和性能比较将在后文详述。

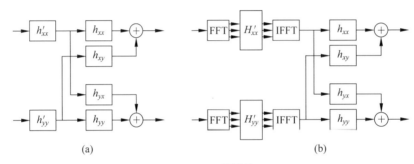

图 3-3　双层结构
(a) 纯时域均衡结构；(b) 频时域混合均衡结构

3.3.3　频域均衡算法

理论表明,在需要补偿的色散比较大的情况下,频域均衡的复杂度较低。通过将式(3-11)给出的色散频域传递函数中的色散系数 D 符号取反,即得到色散频域补偿滤波器的频域传递函数：

$$G(z,w) = \exp\left(j\frac{D\lambda^2}{4\pi c}\omega^2\right) \tag{3-13}$$

如图 3-4 所示,将接收到的时域信号首先截断为若干子块(假设每一子块的符号长度为 L_f),对每一子块进行长度为 L_f 的 FFT 时域信号变换到频域,接着直接在频域同式(3-13)所示的频域传递函数相乘得到色散补偿的频域信号,然后将所得的频域信号通过快速傅里叶逆变换运算变换回时域即可。

下面按照图 3-5 所示的固定系数 FIR 滤波器频域滤波方法详细说明算法。假设频域均衡器阶数为 M_f,FFT 长度为 $L_f(L_f > M_f)$。在频域输出的样值为

$$Y_f(1,\cdots,L_f) = X_f(1,\cdots,L_f)^{\mathrm{T}} \cdot W_f(1,\cdots,L_f) \tag{3-14}$$

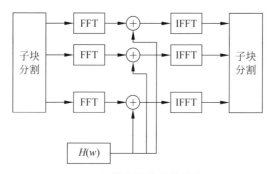

图 3-4　频域色散补偿算法框图

式中,X_f、Y_f、W_f 分别为频域输入样值、频域输出样值、频域均衡器抽头数系数,各向量长度都是 L_f。其中,X_f 是连续两个时域样值块的频域值,一块是待算的样值(新),另一块是其前面的一块样值(旧),W_f 对应均衡器(M_f 长度的系数加上 (L_f-M_f) 个 0)的频域值。计算完成后,输出 $Y(k)$ 中对应旧样值的部分去掉。这里,当 $L_f=2\times M_f$ 时,旧样值块的大小和新样值块的大小一样。

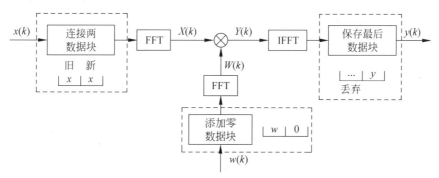

图 3-5　固定系数 FIR 滤波器频域滤波方法示意图

需要的均衡器阶数为

$$M_f = \left[\frac{D\lambda^2 z}{cT^2}\right] + 1 \tag{3-15}$$

其中,z 表示传输距离,D 表示光纤的色散系数,λ 表示光波波长,c 表示光速,T 为模/数转换器采样的样值周期。

算法的详细过程如下。

(1)离线计算固定频域均衡器的系数,分组存储。

(2)对输入样值进行 FFT 运算,得到频域值。如果 FFT 符号长度不是 $2M_f$,设 FFT 点数为 L_f(如 4 096),输入连续 L_f 的样值,每个样值包括了实部、虚部。

$$X_f(k) = \sum_{n=1}^{L_f} (x_r(n) + \mathrm{j}x_i(n)) \cdot \exp\left(-2\mathrm{j}\pi \cdot (k-1) \cdot \frac{n-1}{L_f}\right), \quad 1 \leqslant k \leqslant L_f$$

$$(3\text{-}16)$$

（3）计算输出值的频域值。

式子与式（3-14）的值相同，即

$$Y_f(1, \cdots, L_f) = X_f(1, \cdots, L_f)^{\mathrm{T}} \cdot W_f(1, \cdots, L_f)$$

其中，$W_f(1, \cdots, L_f)$ 为时域系数 $w(1, \cdots, M_t, 0, 0, \cdots, 0)$ 经 FFT 变换后的频域系数，$M_t = M_f$，后面 0 的个数也为 $(L_f - M_t)$ 个。频域系数离线计算后存储。如果 FFT 点数不是 $2M_f$，设 FFT 点数为 L_f。

（4）计算 IFFT，得到输出值的时域值。

$$x_t(n) = \sum_{k=1}^{2M_f} Y_f(k) \cdot \exp\left(2\mathrm{j}\pi \cdot (k-1) \cdot \frac{n-1}{2M_f}\right), \quad 1 \leqslant n \leqslant 2M_f \quad (3\text{-}17)$$

这种基于单载波的频域均衡方法由于将信号部分分成了若干子块，降低了计算复杂度的同时，也提升了传输质量。在均衡器抽头数系数较大的情况下，频域均衡明显优于时域均衡方式。

但是在长距离光通信系统中，信号子块要足够大才可以弥补传输过程中产生的色散效应，同时子块之间增加了保护间隔也降低了传输效率，因此文献[4]中提出了交叠频域均衡（O-FDE）算法，通过在子块间形成交叠提升传输效率，产生更高的传输速率。

图 3-6 展示了 O-FDE 算法示意图，由于 O-FDE 算法并没有使用保护间隔，因此传输效率并没有降低，其具体流程分析如下。

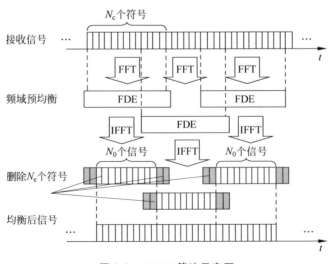

图 3-6　O-FDE 算法示意图

　　首先,接收信号以 N_c 个符号为组,分别进行 FFT 变换成为频域信号,注意这种分组方式存在交叠,即存在一部分符号被分配在两组中。然后经过一个固定抽头数系数的频域均衡器(FDE),其频域转换函数的权值由下式确定:

$$g(f) = \exp\left(-\mathrm{j} \frac{\pi cLDf^2}{(f_c - f)^2}\right) \approx \exp\left(-\mathrm{j} \frac{\pi cLDf^2}{f_c^2}\right) \tag{3-18}$$

其中,c 为光速,L 为传输距离,D 为光纤色散系数,f 为基带信号频率,f_c 是光信号的中心频率,由于 $f_c \gg f$,因此近似成上述形式。

　　最后,每组频域信号分别经过 N_c 点 IFFT,此时由于前后两组信号存在交叠,移除每组首尾各 N_c 个符号,再重新组合即频域均衡后信号。图 3-6 中灰色部分的符号代表符号块间的干扰(IBI),因此需要在重新组合的过程中移除。至此,完成了 O-FDE 算法的主要流程。

　　另外 N_c 的取值需要注意,太小的取值会产生 IBI,太大会降低运算效率,文献[4]中给出了 N_c 的范围:

$$N_c > \frac{cLDf_{\max}F_s}{f_c^2} \tag{3-19}$$

其中,$f_{\max}$ 为信号频谱所占最大频率,F_s 是模/数转换时的采样频率。文献[12]在没有使用光色散补偿的情况下,传输了 4 320km 速率为 25Gbit/s 的单载波相干光信号,实验结果表明,当 N_c 满足式(3-19)时,Q 因子达到了 11.6dB。

　　另外,在单载波相干检测系统中,还有一类基于训练序列辅助的频域均衡算法[3,5-11,13],如图 3-7 所示。这类方法考虑到色散作为一种线性损伤,可以采用发送端添加训练的方式,利用成熟的各类信道估计算法,估计出频域均衡器的抽头数系数,从而进行色散补偿。

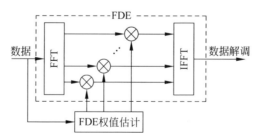

图 3-7　基于训练序列辅助的 FDE 算法结构图

　　在文献[3]中采用了如下的频域均衡结构,接收端的处理过程与之前的方法类似,只是频域均衡器的权重确定方法与之前不同。它在发送端的信号块中加入了导频,在导频时间内通过最小均分误差(MMSE)算法确定频域均衡器的抽头数系数,之后采用固定系数的均衡器进行频域色散补偿。

该实验通过发送 25Gbit/s 的单载波光信号,证明该频域均衡方法对于色散均衡具有很高的容忍度。

另外,文献[13]中进一步说明了频域均衡器抽头数系数也可以通过迫零算法(ZF)或者匹配滤波器(MF)的方式求得,并在此基础上,分析了 2×2 多入多出(MIMO)情况下各类算法的色散补偿效果,此处不再详细阐述。

3.3.4 时域均衡算法

对于时域均衡算法而言,通过将式(3-12)的色散时域冲击响应中的色散系数 D 符号取反,即得到色散时域补偿滤波器的脉冲响应,如下式:

$$g(z,t) = \sqrt{\frac{c}{\mathrm{j}D\lambda^2 z}} \exp(-\mathrm{j}\varphi(t)), \quad \varphi(t) = \frac{\pi c}{D\lambda^2 z}t^2 \tag{3-20}$$

由式(3-20)给出的脉冲响应可知,其相应的系统响应时间是无限的,且非因果的,考虑到如此特性可能会导致一些采样频率的混叠,时域均衡算法进一步将系统的脉冲响应时间截断为有限长度以克服频率混叠的现象。假设对于接收到的符号,序列接收机每隔 T 秒采样一次,当采样频率超过奈奎斯特频率 $\omega_\mathrm{N} = \pi/T$ 时可能发生频率混叠。将脉冲响应以旋转矢量的形式描述,其角频率由下式给出:

$$\omega = \frac{\partial \varphi(t)}{\partial t} = \frac{2\pi c}{D\lambda^2 z}t \tag{3-21}$$

当 ω 的幅度超过奈奎斯特频率 ω_N 时会产生混叠,由此可知为避免频率混叠需按下式进行时域截断:

$$-\frac{|D|\lambda^2}{2cT} \leqslant t \leqslant \frac{|D|\lambda^2}{2cT} \tag{3-22}$$

经如上处理后,脉冲响应时间被截断为有限时长,进而可采用非递归结构抽头延迟 FIR 滤波器实现时域色散补偿滤波器,滤波器结构如图 3-8 所示。

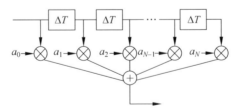

图 3-8 时域色散补偿滤波器结构

滤波器总抽头数为 N,抽头的权重由下式给出:

$$a_k = \sqrt{\frac{\mathrm{j}cT^2}{D\lambda^2 z}}\exp\left(-\mathrm{j}\,\frac{\pi cT^2}{D\lambda^2 z}k^2\right) \left\lfloor\frac{N}{2}\right\rfloor \leqslant k \leqslant \left\lfloor\frac{N}{2}\right\rfloor N = 2\cdot\left\lfloor\frac{\mid D\mid\lambda^2 z}{2cT^2}\right\rfloor + 1$$

$$(3\text{-}23)$$

其中，$\lfloor\cdot\rfloor$ 表示下取整运算，可见采用时域均衡的方式不仅对滤波器抽头权重给出了简单的闭区间解，同时也给出了算法所需抽头数量的上界。

文献[14]就以上时域均衡滤波器的可行性进行了进一步的验证。仿真结果显示，当滤波器抽头数采用最大截断窗口长度时，滤波器抽头的权重系数是最优的，色散补偿的效果也最好。然而在实际相干接收系统中如采用时域均衡对光纤色散进行补偿，在几乎不劣化系统性能的条件下可考虑对由式（3-22）给出的最大滤波器抽头数进行进一步截断。虽然在这种情况下滤波器抽头权重系数相比于最大抽头数的情况是次优的，但却为系统实现复杂度方面的进一步优化提供了可能。

这种方法可以看作是对色散脉冲响应的离散采样，被称为时域离散采样方法（TSM）。它在信号处理过程中添加了一个全通性质的色散补偿滤波器，但这种方法并没有考虑噪声的影响，文献[15]中提出了一种基于维纳（Wiener）滤波器的时域均衡方法，该方法在色散补偿的同时，可以抑制噪声，适用于多速率系统。

如图 3-9 展示了光通信系统的基本结构，其中 $x(n)$ 和 $\hat{x}(n)$ 分别表示输入信息序列和输出估计序列，L 表示输入和输出端的上采样和下采样倍数，为了满足奈奎斯特采样定律，$F(\mathrm{e}^{\mathrm{j}\omega T})$ 代表根号升余弦函数（RRC）的频谱响应函数，$G(\mathrm{e}^{\mathrm{j}\omega T})$ 表示色散信道的转移函数，$H(\mathrm{e}^{\mathrm{j}\omega T})$ 为待求的滤波器响应函数，整个系统考虑了加性高斯白噪声的影响。

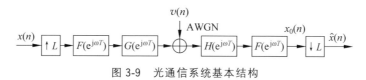

图 3-9　光通信系统基本结构

由前文的分析已知，色散信号转移函数 $G(\mathrm{e}^{\mathrm{j}\omega T})$ 为

$$G(\mathrm{e}^{\mathrm{j}\omega T}) = \mathrm{e}^{-\mathrm{j}k(\omega T)^2}, \quad \omega T \in [-\pi, \pi], \quad k = \frac{D\lambda^2 z}{4\pi cT^2} \tag{3-24}$$

其中，z 为传输距离，T 为采样周期，D 为光纤的色散系数，λ 为光波波长，c 为光速。

由图 3-9 可知，维纳滤波器和随后 L 倍下采样的设计是为了更好地恢复出原始序列，这里定义代价函数 J 是估计序列 $\hat{x}(n)$ 和实际序列 $x(n)$ 的均方误差函数。

$$J = E\big[\parallel e(n)\parallel^2\big] = E\big[\parallel\hat{x}(n) - x(n)\parallel^2\big] \tag{3-25}$$

为了分析简便，这里取过采样倍数 $L = 2$，由图 3-9 可知，$x_0(n)$ 表示下采样之

前的信号,即 $\hat{x}(n) = x_0(2n)$,于是

$$J = E\left[\| x_0(2n) - x(n) \|^2\right] \tag{3-26}$$

根据系统结构原理图,易得 $x_0(n) = \sum_k x(k)a(n-2k) + \sum_r v(r)b(n-r)$,其中 $a(n)$ 和 $b(n)$ 分别表示信号和噪声经过的整个信道脉冲响应,将此式代入式(3-26)得

$$J = E\left[\| \sum_k x(k)a(2n-2k) + \sum_r v(r)b(2n-r) - x(n) \|^2\right] \tag{3-27}$$

将式(3-27)化简整理,令 $\dfrac{\partial J}{\partial h^*(m)} = 0, m = -\dfrac{N-1}{2}, \cdots, 0, \cdots, \dfrac{N-1}{2}$,使得 J 取最小值。经过一系列运算,可以得到

$$(R_q + \eta R_f)\boldsymbol{h} = \boldsymbol{q}^* \tag{3-28}$$

其中,$\boldsymbol{h} = \left[h\left(-\dfrac{N-1}{2}\right), \cdots, h(0), \cdots, h\left(\dfrac{N-1}{2}\right)\right]^{\mathrm{T}}, \boldsymbol{q} = \left[q\left(-\dfrac{N-1}{2}\right), \cdots, q(0), \cdots,\right.$ $\left. q\left(\dfrac{N-1}{2}\right)\right]^{\mathrm{T}}, \boldsymbol{q}(n) = \boldsymbol{f}(n) * \boldsymbol{g}(n) * \boldsymbol{f}(n), \eta = \dfrac{P_v}{P_x}, \boldsymbol{R}_f$ 和 $\boldsymbol{R}_q$ 分别为 $\boldsymbol{f}(n)$ 和 $\boldsymbol{q}(n)$ 的相关矩阵。最后可以得到,维纳滤波器的时域表达形式为

$$\boldsymbol{h}_{\text{Wiener}}(\eta) = (\boldsymbol{R}_q + \eta\boldsymbol{R}_f)^{-1}\boldsymbol{q}^* \tag{3-29}$$

如果 η 难以获得,可以省略 ηR_f,简化为

$$\boldsymbol{h}_{\text{Wiener}}(\varepsilon) = (\boldsymbol{R}_q + \varepsilon\boldsymbol{I}_{N\times N})^{-1}\boldsymbol{q}^* \tag{3-30}$$

其中,$\boldsymbol{I}_{N\times N}$ 为 N 阶单位矩阵,ε 是非零微小量。文献中仿真传输了 10.7Gbaud 16QAM 相干光信号,其中 $D = 17\text{ps}/(\text{nm}\cdot\text{km}), \lambda = 1\,553\text{nm}, z = 4\,000\text{km}$,对比之前的时域采样方法,仿真发现当滤波器抽头数 $N = 111$,维纳滤波器的误码表现更好,且达到误码门限需要的滤波器长度更小。

关于时域均衡色散补偿算法,文献[14]中提出了一种基于最小平方误差的色散补偿算法(LSM),它是基于实际色散补偿滤波器的频率响应与理想色散补偿滤波器之间的平方误差最小化设计出的 FIR 滤波器,并通过仿真分析说明了最小平方补偿算法相比其他传统时域采样均衡、频域采样均衡方法(FSM)体现的优越性。

3.4 时钟恢复算法

在经过光电探测后,电信号通过采样和模/数转换器实现信号数字化。然而,在实际系统中,由于本地的采样时钟并没有与发射机信号时钟同步,ADC 的采样点多数情况下并非信号的最佳采样点。另一方面,由于本地时钟源本身的不稳定

性,也有可能造成系统的采样误差,这种采样误差既包括采样相位误差也包括采样频率的误差。造成采样信号的时钟误差的原因:一方面由于采样点的不完美性,引入采样符号间干扰;另一方面,由于采样时钟的抖动也会造成信号性能的波动和起伏。因此,为了实现最优的数字信号恢复,实际系统中需要采用时钟恢复模块以消除时钟采样误差的影响。考虑到色散会造成时钟分量的消失,因此,通常情况下,时钟恢复模块或放在色散补偿之后,或与色散补偿模块共同作用构成一个统一的均衡反馈模块。

实际上,时钟恢复算法是通信系统的普遍需求,因此在早期的有线通信和无线通信系统中就已经被广泛使用[3]。在光通信系统中,一些经典的时钟恢复算法也被普遍采用,证明了这些算法在相干光通信系统中的普适性[3]。目前,在相干光通信系统中,主要采用的时钟恢复算法包括前馈式和反馈式两种,典型算法如下。

(1) 马丁(Martin)等提出的数字平方滤波时钟恢复算法(square timing recovery)[16]。这种算法采用前馈式时钟同步结构,通过提取出信号异步采样序列相应的定时误差相位,来重新定义时钟,找到最佳插值点,实现信号时钟恢复。这种方法需要信号四倍的重采样,计算复杂度高。

(2) 加德纳(Gardner)提出的反馈式时域时钟恢复算法[17]。这种算法采用反馈式时钟同步结构,通过计算定时误差来反馈地估计重定时数字时钟源的相位。一方面,定时误差的估计能跟踪信号的采用频率抖动,应用这种算法能实现动态的时钟恢复。另一方面,加德纳时钟恢复算法仅需要两倍的信号采样,算法复杂度低,被广泛地应用在相干光通信系统的数字信号处理模块中。

其他常用的时钟恢复算法还包括高达算法[18]和穆勒算法[19]等。

3.5 信道动态均衡算法与偏振解复用

由于光场有两个独立的偏振态,因此为了提升光纤通信系统的速率和频谱利用率,可以让光的不同偏振态承载不同的信号比特,从而实现偏振复用[6]。偏振复用技术的应用可以使通信速率和系统谱效率提升一倍。

随着放大器、色散补偿技术、色散和非线性管理技术的成熟,光纤通信系统的传输速率近年来飞速增长,偏振模式色散(polarization mode dispersion,PMD)成为限制系统比特距离积的首要因素[7]。在光信号的传输过程中,若存在偏振模式色散,将分开成两束有着不同时延的脉冲,造成脉冲失真,即符号间干扰(inter-symbol interference,ISI)[8]。偏振模式色散所造成的损伤首次由普尔(Poole)等证明并报道[4]。偏振模式色散成为超高速、超大容量光通信系统发展的一个主要障碍。

实际系统中,光信号在光纤传输中的双折射呈现多重级联随机耦合的现象,随着环境温度、振动、应力和压力等因素的改变而不断改变。因此,实际的光纤信道中偏振模色散在不断变化,需要动态地对信道进行均衡同时完成偏振解复用。由于偏振复用系统实际上是一个 2×2 的多入多出系统,可以借助传统通信系统的信道均衡算法,如恒模算法以及判决引导最小均方误差算法等结合 2×2 的 MIMO 复用算法实现。

下面,我们将首先介绍信道盲均衡(blind equalization)的基本原理,讨论在接收端如何解偏振复用,再采用比较流行的恒模算法实现对恒包络调制的偏振解复用,同时补偿偏振模式色散。针对更高阶的非恒模的 QAM 调制,我们将介绍级联多模算法(CMMA)和改进的级联多模算法(MCMMA)。

3.5.1 盲均衡的基本原理

信道均衡是指接收端的均衡器产生与信道相反的特性,用来抵消由信道的传播特性引起的码间干扰,提升通信系统的性能。一种可行的均衡方法是采用数据辅助(data-aided)的方式,在传输有效信息之前,先发送一段已知的训练序列,在接收端根据收到的信号估计出信道的特性;而盲均衡算法不需要借助训练序列,而仅仅利用所接收到的信号即可对信道进行自适应均衡,可提高有效信息的传输速率[9]。下面,我们将介绍盲均衡的基本原理。

盲均衡的基本原理框图如图 3-10 所示。$x(n)$ 是原始的发送信号,设其独立分布,平稳且不相关[3]。$h(n)$ 是描述信道的单位脉冲响应,往往是未知的。$\mathrm{noise}(n)$ 是加性高斯白噪声。$y(n)$ 是 $x(n)$ 经过信道 $h(n)$ 后并加入噪声的信号,是原始发送信号 $x(n)$ 经传输后恶化的结果。随后,$y(n)$ 被送入单位脉冲响应为 $w(n)$ 的盲均衡器进行处理,处理后的输出为 $\tilde{x}(n)$,$\hat{x}(n)$ 则是判决器判决输出的信号。

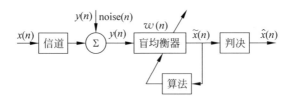

图 3-10 盲均衡的基本原理框图

从图 3-10 可知,均衡器的输入信号 $y(n)$ 可以表示为

$$y(n) = x(n) * h(n) + \mathrm{noise}(n) \tag{3-31}$$

式中，* 表示卷积(convolution)。

当忽略噪声项时，均衡器的输入信号 $y(n)$ 可以表示为

$$y(n) = x(n) * h(n) \tag{3-32}$$

为了从 $y(n)$ 中恢复出原始的发送信号，我们需要对其进行解卷积(deconvolution)。当发送的信号 $x(n)$ 为已知信号，即训练序列(training sequence)时，我们可以通过观察 $y(n)$，计算得出 $h(n)$。这是一种数据辅助的方法。然而，与数据辅助不同的是，盲均衡不需要训练序列，因此可以有效地提高数据传输速率，降低通信时延。但作为代价，在式(3-32)中，只有 $y(n)$ 一个参数已知，求解变得困难了不少。这种不用数据辅助去估计 $h(n)$ 的方法，我们称为盲均衡或盲解卷积。

图 3-10 中的盲均衡器是自适应线性滤波器，它的输出 $\tilde{x}(n)$ 可以表示为

$$\tilde{x}(n) = w(n) * y(n) \tag{3-33}$$

我们希望看到的是，均衡后的信号 $\tilde{x}(n)$ 完全等于原始信号 $x(n)$。将式(3-32)代入式(3-33)可以得到最理想的盲均衡器的单位脉冲响应与信道的单位脉冲响应之间的关系为

$$\delta(n) = h(n) * w(n) \tag{3-34}$$

其中，$\delta(n)$ 为单位脉冲序列。

在实际中，$w(n)$ 常用 FIR 滤波器来实现。FIR 滤波器长度为 L，抽头数系数 $W(n)$ 为

$$\boldsymbol{W}(n) = \left[w_0(n), w_1(n), \cdots, w_{L-1}(n) \right]^{\mathrm{T}} \tag{3-35}$$

其输入信号 $\boldsymbol{Y}(n)$ 为

$$\boldsymbol{Y}(n) = \left[y(n), y(n-1), \cdots, y(n-L+1) \right]^{\mathrm{T}} \tag{3-36}$$

输出信号 $\tilde{x}(n)$ 为

$$\tilde{x}(n) = w(n) * y(n) = \sum_{i=0}^{L-1} w_i(n) y(n-i) = \boldsymbol{Y}^{\mathrm{T}}(n) \boldsymbol{W}(n) = \boldsymbol{W}^{\mathrm{T}}(n) \boldsymbol{Y}(n) \tag{3-37}$$

式中，符号 T 表示转置。

最理想的盲均衡器是无限长的，而 FIR 滤波器的长度却是有限的，这必然会带来误差，即 $\tilde{x}(n)$ 仅仅是 $x(n)$ 的估计值，误差信号 $e(n)$ 为

$$e(n) = \tilde{x}(n) - x(n) \tag{3-38}$$

盲均衡器的训练过程就是寻找一组最优的抽头数系数 $\boldsymbol{W}(n)$，使得 $\tilde{x}(n)$ 逼近 $x(n)$。当误差信号 $e(n)$ 趋近于零时，此时的 FIR 滤波器抽头数系数 $\boldsymbol{W}(n)$ 是最优的。

3.5.2 经典恒模算法

由数字通信原理的基本知识可知,相移键控 m-PSK 调制是恒模调制,已调信号 $x(n)$ 的平均发射功率是恒定的。如果均衡器估计出来的 $\tilde{x}(n)$ 趋于原始信号 $x(n)$ 时,则 $\tilde{x}(n)$ 也应该是恒模的。因此,我们引入 CMA 的代价函数 $J(W_n)$,并利用均方误差来度量误差,有

$$J(W_n) = E\left[(|\tilde{x}(n)|^2 - R_2)^2\right] \tag{3-39}$$

其中,R_2 是一个正的常数,即我们所希望的收敛半径。我们的目标是寻找最优的抽头数系数 $W(n)$,即找到

$$W(n)_{\text{opt}} = \arg\min_{W_n}(J(W_n)) = \arg\min_{W_n}(E\left[(|\tilde{x}(n)|^2 - R_2)^2\right]) \tag{3-40}$$

对式(3-40)利用最陡下降法求极值,得

$$W(n+1) = W(n) - \mu\frac{\partial J[W(n)]}{\partial W(n)} \tag{3-41}$$

有

$$\frac{\partial J[W(n)]}{\partial W(n)} = 2E\left[(|\tilde{x}(n)|^2 - R_2)\frac{\partial|\tilde{x}(n)|^2}{\partial W(n)}\right] \tag{3-42}$$

又因为 $\tilde{x}(n) = w(n) * y(n) = Y^{\mathrm{T}}(n)W(n)$,因此

$$\frac{\partial|\tilde{x}(n)|^2}{\partial W(n)} = 2Y^*(n)\tilde{x}(n) \tag{3-43}$$

将式(3-43)代入式(3-42),可得

$$\frac{\partial J[W(n)]}{\partial W(n)} = 4E\left[(|\tilde{x}(n)|^2 - R_2)Y^*(n)\tilde{x}(n)\right] \tag{3-44}$$

用随机梯度来代替期望值,可得 CMA 的迭代计算公式如下:

$$W(n+1) = W(n) + \mu\tilde{x}(n)\left[R_2 - |\tilde{x}(n)|^2\right]Y^*(n) \tag{3-45}$$

其中,μ 为迭代步长,通常选取较小的正数。它决定了算法收敛的速度和收敛的精确程度。

当达到理想均衡时,偏导数

$$\frac{\partial J[W(n)]}{\partial W(n)} = 0 \tag{3-46}$$

且 $y(n)$ 通过均衡器处理后,将满足无失真传输条件,即

$$\tilde{x}(n) = Ax(n - n_{\text{delay}}) \tag{3-47}$$

其中,A 为非零常数,代表幅度上线性放大的倍数,n_{delay} 代表时延。当 $x(n)$ 为恒模调制时,可将无关紧要的 A 设置为 1,且时延相当于附加了一个固定的相移,即

$$\tilde{x}(n) = x(n)e^{j\theta_{\text{d}}} \tag{3-48}$$

其中,θ_{d} 表示固定的相位偏移。

由式(3-44)和式(3-46),可得

$$E\big[|\tilde{\boldsymbol{x}}(n)|^2 \boldsymbol{Y}^*(n)\tilde{\boldsymbol{x}}(n)\big]=R_2 E\big[\boldsymbol{Y}^*(n)\tilde{\boldsymbol{x}}(n)\big] \tag{3-49}$$

将向量形式展开为分量的形式,可得

$$E\big[|\tilde{\boldsymbol{x}}(n)|^2 \boldsymbol{y}^*(n-i)\tilde{\boldsymbol{x}}(n)\big]=R_2 E\big[\boldsymbol{y}^*(n-i)\tilde{\boldsymbol{x}}(n)\big],\quad i=0,1,\cdots,L-1 \tag{3-50}$$

即在式(3-49)中,等号左右两边的对应元素相等。式中,L 为采样倍数。

由式(3-32),有

$$y(n-i)=\sum_m x(n-i-m)h(m) \tag{3-51}$$

对于 m-PSK 调制,$x(n)$ 中数据符号的星座点在复平面上对称分布,有

$$E(x(n))=0 \tag{3-52}$$

$$E(|x(n)|^2)=\sigma_x^2 \tag{3-53}$$

由于原始发送的信号 $x(n)$ 独立同分布,互不相关,有

$$E(x(m)x(n))=\delta_{mn}\sigma_x^2 \tag{3-54}$$

其中,

$$\delta_{mn}=\begin{cases}1,& m=n\\ 0,& m\neq n\end{cases} \tag{3-55}$$

为克罗内克(Kronecker)函数。

因此,当且仅当 $m=i$ 的项才对式(3-50)的等号左右两边有贡献,即

$$E\big[|\tilde{\boldsymbol{x}}(n)|^2 \boldsymbol{y}^*(n)\tilde{\boldsymbol{x}}(n)\big]=kE\big[|\tilde{\boldsymbol{x}}(n)|^4\big] \tag{3-56}$$

$$E\big[\boldsymbol{y}^*(n)\tilde{\boldsymbol{x}}(n)\big]=kE\big[|\tilde{\boldsymbol{x}}(n)|^2\big] \tag{3-57}$$

其中,k 是由信道引入的确定的幅度增益。

将式(3-56)和式(3-57)代入式(3-50),可得

$$R_2=\frac{E\big[|\tilde{\boldsymbol{x}}(n)|^4\big]}{E\big[|\tilde{\boldsymbol{x}}(n)|^2\big]} \tag{3-58}$$

至此,我们完成了对恒模算法的理论推导。

例 1　单偏振 QPSK 的 CMA 均衡

设信号 $x(n)$ 为 QPSK 调制后的信号。当它经过单位脉冲响应为 $h(n)$ 的信道,同时混入加性高斯白噪声 noise(n) 后变为 $y(n)$。现用三个不同步长的 CMA 去盲均衡 $y(n)$。

图 3-11 是均衡前的星座图,图 3-12 是均衡后的星座图,图 3-13 是 CMA 均衡误差曲线。从星座图上可以看出,经 CMA 均衡后的星座点更集中,这对我们的判决是很有帮助的。从 CMA 的误差曲线来看,若采用大步长,可加快算法的收敛,但会带来较大的剩余误差。若希望减小 CMA 均衡的误差,应采用小步长,但这会使收敛变慢。

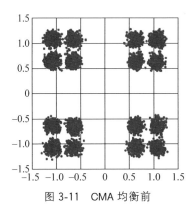

图 3-11　CMA 均衡前

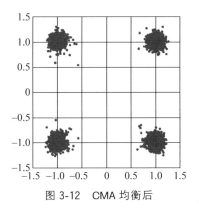

图 3-12　CMA 均衡后

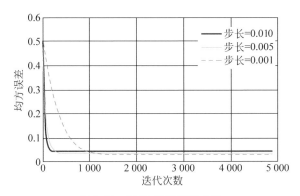

图 3-13　CMA 均衡误差曲线

3.5.3　针对偏振复用信号的恒模算法

3.5.2 节介绍了 CMA 的基本原理,并将其应用于传统 QPSK 调制的盲信道均衡。本节将介绍其在光通信系统中偏振解复用方面的应用。

1. 偏振解复用的基本原理

在光通信系统中,常用偏振复用来提高系统容量。偏振复用的基本思想是用光的两个独立且正交的偏振态作为两个互不干扰的信道来传输数据,从而使信息传输速率加倍。因此,接收端需要偏振解复用,即从接收信号中分离出两路原始信号。在恒模调制偏振解复用时,CMA 几乎是最流行的一种算法。下面,我们先讨论偏振解复用的基本原理。

理想光纤的传输琼斯矩阵为[10]

$$T = \begin{bmatrix} \sqrt{\alpha}\, \mathrm{e}^{\mathrm{j}\delta} & -\sqrt{1-\alpha} \\ \sqrt{1-\alpha} & \sqrt{\alpha}\, \mathrm{e}^{-\mathrm{j}\delta} \end{bmatrix} \tag{3-59}$$

其中，α 和 δ 分别表示分光比和两个偏振态间的相位差。

由于光纤是理想的，T 矩阵满足酉条件。偏振复用的光信号可以表示为

$$\boldsymbol{E}_{\mathrm{in}}(t)^{\mathrm{T}} = \left[E_{\mathrm{in},x}(t), E_{\mathrm{in},y}(t) \right]^{\mathrm{T}} \tag{3-60}$$

其中，上标 T 表示矩阵的转置。$\boldsymbol{E}_{\mathrm{in}}(t)$ 可以理解为在发送端即将发送的信号。

信号经光纤传输后，接收端的光信号可以表示为

$$\begin{bmatrix} E_x(t) \\ E_y(t) \end{bmatrix} = T \begin{bmatrix} E_{\mathrm{in},x}(t) \\ E_{\mathrm{in},y}(t) \end{bmatrix} \tag{3-61}$$

由式(3-61)可以看出，两个本来应该独立的偏振分量已经混合在一起了，因此需要用数字信号处理算法将它们分离出来。假定发送端采用 m-PSK 调制格式，其发送信号为恒包络的。由于其包络不包含任何信息量，因此，不妨将每个偏振分量都归一化为

$$\mid E_{\mathrm{in},x}(t) \mid^2 = \mid E_{\mathrm{in},y}(t) \mid^2 = 1 \tag{3-62}$$

我们希望通过线性叠加 $E_x(t)$ 和 $E_y(t)$，得到分离后的信号 E_X 和 E_Y。将 E_X 表示为

$$\begin{aligned} E_X(t) &= r E_x(t) + k E_y(t) \\ &= (r\sqrt{\alpha}\, \mathrm{e}^{\mathrm{j}\delta} + k\sqrt{1-\alpha}) E_{\mathrm{in},x}(t) \\ &= (-r\sqrt{1-\alpha} + k\sqrt{\alpha}\, \mathrm{e}^{-\mathrm{j}\delta}) E_{\mathrm{in},y}(t) \end{aligned} \tag{3-63}$$

其中，r 和 k 是复数。为简化运算，定义

$$X \equiv r\sqrt{\alpha}\, \mathrm{e}^{\mathrm{j}\delta} + k\sqrt{1-\alpha} \tag{3-64}$$

$$Y \equiv -r\sqrt{1-\alpha} + k\sqrt{\alpha}\, \mathrm{e}^{-\mathrm{j}\delta} \tag{3-65}$$

因为原始信号是恒模调制的信号，所以如果信号处理算法能无失真地恢复出两个不同偏振态的信号，一个必要条件就是分离后的信号功率也应该为常数。信号 E_X 的功率为

$$\mid E_X(t) \mid^2 = \mid X E_{\mathrm{in},x}(t) \mid^2 + \mid Y E_{\mathrm{in},y}(t) \mid^2 + 2 \mid XY E_{\mathrm{in},x}(t) E_{\mathrm{in},y}(t) \mid \cos\theta(t) \tag{3-66}$$

$$\theta(t) = \arg\left[\frac{Y E_{\mathrm{in},y}(t)}{X E_{\mathrm{in},x}(t)} \right] \tag{3-67}$$

由于式(3-66)中的 $\theta(t)$ 是时变的，必然有 $\mid XY E_{\mathrm{in},x}(t) E_{\mathrm{in},y}(t) \mid \equiv 0$，易知 $X = 0$ 或 $Y = 0$。对于 $Y = 0$ 的情形，有

$$\frac{r_x}{k_x} = \frac{\sqrt{\alpha}}{\sqrt{1-\alpha}} \mathrm{e}^{-\mathrm{j}\delta} \tag{3-68}$$

从而,可以推出

$$E_X = \frac{k_x}{\sqrt{1-\alpha}} E_{\mathrm{in},x} \qquad (3\text{-}69)$$

若完全理想分离,将会满足 $|E_X(t)|^2 = 1$,有

$$r_x = \sqrt{\alpha}\, \mathrm{e}^{-\mathrm{j}\delta + \mathrm{j}\varphi_x} \qquad (3\text{-}70)$$

$$k_x = \sqrt{1-\alpha}\, \mathrm{e}^{\mathrm{j}\varphi_x} \qquad (3\text{-}71)$$

其中, φ_x 是实数。进而可以恢复原始信号

$$E_X = E_{\mathrm{in},x}\, \mathrm{e}^{\mathrm{j}\varphi_x} \qquad (3\text{-}72)$$

$$E_Y = -k_x^* E_x + r_x^* E_y = E_{\mathrm{in},y}\, \mathrm{e}^{-\mathrm{j}\varphi_x} \qquad (3\text{-}73)$$

对 $X = 0$ 的情形,可进行类似的推导,最后得出

$$E_X = E_{\mathrm{in},y}\, \mathrm{e}^{\mathrm{j}\varphi_y} \qquad (3\text{-}74)$$

$$E_Y = -E_{\mathrm{in},x}\, \mathrm{e}^{-\mathrm{j}\varphi_y} \qquad (3\text{-}75)$$

2. 偏振解复用的 CMA

在实际的通信系统中,我们常用 CMA 偏振解复用[6]。该算法的框图如图 3-14 所示。

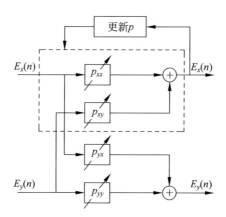

图 3-14　满足酉条件的 CMA 框图

算法的矩阵描述为

$$\begin{bmatrix} E_X \\ E_Y \end{bmatrix} = \boldsymbol{p} \begin{bmatrix} E_x \\ E_y \end{bmatrix} \qquad (3\text{-}76)$$

其中,矩阵 $\boldsymbol{p}$ 可以写作

$$\boldsymbol{p} = \begin{bmatrix} p_{xx} & p_{xy} \\ p_{yx} & p_{yy} \end{bmatrix} \qquad (3\text{-}77)$$

而且,矩阵 $\boldsymbol{p}$ 必须满足酉条件,即

$$p_{xy} = -p_{yx}^{*} \tag{3-78}$$

$$p_{yy} = p_{xx}^{*} \tag{3-79}$$

$$|p_{xx}|^{2} + |p_{xy}|^{2} = 1 \tag{3-80}$$

因此,在图 3-14 中只有两个独立的变量。

　　CMA 经过一系列迭代运算,会有 $|E_X(n)|^{2} \to 1$。一旦 $|E_X(n)|^{2} \to 1$,就意味着对于 $Y=0$ 的情况,有 $p_{xx}(n) \to r_x$,$p_{xy}(n) \to k_x$,$p_{yx}(n) \to -k_x^{*}$,$p_{yy} \to r_x^{*}$。此时,图 3-14 中的 X 端口将输出 X 偏振分量,Y 端口将输出 Y 偏振分量。而对于 $X=0$ 的情况,X 端口将输出 Y 偏振分量,Y 端口将输出 X 偏振分量。

　　与上述单偏振信号的 CMA 相似,利用 CMA 的迭代更新方程[3],矩阵 $\boldsymbol{p}$ 的元素可迭代更新为[5]

$$p_{xx}(n+1) = p_{xx}(n) + \mu(1 - |E_X(n)|^{2})E_X(n)E_x^{*}(n) \tag{3-81}$$

$$p_{xy}(n+1) = p_{xy}(n) + \mu(1 - |E_X(n)|^{2})E_X(n)E_y^{*}(n) \tag{3-82}$$

　　事实上,由于实际的光纤不可能理想,此时矩阵 $\boldsymbol{p}$ 将不再满足酉条件。因此,还需要补充以下两个更新方程:[5]

$$p_{yy}(n+1) = p_{yy}(n) + \mu(1 - |E_Y(n)|^{2})E_Y(n)E_y^{*}(n) \tag{3-83}$$

$$p_{yx}(n+1) = p_{yx}(n) + \mu(1 - |E_Y(n)|^{2})E_Y(n)E_x^{*}(n) \tag{3-84}$$

　　此时的 CMA 原理框图如图 3-15 所示。

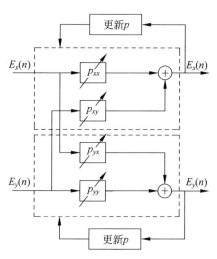

图 3-15　不满足酉条件的 CMA 框图

　　其中,四个滤波器的抽头数系数之间相互独立。

　　进一步,如果还需要均衡光纤的偏振模式色散,在偏振解复用 CMA 中,滤波

器将从单抽头的形式变为多抽头的形式,这样就能考虑接收信号前后码元之间的相互作用,实现偏振模式色散的补偿。

定义输入信号向量为

$$E_k(n)^{\mathrm{T}} = [E_k(n), E_k(n-1), \cdots, E_k(n-m)]^{\mathrm{T}} \tag{3-85}$$

定义滤波器抽头数系数向量为

$$p_{ij}(n)^{\mathrm{T}} = [p_{ij,0}(n), p_{ij,1}(n), \cdots, p_{ij,m}(n)]^{\mathrm{T}} \tag{3-86}$$

其中,i,j,k 代表任意的 x 偏振或 y 偏振,m 代表滤波器的抽头序号。

此时,CMA 的抽头数系数应采用以下形式的更新方程[5]:

$$p_{xx}(n+1) = p_{xx}(n) + \mu(1 - |E_X(n)|^2)E_X(n)E_x^*(n) \tag{3-87}$$

$$p_{xy}(n+1) = p_{xy}(n) + \mu(1 - |E_X(n)|^2)E_X(n)E_y^*(n) \tag{3-88}$$

$$p_{yx}(n+1) = p_{yx}(n) + \mu(1 - |E_Y(n)|^2)E_Y(n)E_x^*(n) \tag{3-89}$$

$$p_{yy}(n+1) = p_{yy}(n) + \mu(1 - |E_Y(n)|^2)E_Y(n)E_y^*(n) \tag{3-90}$$

利用式(3-87)~式(3-90),不仅能补偿偏振模式色散,同时还能偏振解复用。

例2　用 CMA 盲均衡对 PDM-QPSK 信号偏振解复用

设发送 PDM-QPSK 信号为 $x(n)$。接收机将采用相干检测的方法接收信号 $y(n)$,同时用数字信号处理的办法对接收信号加以恢复。假设接收到的信号定时无误差,且其色散已被色散补偿算法完美补偿。现在用 CMA 盲均衡对 PDM-QPSK 偏振解复用,如图 3-16 所示。

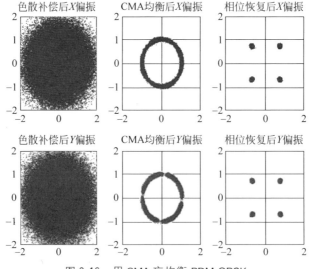

图 3-16　用 CMA 盲均衡 PDM-QPSK

3.5.4 针对高阶非恒模调制的级联多模算法

正如 3.5.3 节所述,CMA 在偏振复用-恒模调制的解偏振时非常有效。基于 CMA 的盲均衡对信号的恢复能力可接近判决反馈——最小均方误差算法的性能,因此被当作一种独立的均衡算法[10]。

然而,对于 PDM-8QAM、PDM-16QAM 等非恒模调制的均衡,经典 CMA 显得有些力不从心[7,8]。因此,CMA 中的误差信号不会趋于零,即使是对理想的 8QAM 或 16QAM 信号,在均衡后仍然有额外的噪声。级联多模算法的出现解决了这一问题[3]。在这种算法中,通过级联的方式引入多个参考圆环,并以此得到了趋近于零的最终误码率。如图 3-17 所示,CMMA 以级联的形式引入了两个半径分别为 $R_{ref1} = 0.5(R_1 + R_2)$ 和 $R_{ref2} = 0.5(R_1 - R_2)$ 的参考圆。其中,R_1 和 R_2 是理想 8QAM 两圈星座点所在的圆周半径。

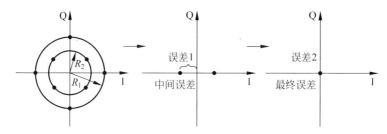

图 3-17　均衡 8QAM 的 CMMA 原理示意图

在 CMMA 中,整个均衡分两步。第一步,用半径为 R_{ref1} 的圆作参考,迭代后得到中间残留误差 ε_1。可以看出,此时的残留误差并未趋于零。因此,第二步,用半径为 R_{ref2} 的圆作参考,再用残留误差 ε_1 进行迭代运算,最终得到残留误差趋于零,实现了完美均衡。

在用 CMMA 均衡 16QAM 信号时,其误差信号的计算原理如图 3-18 所示。类似地,CMMA 将以级联形式引入三个半径分别为 $R_{ref1} = 0.5(R_1 + R_2)$,$R_{ref2} = 0.5(R_3 - R_1)$ 和 $R_{ref3} = 0.5(R_3 - R_2)$ 的参考圆。其中,R_1、R_2 和 R_3 是理想 16QAM 星座点三圈星座点所在圆周的半径。

相比之下,经典 CMA 在计算误差信号时,只用了一个参考圆[3]。因此,它不能理想地均衡 PDM-8QAM、PDM-16QAM 这类多模信号也就不足为奇了。

CMMA 的流程如图 3-19 所示。和 CMA 均衡器类似,CMMA 均衡器也可看作是一个由 4 个滤波器组成的蝶形结构的自适应均衡器。

CMMA 中,滤波器抽头数系数更新方程如下:

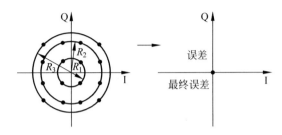

图 3-18　均衡 16QAM 的 CMMA 原理示意图

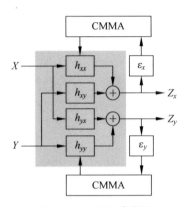

图 3-19　CMMA 流程图

$$h_{xx}(k) \rightarrow h_{xx}(k) + \mu \varepsilon_x(i) e_x(i) \hat{x}(i-k) \tag{3-91}$$

$$h_{xy}(k) \rightarrow h_{xy}(k) + \mu \varepsilon_x(i) e_x(i) \hat{y}(i-k) \tag{3-92}$$

$$h_{yx}(k) \rightarrow h_{yx}(k) + \mu \varepsilon_y(i) e_y(i) \hat{x}(i-k) \tag{3-93}$$

$$h_{yy}(k) \rightarrow h_{yy}(k) + \mu \varepsilon_y(i) e_y(i) \hat{y}(i-k) \tag{3-94}$$

对于 8QAM 信号,有

$$\varepsilon_{x,y} = || Z_{x,y} | - R_{\text{ref1}} | - R_{\text{ref2}} \tag{3-95}$$

$$e_{x,y}(i) = \text{sign}(|| Z_{x,y}(i) | - R_{\text{ref1}} | - R_{\text{ref2}}) \cdot$$
$$\text{sign}(| Z_{x,y}(i) | - R_{\text{ref1}}) \cdot \text{sign}(Z_{x,y}(i)) \tag{3-96}$$

其中,sign 为符号函数,$Z_{x,y}$ 为均衡后任意一个偏振态的输出。

对于 16QAM 信号,有

$$\varepsilon_{x,y} = ||| Z_{x,y} | - R_{\text{ref1}} | - R_{\text{ref2}} | - R_{\text{ref3}} \tag{3-97}$$

$$e_{x,y}(i) = \text{sign}(||| Z_{x,y}(i) | - R_{\text{ref1}} | - R_{\text{ref2}} | - R_{\text{ref3}}) \cdot$$
$$\text{sign}(|| Z_{x,y}(i) | - R_{\text{ref1}} | - R_{\text{ref2}}) \cdot$$
$$\text{sign}(| Z_{x,y}(i) | - R_{\text{ref1}}) \cdot \text{sign}(Z_{x,y}(i)) \tag{3-98}$$

在 8QAM 和 16QAM 调制格式下,CMMA 相比于 CMA 对信噪比(signal to noise ratio,SNR)性能有显著提高。但是这也降低了滤波器收敛过程的稳健性。这是由于 CMMA 依赖于对发射信号半径的正确判断。由于 QAM 信号的不同环之间的间隔比最小符号间隔要小,所以在有大量噪声或者严重信号失真时对环半径的判断会有大量错误。一种解决方案是在开始阶段使用 CMA 进行预收敛。预收敛完成后,系统再用多模算法进行处理。由于在实际运用中,一般需要用两次 CMMA 才能达到较好的均衡效果,因此在开始阶段使用一次 CMA 进行预收敛,再进行 CMMA 过程并不会引起实现复杂度的提升。对高阶 QAM 调制,如 32QAM 和 64QAM,使用多模算法进行偏振解复用的复杂度会很高。我们可以通过只选择两个或者三个内环进行误差反馈计算来降低复杂度。由于 QAM 内环之间的半径差通常比外环的半径差要大一些,这同样也可以增加收敛的稳健性。

例 3　用 CMMA 盲均衡对 PDM-16QAM 信号偏振解复用

与例 2 一样,设发送 PDM-16QAM 信号为 $x(n)$。接收机将采用相干检测的方法接收信号 $y(n)$,同时用数字信号处理的办法对接收信号加以恢复。假设接收到的信号定时无误差,且其色散已被色散补偿算法完美补偿。由于 16QAM 信号不是恒模信号,故采用 CMMA 盲均衡对 PDM-16QAM 偏振解复用。

如图 3-20 所示,CMMA 盲均衡后,原本杂乱无章的 16QAM 星座图变成三个圈。而后,经过频偏估计和相位载波恢复,信号最终收敛到了 16QAM 星座点的位置上。

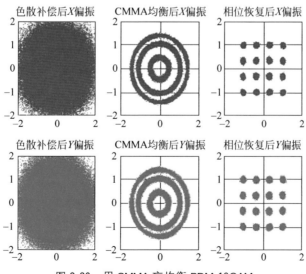

图 3-20　用 CMMA 盲均衡 PDM-16QAM

3.5.5 改进的级联多模算法

基于经典 CMA 的线性均衡器在后端时域均衡中得到了广泛应用,可是该恒模算法对于多阶调制信号的效果不是非常显著,因为在多阶调制系统中信号的码元幅度不是恒定的,并且均衡后星座点会发生旋转,需要加入额外的相偏纠正。

文献[12]基于星座点的统计规律为方形的调制信号提出了一种新型的多模算法,如图 3-21 所示。该方法利用星座点分布的统计规律修正了传统的多模算法,将依赖收敛半径的单一的误差函数转变成两个正交的误差函数,从而提高了均衡器的性能。本节将这种方法进一步深化,提出一种针对高阶 QAM 调制系统的均衡算法,称为改进级联多模算法(MCMMA)[10],如图 3-21(b)所示。其误差函数表示如下:

$$\begin{cases} \varepsilon_1 = |\ |\ |\ |\ y_1(i)\ |-Am_1\ |-Am_2\ |\ \cdots\ -Am_{n-1}\ |-Am_n \\ \varepsilon_Q = |\ |\ |\ |\ y_Q(i)\ |-Am_1\ |-Am_2\ |\ \cdots\ -Am_{n-1}\ |-Am_n \end{cases} \tag{3-99}$$

其中,

$$\begin{aligned} y_1(i) &= \mathrm{Re}(y(i)) \\ y_Q(i) &= \mathrm{Im}(y(i)) \\ Am_1 &= (L_1 + L_2)/2 \\ Am_2 &= (L_3 - L_1)/2 \\ &\vdots \\ Am_{n-1} &= (L_n - L_{n-2})/2 \\ Am_n &= (L_n - L_{n-1})/2 \end{aligned} \tag{3-100}$$

式中,$L_1, L_2, \cdots, L_n$ 为编码信号星座图中的正交坐标模值。该方案的均衡器系数更新和输出修正如下:

$$\begin{aligned} y_1(i) &= \boldsymbol{H}_{11}(i) * \boldsymbol{X}_1(i) + \boldsymbol{H}_{12}(i) * \boldsymbol{X}_Q(i) \\ y_Q(i) &= \boldsymbol{H}_{21}(i) * \boldsymbol{X}_1(i) + \boldsymbol{H}_{22}(i) * \boldsymbol{X}_Q(i) \end{aligned} \tag{3-101}$$

$$\begin{aligned} M_1(i) &= \mathrm{sign}(|\ \cdots\ |\ y_1(i)\ |-A_1\ |-A_2 \cdots\ |-A_{n-1})\cdots \mathrm{sign}(|\ y_1(i)\ |-A_1)\mathrm{sign}(y_1(i)) \\ M_Q(i) &= \mathrm{sign}(|\ \cdots\ |\ y_Q(i)\ |-A_1\ |-A_2 \cdots\ |-A_{n-1})\cdots \mathrm{sign}(|\ y_Q(i)\ |-A_1)\mathrm{sign}(y_Q(i)) \end{aligned} \tag{3-102}$$

$$\begin{aligned} \boldsymbol{H}_{11}(i+1) &= \boldsymbol{H}_{11}(i) + \mu \varepsilon_1 M_1(i) \boldsymbol{X}'_1(i) \\ \boldsymbol{H}_{12}(i+1) &= \boldsymbol{H}_{12}(i) + \mu \varepsilon_1 M_1(i) \boldsymbol{X}'_Q(i) \\ \boldsymbol{H}_{21}(i+1) &= \boldsymbol{H}_{21}(i) + \mu \varepsilon_Q M_Q(i) \boldsymbol{X}'_1(i) \\ \boldsymbol{H}_{22}(i+1) &= \boldsymbol{H}_{22}(i) + \mu \varepsilon_Q M_Q(i) \boldsymbol{X}'_Q(i) \end{aligned} \tag{3-103}$$

式中,sign 为符号函数,* 为卷积符号。

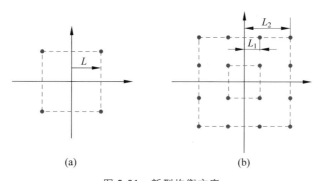

图 3-21　新型均衡方案

（a）MMA；（b）MCMMA 星座图示意图

由于将单一的误差函数扩展到了两个正交误差函数,MCMMA 具有多方面的优势。首先,可以独立更新 QAM 信号 IQ 两路的传递函数,因而具有更好的串扰抗性。其次,由于收敛半径改为了编码信号星座图中的正交坐标模值,误差函数忽略了每个信号码元的相位信息,因此可以去掉 CMMA 方案后的相位旋转模块,以降低系统均衡的计算复杂度。再者,相比于 CMMA,MCMMA 方案可以减少算法的参考模值。一方面进一步简化了计算复杂度,另一方面当系统调制阶数上升时,参考模值之间的间距变小,在同样的信噪比条件下,误差函数输出较大,不易收敛。表 3-1 为不同调制阶数采用两种方案所需的参考模值数。可以发现随着 QAM 信号调制阶数的提升,采用 MCMMA 方案所需要的参考模值数降低越明显,因而可以预计在高阶 QAM 调制系统中更适合采用 MCMMA 方案。需要注意的是,为了提升均衡效果,基于 MCMMA 的均衡器中仍然引入了预收敛模块,该预收敛模块是模值数为 1 的特殊 MCMMA 方案,也即文献[12]中的 MMA 方案。

表 3-1　高阶 QAM 调制信号采用两种均衡方案所需要的参考模值数

方案	QPSK	16QAM	32QAM	64QAM
CMMA	1	3	5	9
MCMMA	1	2	3	4

3.5.6　独立成分分析

1. 独立成分分析概述

偏振复用技术可以使相干光通信系统的速率加倍,也能使系统的频谱利用率加倍。作为代价,在接收端需要偏振解复用,分离出两个偏振态上的数据。通常,偏振解复用是用数字信号处理来实现的。此前,人们已提出一些可行的办法来解偏振复用[10],例如采用信道估计的办法[3],或事先为均衡器发送一段训练序列[5]。后来,更为流行的是采用恒模算法去偏振解复用[3]。

尽管 CMA 是一种盲均衡算法,不需要训练序列,比起数据辅助类的均衡方式,它的通信效率更高,但它并不是尽善尽美的,同样存在一些缺点。例如,两路偏振态信号可能会收敛到同一个信道。这是由其代价函数的选取所引起的[5,13]。此外,CMA 并不是为诸如高阶 QAM 信号这类非常模调制格式所设计的,因此,这似乎意味着若选取更好的代价函数,解偏振的性能会更好。

3.5.5 节介绍了一种级联多模均衡算法来实现对偏振复用的高阶 QAM 调制的盲均衡,本节将介绍另一类用来偏振解复用的算法——独立成分分析(independent compent analysis,ICA)算法。

正如之前的章节所述,信号经光纤传输以后,两路独立偏振态的信号会混在一起。因此,在接收端需要把混合后的信号分离开来。同"盲均衡"类似,在预先不知道发送信号、信道传递函数,只能从观察到的信号中分离各信号的这种分离称为"盲分离"。

ICA 算法就是一类专门分离信号的算法。它能从几个信号的线性组合中把这些信号分离开来[6,16]。目前,人们已提出许多基于 ICA 算法的信号盲分离算法[17]。而这些算法中有代表性的理论依据分别有最大化信息量[20]、稳定的神经网络[21]、非线性主成分分析[22]、极大似然估计[23,24]、极大负熵算法[25]等。

尽管 ICA 算法在信号处理领域里享誉盛名,但它在光通信系统里却没有得到广泛的应用。在光通信系统中,ICA 通常用来解可忽略偏振模式色散的偏振复用。第一次建议在光通信系统中使用 ICA 算法去偏振解复用的文献[26],证明了 ICA 算法不会出现奇异值问题,且其性能与 CMA 相似。文献[1]和文献[27]研究了一种称为幅度有界盲信源分离(magnitude-bounded blind source separation)的 ICA 算法,而文献[28]研究了一种基于信号峰度(kurtosis)优化的简化算法,利用 ICA 解 PDM-16QAM 的信号的偏振复用。在文献[29]中,ICA 算法被用来解带有多个幅度的任意星座图信号,其收敛速率高于 CMA 算法。

下面,我们先讲述信号盲分离的数据预处理过程,并以经典的 Fast ICA 算法为代表简要介绍 ICA 算法的基本原理,再讨论 ICA 算法在光通信系统中偏振解复用的应用。

2. 信号预处理

在信号盲分离之前,需要对数据进行预处理。最有用的预处理方法是去均值和数据白化(whitening)或球化(sphering)[17]。

由于在绝大多数信号盲分离算法中,都假设了源信号是零均值的,因此,在分离之前需要去掉信号的均值。设随机变量 x 的均值为 0,因此可以用 $x_0 = x - E(x)$

代替 x。在实际操作中,由于样本均值是随总体均值的无偏估计,所以用样本均值代替随机变量 x 的均值。设随机向量 $\boldsymbol{x}(t)=[x_1(t),x_2(t),\cdots,x_n(t)]^{\mathrm{T}},t=1,2,\cdots,$ N 是随机变量 x 的 N 个样本,则去均值的算法为

$$x_{0\text{-mean},i}(t)=x_i(t)-\frac{1}{N}\sum_{x=1}^{N}x_i(t),\quad i=1,2,\cdots,N \tag{3-104}$$

随机向量 $\boldsymbol{x}$ 的白化是对 $\boldsymbol{x}$ 作一个线性变换

$$\tilde{\boldsymbol{x}}=\boldsymbol{T}\boldsymbol{x} \tag{3-105}$$

使得变换后的随机向量 $\tilde{\boldsymbol{x}}$ 的相关矩阵 $\boldsymbol{R}_x=E[\tilde{\boldsymbol{x}}\tilde{\boldsymbol{x}}^{\mathrm{H}}]=\boldsymbol{I}$ 为单位矩阵。即 $\tilde{\boldsymbol{x}}$ 的每一个分量满足 $E[\tilde{x}_i\tilde{x}_j]=\delta_{ij}$。白化处理去除了混合信号中各分量之间的相关性,即让它们的二阶统计量独立。式(3-105)中的变换矩阵 $\boldsymbol{T}$ 也称为白化矩阵(whitening matrix)。

通常,白化处理不能从混合信号中恢复各个原始信号分量之间的独立性,只能恢复它们的二阶统计量的无关性。尽管白化处理还不足以完全分离各个分量的信号,但一般来说,白化处理后再进行信号分离的效果会更好。

白化处理通常可以对混合信号的相关矩阵的特征值分解来实现。

设混合信号向量 $\boldsymbol{x}$ 的相关矩阵为 $\boldsymbol{R}_x$,根据相关矩阵的性质,$\boldsymbol{R}_x$ 的特征值分解(eigenvalue decomposition,EVD)存在,可以表示为[17]

$$\boldsymbol{R}_x=\boldsymbol{Q}\boldsymbol{\Sigma}^2\boldsymbol{Q}^{\mathrm{T}} \tag{3-106}$$

其中,矩阵 $\boldsymbol{\Sigma}^2$ 是对角矩阵,其对角元素正好是 $\boldsymbol{R}_x$ 的特征值。并且,矩阵 $\boldsymbol{R}_x$ 的各个列向量是这些特征值所对应的标准正交特征向量。因此,白化矩阵 $\boldsymbol{T}$ 可以表示为

$$\boldsymbol{T}=\boldsymbol{\Sigma}^{-1}\boldsymbol{Q}^{\mathrm{T}} \tag{3-107}$$

令 $\tilde{\boldsymbol{x}}=\boldsymbol{T}\boldsymbol{x}$,有

$$\boldsymbol{R}_{\tilde{x}}=[\tilde{\boldsymbol{x}}\tilde{\boldsymbol{x}}^{\mathrm{T}}]=\boldsymbol{T}E[\boldsymbol{x}\boldsymbol{x}^{\mathrm{T}}]\boldsymbol{T}^{\mathrm{T}}=\boldsymbol{T}\boldsymbol{R}_x\boldsymbol{T}^{\mathrm{T}} \tag{3-108}$$

把式(3-106)和式(3-107)代入式(3-108),得

$$\boldsymbol{R}_{\tilde{x}}=(\boldsymbol{\Sigma}^{-1}\boldsymbol{Q}^{\mathrm{T}})(\boldsymbol{Q}\boldsymbol{\Sigma}\boldsymbol{Q}^{\mathrm{T}})(\boldsymbol{\Sigma}^{-1}\boldsymbol{Q}^{\mathrm{T}})^{\mathrm{T}}=\boldsymbol{I} \tag{3-109}$$

因此,$\tilde{\boldsymbol{x}}=\boldsymbol{T}\boldsymbol{x}$ 这一线性变换去除了混合信号中各分量间的相关性。

与去均值一样,观测到的混合信号的相关矩阵也只能从一些样本中求得。设 $\boldsymbol{x}(1),\cdots,\boldsymbol{x}(n)$ 是混合后的信号随机向量的样本,相关矩阵可以估计为

$$\hat{\boldsymbol{R}}_x=\frac{1}{N-1}\sum_{i=1}^{N}\boldsymbol{x}(i)\boldsymbol{x}(i)^{\mathrm{T}} \tag{3-110}$$

$\hat{\boldsymbol{R}}_x$ 满足厄米对称,同时是非负定矩阵,它的特征值是非负的实数,$\hat{\boldsymbol{R}}_x$ 同样有 EVD。经白化变换后,混合信号向量样本的相关矩阵是单位矩阵。

3. 基于负熵的 Fast ICA 算法

根据中心极限定理(central limit theorem,CLT),独立的随机变量之和的分布会接近正态分布。因此,ICA 的出发点就是让分离后的信号的分布"最不像"正态分布。但如何去衡量一个随机变量的分布像不像正态分布呢?对于 ICA 估计,最经典的非高斯度量(non-Gaussian measure)是峰度,然而,直接使用峰度作为非高斯度量对样本的取值过于敏感,不是一种稳定的算法。另一个非高斯的度量是负熵(negentropy),根据信息论,在所有具有相同方差的随机变量中,高斯变量的熵最大。这意味着正态分布是"最随机"的一种分布。负熵的定义式为

$$J(\boldsymbol{x}) = H(\boldsymbol{x}_{\text{高斯}}) - H(\boldsymbol{x}) \tag{3-111}$$

当且仅当随机变量 $\boldsymbol{x}$ 服从正态分布,等号成立。因此,值得注意的是,其虽然称为负熵,但它往往是非负的。对 $\boldsymbol{x}$ 任意作可逆线性变换,负熵不变。由于负熵的计算比较复杂,可近似计算为[17]

$$J(x) \propto \left[E\{G(x)\} - E\{G(v)\} \right]^2 \tag{3-112}$$

其中,G 是非二次的函数,v 为服从标准正态分布的随机变量。对于随机变量 x,我们假定其具有零均值和单位方差。通常,以下几种函数作为 G 去计算已被证实为是行之有效的:

$$G_1(x) = \frac{1}{a} \text{lgcosh}(ax) \tag{3-113}$$

$$G_2(x) = -\text{e}^{-x^2/2} \tag{3-114}$$

其中,a 是一个常数,满足 $1 \leqslant a \leqslant 2$。通常,$a$ 取作 1。

固定点 ICA 算法采用迭代计算的方法计算式(3-112)的最大值,具体描述如下:

(1) 将数据白化为 $\boldsymbol{x}$;

(2) 选择分离数据的矩阵 W 的初始值;

(3) 选择非二次的函数 G,迭代更新 $\boldsymbol{W} \leftarrow \boldsymbol{E}\{xg(\boldsymbol{W}^{\text{T}}x)\} - \boldsymbol{E}\{g'(\boldsymbol{W}^{\text{T}}x)\}\boldsymbol{W}$;

(4) 重复(3),直到收敛。

其中,g 是 G 的导数,g' 是 g 的导数。

例 4 Fast ICA 算法

将两路独立信号以线性组合的形式随机混合。现利用 Fast ICA 算法将这两路信号分离。

如图 3-22 所示,混合前的两路信号一路为正弦波,一路为矩形脉冲序列。混合后的信号,同时含有这两种信号(因为混合的过程是线性组合)。我们选择 $g(x) = \text{tanh}x$,执行 Fast ICA 算法的(1)~(4),对信号进行分离。可以看到,经过迭代计算后,混合信号很好地解混了。

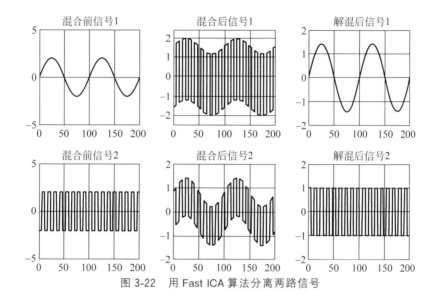

图 3-22　用 Fast ICA 算法分离两路信号

4. 基于极大似然估计的复数 ICA 算法

下面,我们介绍 ICA 算法在偏振解复用中的应用。由于 ICA 算法的一个前提是混合前的信号是统计独立的,因此,存在于 CMA 中的奇异值问题(若两路偏振信号收敛到同一信道,输出信号就不独立了)就不会发生了[29]。文献[29]提出了一种基于极大似然估计的复数形式的 ICA 算法。这种算法的收敛速率很快,并且不存在任何奇异值问题。

首先忽略偏振模式色散和偏振相关损耗(polarization-dependent losses,PDL),直接进行偏振解复用,即从收到的信号中分离两个偏振态的信号。与 CMA 相似,单抽头的 ICA 同样可扩展为多抽头的形式,因此在 PMD 和 PDL 存在的时候,ICA 一样可以解偏振。

首先介绍单抽头的 ICA 算法。

将理想光纤信道模型在此重画为图 3-23。在 k 时刻,两个偏振方向的独立同分布复数据符号 $\boldsymbol{a}_k = [a_k^{(X)}, a_k^{(Y)}]^T$ 受到加性高斯白噪声影响,并出现随机相位旋转后,变为 $\boldsymbol{s}_k$。采样后的输出信号为 $\boldsymbol{x}_k = \boldsymbol{A}_k \boldsymbol{s}_k$。复矩阵 $\boldsymbol{A}_k$ 满足西条件。并且,由于相比于偏振改变的大尺度的时间内,可以近似认为它在观察时间内保持不变[29]。偏振解复用算法的目的就是快速地找到解复用矩阵 $\boldsymbol{B}_k$,使得输出符号 $\boldsymbol{y}_k = \boldsymbol{B}_k \boldsymbol{x}_k$ 是对 $\boldsymbol{s}_k$ 的一个较好的估计。

设已知时刻 k 的分布,并且此分布独立于 k,此时接收符号 $\boldsymbol{x}_k = \boldsymbol{A}_k \boldsymbol{s}_k$ 的分布可写为[29]

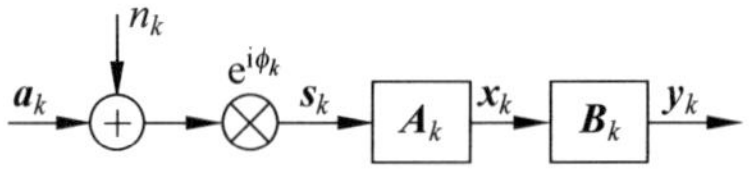

图 3-23　理想光纤信道模型简图

$$p_X(\boldsymbol{X}_k \mid \boldsymbol{A}_k) = \mid \det\boldsymbol{A}_k^{-1} \mid^2 p_S(\boldsymbol{A}_k^{-1}\boldsymbol{x}_k) \tag{3-115}$$

将 $\boldsymbol{A}_k^{-1}$ 的估计值 $\boldsymbol{B}_k$ 代入式(3-115)，可得

$$p_X(\boldsymbol{x}_k \mid \boldsymbol{B}_k) = \mid \det\boldsymbol{B}_k \mid^2 p_S(\boldsymbol{B}_k\boldsymbol{x}_k) \tag{3-116}$$

基于极大似然估计的 ICA 算法的最终目标是寻找一个矩阵 $\boldsymbol{B}_k$，使得式(3-116)所示的似然函数最大。对式(3-116)取对数，得

$$\Lambda(\boldsymbol{B}_k) = \log p_X(\boldsymbol{x}_k \mid \boldsymbol{B}_k) = \log \mid \det\boldsymbol{B}_k \mid^2 + \log p_S(\boldsymbol{y}_k) \tag{3-117}$$

注意，如果矩阵 $\boldsymbol{B}_k$ 接近奇异矩阵，式(3-117)中的行列式会接近零，似然函数的对数值会很小，故能避免在 CMA 中出现的奇异值问题。

采用随机最速下降法，迭代计算矩阵 $\boldsymbol{B}_k$，可得

$$\boldsymbol{B}_{k+1} = \boldsymbol{B}_k + \mu\boldsymbol{G}(\boldsymbol{B}_k), \quad \boldsymbol{G}(\boldsymbol{B}) = \frac{\partial\Lambda}{\partial\boldsymbol{B}^*} \tag{3-118}$$

式中，μ 是步长因子。

进一步化简，得

$$\boldsymbol{B}_{k+1} = \boldsymbol{B}_k + \mu\boldsymbol{G}(\boldsymbol{B}_k)\boldsymbol{B}_k^{\mathrm{H}}\boldsymbol{B}_k \tag{3-119}$$

可以证明，式(3-119)中的 $\boldsymbol{G}$ 可化简为[29]

$$\widetilde{\boldsymbol{G}}(\boldsymbol{B}) = [I - yy^{\mathrm{H}} + f(y)y^{\mathrm{H}} - yf(y)^{\mathrm{H}}]B^{-\mathrm{H}} \tag{3-120}$$

式中，

$$f(y) = \frac{1}{p_S(y)}\frac{\partial p_S(y)}{\partial s^*} \tag{3-121}$$

对 M 点星座图的概率密度函数 $p_S(s)$ 的详细建模分析可参考文献[30]。设从 M 元星座图中发射的符号为 c_l，受加性高斯白噪声和随机相偏的影响，成为

$$s = (c_l + n)\mathrm{e}^{\mathrm{i}\phi} \tag{3-122}$$

其中，n 服从复高斯分布，均值为 0，方差为 $2\sigma^2$，ϕ 服从 $0\sim2\pi$ 的均匀分布。

描述传递函数的条件概率可表示为

$$p_{S|C}(s \mid c_l) = \frac{1}{2\pi\sigma^2}\exp\left(-\frac{\mid c_l \mid^2 + \mid s \mid^2}{2\sigma^2}\right)\mathrm{J}_0\left(\frac{\mid c_l s \mid}{\sigma^2}\right) \tag{3-123}$$

其中，J_0 为第 0 阶修正的贝塞尔函数。

出于复数的考虑，联合概率密度函数

$$p_S(\boldsymbol{s}) \approx p_S(s^{(X)})p_S(s^{(Y)}) \tag{3-124}$$

假设所有原始符号先验概率相等,利用全概率公式,有

$$p_S(s) = \frac{1}{M} \sum_{l=1}^{M} p_{S|C}(s \mid c_l) \tag{3-125}$$

利用式(3-124)的结论和式(3-125)的假设,可求得 $\boldsymbol{f} = [f(s^{(X)}), f(s^{(Y)})]^{\mathrm{T}}$,即

$$f(s) = \frac{1}{2\sigma^2} \frac{\displaystyle\sum_{l=1}^{M} p_{S|C}(s \mid c_l) \left[\frac{\mathrm{J}_1(\mid c_l s \mid /\sigma^2)}{\mathrm{J}_0(\mid c_l s \mid /\sigma^2)} \mid c_l \mid \mathrm{e}^{\mathrm{i}\angle s} - s \right]}{\displaystyle\sum_{l=1}^{M} p_{S|C}(s \mid c_l)} \tag{3-126}$$

最后,利用式(3-119)、式(3-120)和式(3-126)可迭代计算出矩阵 $\boldsymbol{B}_k$。

虽然式(3-126)可以适合于任何一种调制格式,但该公式相当复杂,其指数项和贝塞尔函数的计算在实时通信系统中可能会成为一个瓶颈。对于 m-PSK 调制,因为它属于恒模调制,所以式(3-126)中的概率密度函数将消失。此外,在实际可用系统中,其信噪比足以让 $\mathrm{J}_1/\mathrm{J}_0$ 接近于 1,因此有理由将这个比值用一个常数来代替,而这个常数可以通过符号的幅度来计算。综上,式(3-126)化简可得

$$f_{\mathrm{m\text{-}PSK}}(s) \approx \frac{1}{2\sigma^2}(D \mid c_1 \mid \mathrm{e}^{\mathrm{i}\angle s} - s) \tag{3-127}$$

其中,

$$D = \frac{\mathrm{J}_1(\mid c_1 \mid^2 /\sigma^2)}{\mathrm{J}_0(\mid c_1 \mid^2 /\sigma^2)} \tag{3-128}$$

文献[29]还对矩阵 $\boldsymbol{B}_k$ 的初值进行了研究,因为该初值的选取决定了该算法收敛的快慢。

例 5　基于极大似然估计的复数单抽头 ICA 算法

将两路独立的 QPSK 调制的信号以线性组合的形式随机混合。现利用基于极大似然估计的复数单抽头 ICA 算法将这两路信号分离。

由图 3-24 可以看到,这种基于似然估计的复数单抽头 ICA 算法可以较好地分离随机混合的 QPSK 信号。在单抽头算法中,$\boldsymbol{B}_k$ 为 2×2 的矩阵。解混后的信号已变为 QPSK 的四个星座点,再经过频偏估计和相位载波恢复,信号可完全恢复为 QPSK 信号。

单抽头的 ICA 可以在 PMD 不存在时偏振解复用。然而,实际系统中,PMD 往往是不可忽略的。此时可将单抽头的 ICA 扩展为多抽头 ICA。在文献[31]中,多抽头的 ICA 算法框图与 CMA 框图类似,也用 FIR 滤波器对信号进行滤波,而抽头数系数 $\boldsymbol{B}_k$ 更新为

$$\boldsymbol{B}_{k+1} = \boldsymbol{N}_k \boldsymbol{B}_k \tag{3-129}$$

其中,

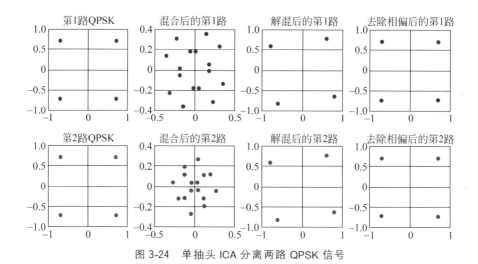

图 3-24　单抽头 ICA 分离两路 QPSK 信号

$$N_{1,1} = 1 + \mu(1 - |y_1|^2) \tag{3-130}$$

$$N_{1,2} = \frac{\mu|a|}{2\sigma^2}(e^{i\varphi_1}y_2^* - y_1 e^{-i\varphi_2}) - \mu y_1 y_2^* \tag{3-131}$$

$$N_{2,1} = \frac{\mu|a|}{2\sigma^2}(y_1^* e^{i\varphi_2} - e^{-i\varphi_1}y_2) - \mu y_1^* y_2 \tag{3-132}$$

$$N_{2,2} = 1 + \mu(1 - |y_2|^2) \tag{3-133}$$

而 y_1 和 y_2 是均衡后的输出，φ_1 和 φ_2 分别是 y_1 和 y_2 的辐角。

此外,文献[30]直接对矩阵进行增维处理,提出了一种简化的多抽头 ICA 算法。它将两个偏振态的信号的 L 个采样排成一列,成为一个向量,此时的 $\boldsymbol{B}_k$ 成为 $2L \times 2L$ 的方阵。再根据文献[29]中的更新公式对 $\boldsymbol{B}_k$ 进行更新,从而实现偏振解复用。

3.6　载波恢复算法

载波恢复算法通常包括两部分,即频偏估计算法和相位恢复算法。在实际通信系统中,本振光信号的频率并不锁定,一方面本身就可能存在一定的频率偏移,从几兆赫到几百兆赫甚至吉赫不等;另一方面,信号光和本振光随环境温度等条件的变化会有频率漂移效应。这种频率偏差,会对信号光引入较大的相位旋转,直至淹没信号本身的相位信息。另一方面,由于激光器线宽的存在引入了相位噪声,这种噪声以一定的变化速率随机改变,造成了星座点的拖尾、延长和混叠。这两种损伤都将造成信号质量的劣化。

光相干探测接收机中,本振激光器和接收到的信号进入混频器后进行零差,或外差相干得到所传基带信号。理想状态下,接收机的本地激光器和发射机的载波必须在相同的振荡频率下工作。然而,受当前光器件的生产工艺所限,各激光器中均存在着一定量的频率偏差;同时,光通信系统通常是长距离传输,随着通信时间的延长,收发两端的激光器频率之间难免出现频率漂移,即所谓的频偏。在相位调制系统中,频偏通常会转化为相位偏移,其表现为接收信号星座图出现不同程度的旋转现象。因此,频偏的完全移除对于解调出最终的发送数据而言十分重要。

针对 QAM 信号来作分析,QAM 信号可以表示为

$$S(t) = A(t)\cos(\omega_c t + \phi) - B(t)\sin(\omega_c t + \phi) \tag{3-134}$$

在接收端乘以以下两个正交载波:

$$C_c(t) = \cos(\omega_c t + \hat{\phi}) \tag{3-135}$$

$$C_N(t) = -\sin(\omega_c t + \hat{\phi}) \tag{3-136}$$

再进行低通滤波,产生同相分量和正交分量如下:

$$Y_I = \frac{1}{2}A(t)\cos(\phi - \hat{\phi}) - \frac{1}{2}B(t)\sin(\phi - \hat{\phi}) \tag{3-137}$$

$$Y_Q = \frac{1}{2}B(t)\cos(\phi - \hat{\phi}) - \frac{1}{2}A(t)\sin(\phi - \hat{\phi}) \tag{3-138}$$

若存在相位误差,即 $\Delta\phi = \phi - \hat{\phi} \neq 0$,那么 $\cos(\Delta\phi) < 1, \sin(\Delta\phi) > 0$。相位误差不仅会导致接收信号分量的功率减少 $\cos^2(\Delta\phi)$,而功率减小会导致误码,还会在信号的同向和正交分量之间产生一定的正交干扰。由于 $A(t)$ 和 $B(t)$ 的平均功率大致相等,故小误差也会引起解调性能大幅下降。

以 16QAM 为例,更直观地观察含有频偏和相偏的信号的星座图变化,如图 3-25所示。

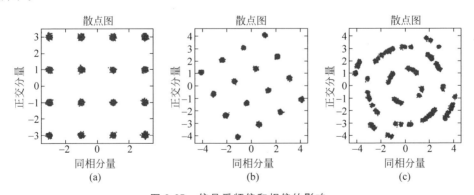

图 3-25 信号受频偏和相偏的影响

(a) 无频偏,无相偏; (b) 只有相偏; (c) 有频偏,有相偏

3.6.1　频率偏移补偿算法

基于数字锁相环(phase-locking loop,PLL)的判决辅助和判决反馈机制被广泛用于射频通信系统的载波相位恢复中。由于射频载波的相位变化缓慢,因此使用数字锁相环就可以跟上相位的变化。而在高速光通信系统中,光载波的相位变化速度要远快于射频载波的,只有使用基于前馈的相位恢复才能在实际中通过并行处理和流水线结构实现。相对来说,频率偏移的变化速度十分缓慢,数字锁相环可以在高速光通信系统中用于发射机和本振激光器频率偏移的估计。

3.6.2　基于 V-V 的频偏估计算法

基于经典维特比,(Viterbi-Viterbi,V-V)算法[32]的前馈载波恢复被广泛用于相移键控(phase-shift-keying,PSK)调制格式的系统中。该算法一般先计算信号的 M 次方,其中 $M=2N$,N 为相位调制信号的调制阶数。这样就可移除数据调制相位。然后通过计算相位旋转速率得到发射机和本振的激光器频偏。在移除频偏之后再次对信号进行 M 次方操作,移除数据调制相位。由于激光器相位噪声的变化速率相对其他加性噪声,如自发辐射噪声,缓慢得多,通过对多个相邻码元取平均就可以估算出激光器相位噪声。下面对该算法进行简单证明。

在此仅考虑频偏和激光器相位噪声的影响,对相位调制信号来说,接收到的第 n 个码元 S_n 可表示为

$$S_n = \exp\left[j\left(a_n + 2\pi\Delta\nu T_s + \theta_n\right)\right] \tag{3-139}$$

其中,a_n 为原始信号相位,$\Delta\nu$ 为发射机和本振激光器之间的频率偏差,T_s 为码元采样间隔,θ_n 为激光器相位噪声。由于相位调制信号的幅度为常数,且我们对信号幅度不感兴趣,因此,表达式对幅度进行了归一化处理。

对于这个算法来说,第一步需要对信号进行频偏估计,因为频偏估计必须在相位估计之前进行。由于频偏会引起相邻采样之间的相位差,那么只需要估计出连续采样之间的相位差就可以计算出频偏。

QPSK 信号的频偏估计系统框图如图 3-26 所示。该算法实现的前提条件是 QPSK 信号的各调制相位之差的四倍为一个恒定不变的相位值。首先通过对前后相邻的两个符号之间的相位差作四倍运算,去除调制相位之差,然后对前 M 个符号的噪声相位进行平均得到频偏估值。

具体的算法流程如下。

首先将接收到的信号 S_n 乘以它前一个信号的复共轭 S_{n-1}^*。得到复数 d_n 的相位是两个码元的相位差:

$$d_n = S_n \cdot S_{n-1}^* = \exp\{j[a_n - a_{n-1} + \Delta\varphi + (\theta_n - \theta_{n-1})]\} \tag{3-140}$$

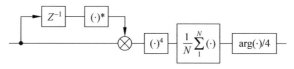

图 3-26　频偏估计系统框图

半导体激光器通常被用作发射机和本振激光器,它的线宽范围从 100kHz 到 10MHz。因此,光载波相位噪声的变化要远比调制相位的变化慢得多。因此,前后码元之间的激光器相位噪声差可以忽略不计,即可认为 $\theta_n - \theta_{n-1} \approx 0$。

接下来需要移除信号相位中包含的编码信息。对相移键控信号只需要对复信号进行 M 次方,而 M 也是星座图中点的个数。在这里,我们只考虑 QPSK 信号。这样我们只需要对之前得到的复数 d_n 进行四次方运算就可以了:

$$d_n^4 = \exp[\text{j}(4b_n + 4 \cdot \Delta\varphi)] = \exp(\text{j} \cdot 4b_n) \times \exp(\text{j} \cdot 4 \cdot \Delta\varphi) \tag{3-141}$$

其中,$b_n = \varphi_n - \varphi_{n-1}$。对 QPSK 信号来说,$b_n \in \{0, \pm\pi/2, \pm\pi\}$。因此有 $\exp(\text{j} \cdot 4\theta_n) = 1$。

$$d_n^4 = \exp(\text{j} \cdot 4 \cdot \Delta\varphi) \tag{3-142}$$

将相邻数十个数据累加后求平均值,以消除突发误差。而用来进行加法运算的十个采样数据是对称地分布在第 n 个码元前后,这样最后得到的结果可以认为是无偏估计值。

最后还需要求平均值的相位,因为我们只对它的相位感兴趣。之前进行过四次方运算,得到的相位还要除以 4 才是相位差 $\Delta\varphi$ 的估计值。每个码元都要移除频偏引起的累计相位偏移补偿频偏的影响,得到无频偏影响的数据 S_n'。S_n' 还需要进一步地相位估计才能得到最后正确的数据。相位估计算法将在第 4 章中进行具体说明。

QPSK 信号频偏估计算法的结果如图 3-27 所示。

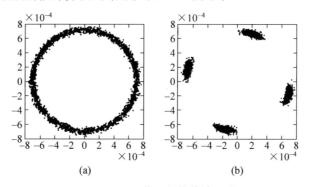

图 3-27　QPSK 信号频偏估计星座图

(a) 频偏估计之前;(b) 频偏估计之后

3.6.3　基于 FFT 的频偏估计算法

上述的基于 V-V 的频偏恢复算法一般只针对恒模信号。基于 FFT 的频偏估计算法是一种基于频域的频偏恢复算法,利用傅里叶变换后的信号频谱峰值所对应的频率分量对频偏作估计[33]。下面对该算法进行简单证明。

假设信号经过 MPSK 调制,第 n 个接收符号如下式所述:

$$S_n = I_n + jQ_n = \exp[j(\theta_{d,n} + \theta_{l,n} + 2\pi\Delta f n T_s)] + N_n \tag{3-143}$$

其中, N_n 为系统噪声, T_s 为符号周期, $\theta_{d,n}$ 为调制信号相位, $\theta_{l,n}$ 为 LED 的相位噪声, Δf 为系统的频偏。若为 QPSK 信号, $\theta_{d,n} = \{-3\pi/4, -\pi/4, \pi/4, 3\pi/4\}$。

接收信号的辐角为

$$\varphi_{d,n} = \theta_{d,n} + 2\pi\Delta f n T_s - 2\pi m = \langle\varphi_{d,n}\rangle + \theta'_{d,n} \tag{3-144}$$

常数 m 使得 $\varphi_{d,n}$ 落在区间 $[-\pi, +\pi]$ 内, $\langle\varphi_{d,n}\rangle$ 为相位的平均值。

对 $\varphi_{d,n}$ 进行 FFT 变换:

$$\mathrm{FFT}\{\varphi_{d,n}\} = \mathrm{FFT}\{\langle\varphi_{d,n}\rangle\} + \mathrm{FFT}\{\theta'_{d,n}\} \tag{3-145}$$

由式(3-145)可得

$$\langle\varphi_{d,n}\rangle = \langle\theta_{d,n}\rangle + \langle 2\pi\Delta f n T_s\rangle - \langle 2\pi m\rangle = 2\pi\Delta f n T_s - 2\pi\langle m\rangle \tag{3-146}$$

为简化 $\langle m\rangle$ 的计算,引入常数 i 来确保 $(2i-1)\pi/4 < 2\pi\Delta f n T_s < (2i+1)\pi/4$。在这种情况下,可以保证 m 与 $2\pi\Delta f n T_s$ 是相互独立的。

表 3-2 讨论了 i 取值的四种情况。举例来说,当 $i = 4k+1$ 时, $\theta_{d,n}$ 的值有两种可能:第一种可能是 $\theta_{d,n} = 3\pi/4$,此时 $m = k+1$,发生概率为 1/4;第二种可能是 $\theta_{d,n} \neq 3\pi/4$,此时 $m = k$,发生概率为 3/4。因此 m 的平均值 $\langle m\rangle = 3/4 \times k + 1/4 \times (k+1) = (4k+1)/4 = i/4$。

表 3-2　四种情况下 $\langle m\rangle$ 的取值

i	$\theta_{d,n}$	m	概率	$\langle m\rangle$
$4k$	$\pm\pi/4, \pm 3\pi/4$	k	1	$i/4$
$4k+1$	$\neq 3\pi/4$	k	3/4	$i/4$
	$= 3\pi/4$	$k+1$	1/4	
$4k+2$	$= -\pi/4, -3\pi/4$	k	1/2	$i/4$
	$= \pi/4, 3\pi/4$	$k+1$	1/2	
$4k+3$	$\neq -3\pi/4$	$k+1$	3/4	$i/4$
	$= -3\pi/4$	k	1/4	

将式(3-146)和表 3-2 结合起来分析,式(3-146)可以变换为

$$\langle\varphi_{d,n}\rangle = 2\pi\Delta f n T_s - \frac{i}{2}\pi \tag{3-147}$$

由式(3-144)和式(3-147),得

$$\theta'_{d,n} = \varphi_{d,n} - \langle \varphi_{d,n} \rangle = \theta_{d,n} - \frac{i - 4m}{2}\pi$$

其中,$\theta_{d,n}$ 在$\{-3\pi/4, \pi/4, \pi/4, 3\pi/4\}$内随机取值。

由式(3-147)画出 $\Delta f > 0$ 时,$\langle \varphi_{d,n} \rangle$ 和 $\arg[\exp(j2\pi\Delta fnT_s)]$ 随 T 变化的曲线,如图 3-28 所示。其中$\langle \varphi_{d,n} \rangle$为实线所示,是由 QPSK 信号本身带来的相位信息;$\arg[\exp(j2\pi\Delta fnT_s)]$为虚线所示,是由频偏 Δf 带来的附加相位($T = 1/\Delta f$)[34]。

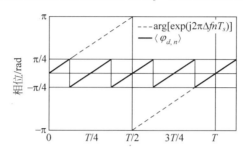

图 3-28　QPSK 信号的$\langle \varphi_{d,n} \rangle$和 $\arg[\exp(j2\pi\Delta fnT_s)]$随 T 的变化

可以看出,两者的斜率相同,但是 $\arg[\exp(j2\pi\Delta fnT_s)]$ 的周期是$\langle \varphi_{d,n} \rangle$的 4 倍。因此,信号相位经 FFT 变化后将在一次谐波频率 $4|\Delta f|$ 处出现峰值。当然,在高次谐波频率 $n \times 4|\Delta f|$ 处同样会出现小峰值,但是以 $4|\Delta f|$ 处峰值最大。这样,通过观察接收信号相位的频谱图,峰值对应的频率除以 4,就是信号的频偏值。图 3-29 显示了该算法的系统框图,其中图(a)为基于 FFT 频偏算法的基本框图,图(b)为优化后的频偏补偿算法。因为基于 FFT 的频偏补偿算法无法知道频率偏移的方向,所以需要在一次频偏补偿后进行判决[35]。

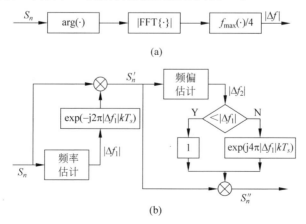

图 3-29　基于 FFT 的频偏算法系统框图

(a) 简化;(b) 优化

3.6.4 基于四次方频偏估计算法

当频偏估计能纠正的信号光与本振光之间的频率差范围为(-3.0GHz, $+3.0\text{GHz}$)时,采用四次方法。四次方频偏估计算法的原理如图 3-30 所示。

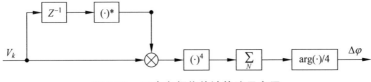

图 3-30 四次方频偏估计算法示意图

设接收信号的相位 $\theta_k = \theta_S(k) + \Delta\omega k T_i + \theta_n + \theta_{\text{ASE}}$,其中 $\theta_S(k)$ 表示信息相位, θ_n 表示激光器线宽引起的相位, θ_{ASE} 表示噪声相位。如图 3-30 所示,对取样值信号 V_{k-1} 的共轭并和 V_k 相乘,可得

$$V_k V_{k-1}^* = \exp[\text{j}(\theta_k - \theta_{k-1})]$$
$$= \exp\{\text{j}\Delta\theta_S\} \cdot \exp\{\text{j}\Delta\omega T_i\} \cdot \exp\{\text{j}\Delta\theta_{\text{ASE}}\} \tag{3-148}$$

由于 θ_n 是慢变信号,其前后样值差值为零。而在理想情况下, $\Delta\theta_S$ 的取值为 $\left\{0, \dfrac{\pi}{2}, \pi, -\dfrac{\pi}{2}\right\}$,则 $(V_k V_{k-1}^*)^4$ 就把 $\Delta\theta_S$ 去除了。频偏相对于符号速率来说也是慢变,对连续 Nf 个样值计算出的结果进行平均后,可消除高斯噪声的影响,再取其辐角主值,可得 $\Delta\omega T_i$,该频偏导致的相位: $\Delta\varphi = k\Delta\omega T_i$。从第 k 个符号的原始相位中减去 $\Delta\varphi = k\Delta\omega T_i$,就可以得到去除频偏影响后的信号相位。同样,下一块 Nf 个数据也采用如上面描述的相同过程估计出该块符号对应的频偏值。由于频偏引起的相位损伤随着符号数目的增加而累加,则系统需要存储截至当前符号的累加相位。为防止累加相位无限增长,这个累加相位需要进行模 2π 的运算,这不会影响频偏补偿的结果。

算法分解。

(1) 把均衡输出的值间隔取数供后面的运算(包括频偏、相偏、判决、解码等),即均衡输出的样值是 2 倍采样率的,此时变为 1 倍采样率。

(2) 共轭相乘。把式(3-148)分解为实部、虚部运算,即

$$X \text{ 偏振态} = V_{f\_x\_r} + \text{j}V_{f\_x\_i}$$
$$V_{k,x} V_{k-1,x}^* = (X'_{1,k} + \text{j}X'_{Q,k}) \cdot (X'_{1,k-1} - \text{j}X'_{Q,k-1})$$

实部为

$$V_{f\_x\_r} = X'_{1,k} \cdot X'_{1,k-1} + X'_{Q,k} \cdot X'_{Q,k-1} \tag{3-149}$$

虚部为

$$V_{f\_x\_i} = X'_{Q,k} \cdot X'_{1,k-1} - X'_{1,k} \cdot X'_{Q,k-1}$$

同样地,

$$Y\text{ 偏振态} = V_{f\_y\_r} + jV_{f\_y\_i}$$

实部为

$$V_{f\_y\_r} = Y'_{1,k} \cdot Y'_{1,k-1} + Y'_{Q,k} \cdot Y'_{Q,k-1} \tag{3-150}$$

虚部为

$$V_{f\_y\_i} = Y'_{Q,k} \cdot Y'_{1,k-1} - Y'_{1,k} \cdot Y'_{Q,k-1}$$

（3）四次方（可分两次平方运算）。

X 偏振态：

$$\begin{aligned}
V_{f\_2\_x} &= V_{f\_2\_x\_r} + jV_{f\_2\_x\_i} \\
&= (V_{f\_x\_r} + jV_{f\_x\_i})^2 \\
&= V_{f\_x\_r}^2 - V_{f\_x\_i}^2 + 2jV_{f\_x\_r} \cdot V_{f\_x\_i} \tag{3-151}
\end{aligned}$$

$$\begin{aligned}
V_{f\_4\_x} &= V_{f\_4\_x\_r} + jV_{f\_4\_x\_i} \\
&= (V_{f\_2\_x\_r} + jV_{f\_2\_x\_i})^2 \\
&= V_{f\_2\_x\_r}^2 - V_{f\_2\_x\_i}^2 + 2jV_{f\_2\_x\_r} \cdot V_{f\_2\_x\_i} \tag{3-152}
\end{aligned}$$

Y 偏振态：

$$\begin{aligned}
V_{f\_2\_y} &= V_{f\_2\_y\_r} + jV_{f\_2\_y\_i} \\
&= (V_{f\_y\_r} + jV_{f\_y\_i})^2 \\
&= V_{f\_y\_r}^2 - V_{f\_y\_i}^2 + 2jV_{f\_y\_r} \cdot V_{f\_y\_i} \tag{3-153}
\end{aligned}$$

$$\begin{aligned}
V_{f\_4\_y} &= V_{f\_4\_y\_r} + jV_{f\_4\_y\_i} \\
&= (V_{f\_2\_y\_r} + jV_{f\_2\_y\_i})^2 \\
&= V_{f\_2\_y\_r}^2 - V_{f\_2\_y\_i}^2 + 2jV_{f\_2\_y\_r} \cdot V_{f\_2\_y\_i} \tag{3-154}
\end{aligned}$$

（4）取平均。

取 Nf 个样值完成式（3-152）、式（3-154）后的结果进行算术平均。从式（3-149）可见，理想情况下，共轭、四次方后，每个结果的相位都是 $\Delta\omega T$，即每个结果的值都一样，但在相位噪声存在的情况下，实际值是在理想值附近的一些值，对这些值平均的结果就得到 $\Delta\omega T$。

取平均值后得到如下四个值，不需要除以 Nf，因为实部、虚部都是 Nf 个相加，下一步取相位角时就去掉了 Nf：

$$\sum_{Nf} V_{f\_4\_x\_r}, \quad \sum_{Nf} V_{f\_4\_x\_i}, \quad \sum_{Nf} V_{f\_4\_y\_r}, \quad \sum_{Nf} V_{f\_4\_y\_i} \tag{3-155}$$

（5）取辐角：得到频偏值。

先按照下面（a）～（d）中各式求角度，再根据 $\sum\limits_{Nf} V_{f\_4\_x\_r}$，$\sum\limits_{Nf} V_{f\_4\_x\_i}$，$\sum\limits_{Nf} V_{f\_4\_y\_r}$，$\sum\limits_{Nf} V_{f\_4\_y\_i}$ $\sum\limits_{Nf} V_{f\_4\_y\_i}$ 的正负判断象限，以 X 偏振态为例，即

（a）如果实部 $\sum\limits_{Nf} V_{f\_4\_x\_r} < 0$ 且虚部 $\sum\limits_{Nf} V_{f\_4\_x\_i} < 0$，则辐角为 $\Delta\omega T_{x,4} = \Delta\omega T_{x,1,4} - \pi$；

(b) 如果实部 $\sum\limits_{Nf}V_{f\_4\_x\_r}<0$ 且虚部 $\sum\limits_{Nf}V_{f\_4\_x\_i}>0$,则辐角为 $\Delta\omega T_{x,4}=$ $\Delta\omega T_{x,1,4}+\pi$;

(c) 如果实部 $\sum\limits_{Nf}V_{f\_4\_x\_r}>0$,则辐角不变,为 $\Delta\omega T_{x,4}=\Delta\omega T_{x,1,4}$;

(d) 如果实部为零,则当虚部大于 0 时,$\Delta\omega T_{x,4}=\dfrac{\pi}{2}$,当虚部小于 0 时,$\Delta\omega T_{x,4}=$ $-\dfrac{\pi}{2}$。即频偏估计的值在 $[-2\pi,+2\pi]$:

$$\Delta\omega T_{x,1,4}=\arctan\left(\frac{\sum\limits_{Nf}V_{f\_4\_x\_i}}{\sum\limits_{Nf}V_{f\_4\_x\_r}}\right),\quad \Delta\omega T_{y,1,4}=\arctan\left(\frac{\sum\limits_{Nf}V_{f\_4\_y\_i}}{\sum\limits_{Nf}V_{f\_4\_y\_r}}\right) \quad(3\text{-}156)$$

然后再把判断修正后的角度除以 4,得到频偏值。

$$\Delta\omega T_x=\frac{1}{4}\cdot\Delta\omega T_{x,4},\quad \Delta\omega T_y=\frac{1}{4}\cdot\Delta\omega T_{y,4} \quad(3\text{-}157)$$

频偏纠正,样值输出。

将均衡后两个偏振态的值分别乘以 $\mathrm{e}^{-\mathrm{j}\Delta\omega kT}$,其中 k 是样值号。由于第一个样值初始相位的不确定,所以所有样值的相位绝对值都不是确定的,但相位相对值是确定的。

$$\begin{aligned}V_{k\_x}&=V_{\text{fout}\_k\_x\_r}+\mathrm{j}V_{\text{fout}\_k\_x\_i}\\&=(X'_{1,k}+\mathrm{j}X'_{Q,k})\cdot(\cos(\Delta\omega_x kT)-\mathrm{j}\sin(\Delta\omega_x kT))\end{aligned} \quad(3\text{-}158)$$

X 偏振态输出的实部虚部分别为

$$\begin{cases}V_{\text{fout}\_k\_x\_r}=X'_{1,k}\cdot\cos(\Delta\omega_x kT)+X'_{Q,k}\cdot\sin(\Delta\omega_x kT)\\V_{\text{fout}\_k\_x\_i}=X'_{Q,k}\cdot\cos(\Delta\omega_x kT)-X'_{1,k}\cdot\sin(\Delta\omega_x kT)\end{cases} \quad(3\text{-}159)$$

同样,Y 偏振态输出的实部虚部分别为

$$\begin{cases}V_{\text{fout}\_k\_y\_r}=Y'_{1,k}\cdot\cos(\Delta\omega_y kT)+Y'_{Q,k}\cdot\sin(\Delta\omega_y kT)\\V_{\text{fout}\_k\_y\_i}=Y'_{Q,k}\cdot\cos(\Delta\omega_y kT)-Y'_{1,k}\cdot\sin(\Delta\omega_y kT)\end{cases} \quad(3\text{-}160)$$

3.7 相位补偿算法

3.7.1 基于 V-V 的相位补偿算法

在相位补偿算法中,经典的补偿算法为 V-V 算法。其原理框图如图 3-31。

设接收信号的相位 $\theta_k=\theta_S(k)+\Delta\omega kT_i+\theta_n+\theta_{\text{ASE}}$,其中 $\Delta\omega kT_i$ 经前面频偏估计去除了,将剩下的经过四次方 $V^4(k)=\exp\{\mathrm{j}4\theta_S(k)\}\cdot\exp\{\mathrm{j}4\theta_n\}\cdot$

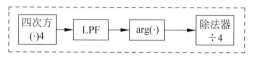

图 3-31 V-V 相偏估计算法示意图

$\exp\{j4\theta_{\text{ASE}}\}$，假设 $\theta_S = \left\{0, \dfrac{\pi}{2}, \pi, -\dfrac{\pi}{2}\right\}$，则 $V^4(k)$ 可以去掉信号相位。把 Np 个 $V^4(k)$ 进行相加平均，去除相位噪声，再提取其辐角，可得相偏估计相位，即

$$\theta_e = \frac{1}{4} \cdot \arg\left[\sum_{i=1}^{N} V^4(i)\right] \tag{3-161}$$

算法分解。

（1）四次方：分两次平方运算进行。

X 偏振态：

$$
\begin{aligned}
V_{p\_2\_x} &= V_{p\_2\_x\_r} + jV_{p\_2\_x\_i} \\
&= (V_{\text{fout}\_k\_x\_r} + jV_{\text{fout}\_k\_x\_i})^2 \\
&= V_{\text{fout}\_k\_x\_r}^2 - V_{\text{fout}\_k\_x\_i}^2 + 2jV_{\text{fout}\_k\_x\_r} \cdot V_{\text{fout}\_k\_x\_i}
\end{aligned} \tag{3-162}
$$

$$
\begin{aligned}
V_{p\_4\_x} &= V_{p\_4\_x\_r} + jV_{p\_4\_x\_i} \\
&= (V_{p\_2\_x\_r} + jV_{p\_2\_x\_i})^2 \\
&= V_{p\_2\_x\_r}^2 - V_{p\_2\_x\_i}^2 + 2jV_{p\_2\_x\_r} \cdot V_{p\_2\_x\_i}
\end{aligned} \tag{3-163}
$$

Y 偏振态：

$$
\begin{aligned}
V_{p\_2\_y} &= V_{p\_2\_y\_r} + jV_{p\_2\_y\_i} \\
&= (V_{\text{fout}\_k\_y\_r} + jV_{\text{fout}\_k\_y\_i})^2 \\
&= V_{\text{fout}\_k\_y\_r}^2 - V_{\text{fout}\_k\_y\_i}^2 + 2jV_{\text{fout}\_k\_y\_r} \cdot V_{\text{fout}\_k\_y\_i}
\end{aligned} \tag{3-164}
$$

$$
\begin{aligned}
V_{p\_4\_y} &= V_{p\_4\_y\_r} + jV_{p\_4\_y\_i} \\
&= (V_{p\_2\_y\_r} + jV_{p\_2\_y\_i})^2 \\
&= V_{p\_2\_y\_r}^2 - V_{p\_2\_y\_i}^2 + 2jV_{p\_2\_y\_r} \cdot V_{p\_2\_y\_i}
\end{aligned} \tag{3-165}
$$

（2）取平均。

Np 个相加，得到如下四个值：

$$\sum_{Np} V_{p\_4\_x\_r}, \sum_{Np} V_{p\_4\_x\_i}, \sum_{Np} V_{p\_4\_y\_r}, \sum_{Np} V_{p\_4\_y\_i} \tag{3-166}$$

（3）取辐角：得到相位估计值。

先按照下面（a）～（d）中各式求角度，再根据 $\sum\limits_{Nf} V_{p\_4\_x\_r}$，$\sum\limits_{Nf} V_{p\_4\_x\_i}$，$\sum\limits_{Nf} V_{p\_4\_y\_r}$，$\sum\limits_{Nf} V_{p\_4\_y\_i}$ $\dfrac{\mathrm{d}y}{\mathrm{d}x}$ 的正负判断象限，以 X 偏振态为例，即

(a) 如果实部 $\sum\limits_{Np} V_{p\_4\_x\_r} < 0$ 且虚部 $\sum\limits_{Nf} V_{p\_4\_x\_i} < 0$,则辐角为 $\mathrm{PE}_{x,4} = \mathrm{PE}_{x,1,4} - \pi$;

(b) $\sum\limits_{Nf} V_{p\_4\_x\_i}$,如果实部 $\sum\limits_{Np} V_{p\_4\_x\_r} < 0$ 且虚部 $\sum\limits_{Nf} V_{p\_4\_x\_i} > 0$,则辐角为 $\mathrm{PE}_{x,4} = \mathrm{PE}_{x,1,4} + \pi$;

(c) 如果实部 $\sum\limits_{Np} V_{f\_4\_x\_r} > 0$,则辐角不变,为 $\mathrm{PE}_x = \mathrm{PE}_{x,1}$;

(d) 如果实部为零,则当虚部大于 0 时,$\mathrm{PE}_{x,4} = \dfrac{\pi}{2}$;当虚部小于 0 时,$\mathrm{PE}_{x,4} = -\dfrac{\pi}{2}$。

$$\mathrm{PE}_{x,1,4} = \arctan\left(\frac{\sum\limits_{Np} V_{p\_4\_x\_i}}{\sum\limits_{Np} V_{p\_4\_x\_r}}\right), \quad \mathrm{PE}_{y,1,4} = \arctan\left(\frac{\sum\limits_{Np} V_{p\_4\_y\_i}}{\sum\limits_{Np} V_{p\_4\_y\_r}}\right) \tag{3-167}$$

然后把判断修正后的相位除以 4,得到相偏值:

$$\mathrm{PE}_x = \frac{1}{4}\mathrm{PE}_{x,4}, \quad \mathrm{PE}_y = \frac{1}{4}\mathrm{PE}_{y,4} \tag{3-168}$$

(4) 相偏纠正:样值输出。

将频偏纠正后两个偏振态的值分别乘以 $\mathrm{e}^{-\mathrm{jPE}}$。

$$\begin{aligned} VP_{k\_x} &= VP_{\mathrm{pout}\_k\_x\_r} + \mathrm{j}VP_{\mathrm{pout}\_k\_x\_i} \\ &= (V_{\mathrm{fout}\_k\_x\_r} + \mathrm{j}V_{\mathrm{fout}\_k\_x\_i}) \cdot (\cos(\mathrm{PE}_{x\_k}) - \mathrm{j}\sin(\mathrm{PE}_{x\_k})) \end{aligned} \tag{3-169}$$

X 偏振态输出的实部虚部分别为

$$\begin{cases} VP_{\mathrm{pout}\_k\_x\_r} = V_{\mathrm{fout}\_k\_x\_r} \cdot \cos(\mathrm{PE}_{x\_k}) + V_{\mathrm{fout}\_k\_x\_i} \cdot \sin(\mathrm{PE}_{x\_k}) \\ VP_{\mathrm{pout}\_k\_x\_i} = V_{\mathrm{fout}\_k\_x\_i} \cdot \cos(\mathrm{PE}_{x\_k}) - V_{\mathrm{fout}\_k\_x\_r} \cdot \sin(\mathrm{PE}_{x\_k}) \end{cases} \tag{3-170}$$

同样,Y 偏振态输出的实部虚部分别为

$$\begin{cases} VP_{\mathrm{pout}\_k\_y\_r} = V_{\mathrm{fout}\_k\_y\_r} \cdot \cos(\mathrm{PE}_{y\_k}) + V_{\mathrm{fout}\_k\_y\_i} \cdot \sin(\mathrm{PE}_{y\_k}) \\ VP_{\mathrm{pout}\_k\_y\_i} = V_{\mathrm{fout}\_k\_y\_i} \cdot \cos(\mathrm{PE}_{y\_k}) - V_{\mathrm{fout}\_k\_y\_r} \cdot \sin(\mathrm{PE}_{y\_k}) \end{cases} \tag{3-171}$$

3.7.2　基于前馈的相位旋转相位补偿

对于高阶的调制,相位补偿一般采用基于前馈(feed-forward)的相位旋转算法,其原理如图 3-32 所示。

对于 16QAM 和 64QAM 调制格式,其相位偏差补偿算法可以采用基于最大似然的相位旋转估计算法。

对每个样值在 $\pi/2$ 相位区间内按 $\phi = n/B \cdot \pi/2, n - \{0,1,2,\cdots,B-1\}$ 单位旋

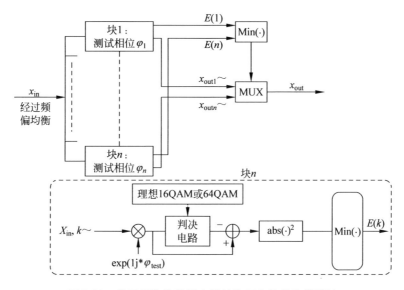

图 3-32　基于相位旋转最大似然的相位偏差补偿算法

转，B 代表用于测试的旋转样值（B 为 32～64 的常数）。对所有旋转后的样值和理想高阶调制信号（16QAM，64QAM，如果考虑到软件定义光传输的兼容性，QPSK 也可以采用这种 BPS 的相位偏差补偿算法）之间进行最大似然判决。$E(k) = \min(\text{abs}(\boldsymbol{X}_{\text{in}}. * \phi_{\text{b-ideal\_signal}}))$，选取最小的 $E(k)$ 并决定应该选取的 ϕ。再将待测信号相移 ϕ，实现相位补偿。

　　当信号为 16QAM 调制格式时，只需将用于接收信号样值进行最大似然判决的理想信号设置为归一化的 $\{-3,-1,1,3\} + \text{j}\{-3,-1,1,3\}$，如图 3-33 所示。

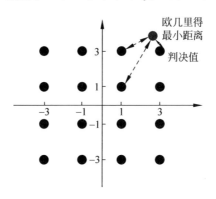

图 3-33　16QAM 判决规则示意图

3.7.3 修正的 V-V 相偏算法与最大似然相结合的恢复算法

从上面的介绍中可以发现,基于经典 V-V 算法的无论频偏还是相偏恢复算法,其实都只是针对恒模信号,而对于高阶 QAM 信号,除了相位变化以外还存在幅度的变化,如果直接使用给出的算法进行四次方运算,就会难以将信号相位完全滤除实现对载波相位的估计。

这里,以 16QAM 和 9QAM 为例,介绍一种基于修正的 V-V 相偏算法与最大似然相结合的恢复算法[36]。

图 3-34 显示了 16QAM 和 9QAM 的星座图。在算法中,将 16QAM 星座图划分为三个环 C_1、C_2 和 C_3。可以看到 C_1 和 C_3 两个环就是标准的 QPSK 信号的星座图,只是两个环有着不一样的 OSNR。这意味着,针对这两个 QPSK 信号的星座图,可以使用所述的基于 V-V 的相偏恢复算法。同样地,观察 9QAM 信号的星座图,可以看到,C_2 和 C_3 两个环就是四点的信号,唯一的不同是,C_2 环上的四点信号不是 QPSK 信号,进行一定的旋转处理后,就可以与 16QAM 信号进行同样的处理了。

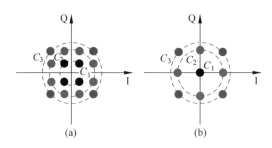

图 3-34　16QAM(a)与 9QAM(b)的星座图

图 3-35 显示了整个算法的系统框图。以 16QAM 信号为例,首先根据信号数据的振幅分割信号为三个环。取 C_1 和 C_3 上的数据,对其进行修正的 V-V 相偏恢复算法得到第一个相位估计值 θ_n^{est1},该估计值可以由下式得到:

$$\theta_n^{\mathrm{est1}} = \frac{1}{4}\left\{ \sum_{i:\, s_i \subset C_1} \frac{s_i^4}{|s_i^4|} + W_1 \cdot \sum_{i:\, s_i \subset C_3} \frac{s_i^4}{|s_i^4|} \right\} \tag{3-172}$$

其中,考虑到外圈 C_3 中所含有的星座点相较内圈 C_1 的星座点光信噪比更高,故引入权重系数 W_1 使得由外圈星座点估计所得的相位噪声估计值优于内圈星座点的估计结果。

在相位噪声的粗估计值 θ_n^{est1} 的基础上,接着对中间圈 C_2 中的符号根据粗估计

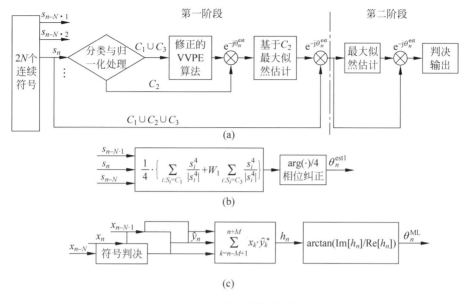

图 3-35　相位补偿算法框图

（a）算法的系统框图；（b）修正的 V-V 算法；（c）最大似然估计

值 θ_n^{est1} 进行补偿（乘以 $\mathrm{e}^{-\mathrm{j}\theta_n^{\mathrm{est1}}}$），并将经补偿的星座点及相应的符号判决结果共同输入到第一个最大似然相位估计器中，得残余的相位噪声 θ_n^{est2}。由此得到更精确的相位噪声：

$$\theta_n^{\mathrm{est}} = \theta_n^{\mathrm{est1}} + W_2 \theta_n^{\mathrm{est2}} \tag{3-173}$$

将式（3-173）的结果作为第一阶段相位噪声估计的输出值。其中 W_2 是一个与 C_2 中包含星座点数占所有星座点的比重以及三圈星座点相应光信噪比相关的权重系数。在第一阶段处理的最后，对分布在 C_1、C_2 和 C_3 上的所有星座点乘以 $\mathrm{e}^{-\mathrm{j}\theta_n^{\mathrm{est}}}$，作相位修正得 x_n。

为了获得更精确可靠的相位噪声估计值，接着将第一阶段修正的结果 x_n 再次输入到第二阶段的最大似然相位估计器中，其结构如图 3-35（c）所示，得到第二阶段的相位噪声估计值 θ_n^{ML} 如下式：

$$\theta_n^{\mathrm{ML}} = \arctan(\mathrm{Im}[h_n]/\mathrm{Re}[h_n]), \quad h_n = \sum_{k=n-M+1}^{n+M} x_k \cdot \hat{y}_k^* \tag{3-174}$$

其中，$\hat{y}_k^*$ 是对输入符号 x_n 的判决结果，且在第二阶段最大似然估计过程中涉及的符号长度为 $2M$。

故该载波恢复模块输出的最终经相位噪声补偿的符号为 $x_n' = x_n \mathrm{e}^{-\mathrm{j}\theta_n^{\mathrm{ML}}}$，图 3-36

和图 3-37 分别给出了相位噪声跟踪过程以及经以上新型分割算法处理后恢复的
16QAM 信号星座图。将 x_n' 输入后续的判决电路映射到 01 比特序列,即可实现接
收信号的完整恢复。

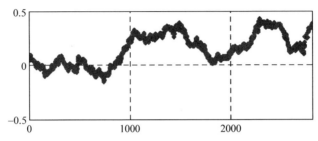

图 3-36 新型分割算法相位噪声跟踪过程

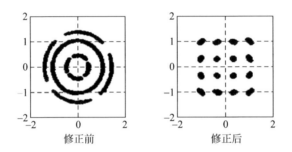

修正前 修正后

图 3-37 经新型分割算法修正前后 16QAM 信号星座图

3.7.4 盲相位搜索算法及其改进算法

经典 V-V 相位补偿算法和基于角度的相位估计算法要求调制信号相位为 $\dfrac{k\pi}{4}$
这一形式,且只适用于恒模信号。为了提高高阶 QAM 对激光器线宽的容忍度,提
出了盲相位搜寻(blind phase search,BPS)算法用于高阶 QAM 调制信号的载波频
率和相位估计。根据 16QAM 星座图的布局特点对星座点进行分割,3.7.3 节借鉴
修正的 V-V 相位估计算法实现了对 16QAM 信号相位噪声的估计与补偿。

目前针对 M 阶 QAM 调制的载波恢复算法,这里主要介绍盲相位搜寻算法[37]
及改进的盲相位搜寻算法(BPS/ML)[38]。

BPS 算法的基本框图如图 3-38 所示,采用纯前馈结构。

该算法首先将含有相位噪声的采样符号 r_k 用 B 个测试相位 φ_b 在星座图平面
进行旋转,测试相位 φ_b 如下式:

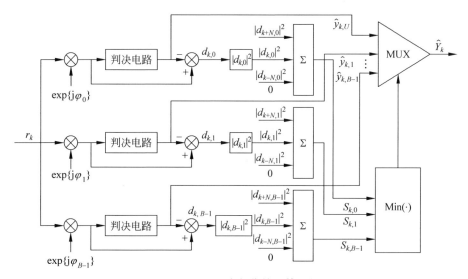

图 3-38　16QAM 盲相位搜寻算法框图

$$\varphi_b = \frac{b}{B} \cdot \frac{\pi}{2} \tag{3-175}$$

其中，b 取 $-B/2$ 到 $B/2-1$ 以综合修正正负相位噪声的影响。参数 B 直接影响算法的精度，较大的 B 会使相位噪声估计更为精准但同时会导致更大的计算量与算法复杂度。一般对 16QAM 信号 B 取 32 为宜。

随后将经旋转的符号输入判决电路，判决电路输出与输入符号距离最近的理想星座点 $\hat{y}_{k,B}$。由此可计算在星座点平面内的经旋转的含相位噪声的星座点与理想星座点间的平方距离 $|d_{k,B}|^2$。为进一步滤除接收机中可能存在的其他附加噪声，将前后连续 $2N$ 个（N 的最佳取值依赖于激光器线宽和符号速率的商，一般取 $6,7,\cdots,10$ 为宜）星座点平方距离求和得

$$S_{k,B} = \sum_{n=-N}^{N} |d_{k-n,B}|^2 \tag{3-176}$$

最终在 B 个星座点平方距离和中取最小值，采用开关控制选取与其相对应的 $\hat{y}_{k,B}$ 作为该算法对发射信号的判决 $\hat{Y}_k$，消除相位噪声的影响。

BPS 算法虽能有效对 16QAM 信号相位噪声进行补偿且能灵活应用于更高阶的 QAM 调制中，但它存在一个明显的缺点是计算复杂度较高。因此文献[38]在此基础上提出了一种二阶级联结构的 BPS/ML 算法，其算法结构如图 3-39 所示。

其中第一级处理仍沿用上述 BPS 算法进行粗略估计，以获得星座点最佳相

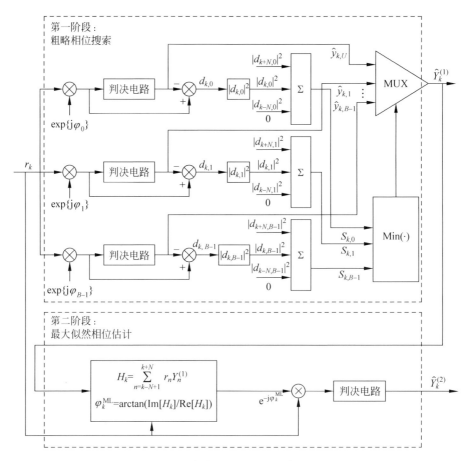

图 3-39　改进的盲相位搜寻算法框图

位角的一个大致位置。由于第一级粗略估计对精度的要求较低，故可减小测试相位 φ_B 的数量以改善计算复杂度高的问题。在第二级处理引入一个最大似然相位估计器以改善第一级估计的精确性。将原始接收到的符号 r_k 和经第一级处理输出的判决结果 $\hat{Y}_k^{(1)}$ 共同输入最大似然相位估计器得第二级相位噪声的估计值 φ_k^{ML}：

$$\varphi_k^{\mathrm{ML}} = \arctan(\mathrm{Im}[H_k]/\mathrm{Re}[H_k]), \quad H_k = \sum_{n=k-N+1}^{k+N} r_n \hat{Y}_n^{(1)} \tag{3-177}$$

将重新经过相位纠正的信号 $r_k \mathrm{e}^{-\mathrm{j}\varphi_k^{\mathrm{ML}}}$ 输入判决电路得到第二级的判决输出 $\hat{Y}_k^{(2)}$。

当然为了获得更高的估计精确度，也可以在第二级的最大似然估计后添加多个级联的最大似然估计相位估计单元来无限逼近最佳的估计值。

在算法复杂度方面,文献[38]证明每增加一个级联最大似然相位估计器所需的计算开销与在纯 BPS 算法中新增两个测试相位所需的计算量相当,但在第一级的粗略估计过程中由于测试相位的数量明显降低,计算复杂度简化了接近 50%,因此 BPS/ML 算法在延续了 BPS 算法性能的基础上有效地改善了原算法的计算量开销大的问题。

文献[36]就传统分割算法[8],BPS、BPS/ML 以及上述新型分割算法在不同激光器线宽条件下的算法性能进行了比较,如图 3-36 及图 3-37 所示。仿真结果显示,在系统误码率(BER)$=10^{-3}$ 的前提下结合了最大似然估计的新型分割算法对相位噪声 $\Delta v \cdot T_s$ 容忍度提高了 1dB,并且当相位噪声 $\Delta v \cdot T_s > 2\times10^{-3}$ 时,相比另三种算法该算法的性能具有显著优势。传统分割算法的性能是四种算法中最不理想的。此外文献[36]还就该新型分割算法的计算复杂度进行了详细的分析。假设 BPS 和 BPS/ML 算法采用的旋转测试相位数量分别为 14 和 32,新型分割算法相比于 BPS/ML 计算复杂度仅为后者的一半左右,与 BPS 算法相比复杂度仅为后者的四分之一。该前馈结构 16QAM 载波恢复算法因为计算复杂度低,所以相比于其他几种算法更适合在高速的相关光接收系统中采用。

3.8　算法演示与总结

以上介绍了针对光通信系统损伤所采取的一系列均衡算法,这些算法按如图 3-1 所示的基本算法流程图进行信号恢复。本节给出了 32Gbaud 偏振复用的 QPSK、8QAM 和 16QAM 信号在相干接收后的数字信号处理流程结果星座图,如图 3-40 所示。

通过本章所述基本的数字信号处理算法,实现信号的正交化与归一化,补偿光纤链路的色散,提取信号时钟分量消除采样误差,实现最佳采样,解复用偏振混叠同时进行信道估计和均衡,得到各个偏振的独立信号,然后估计信号与本振的频偏,消除频偏后再估计相位噪声,最终恢复得到原始发射信号的星座图。这些基本的数字信号处理算法相互作用,环环相扣,缺一不可,也构成了本书后续工作的基础。本书后续的工作,针对系统的一些损伤,或是在这些算法上的创新和补充,或是新提出的处理方法。

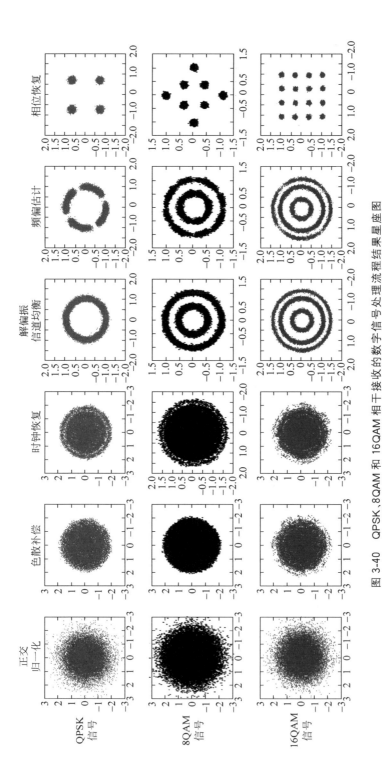

图 3-40　QPSK、8QAM 和 16QAM 相干接收的数字信号处理流程结果星座图

参考文献

［1］ CARDOSO J F. Maximum likelihood source separation：equivariance and adaptivity［C］. Proc of Sysid'97，IFAC Symposium on System Identification，1997.

［2］ HYVARINEN A. Fast and robust fixed-point algorithms for independent component analysis［J］. IEEE Transactions on Neural Networks，1999，10(3)：626-634.

［3］ YANG J，WERNER J，GUY A D. The multimodulus blind equalization and its generalized algorithms［J］. IEEE Journal on Selected Areas in Communications，2002，20(5)：997-1015.

［4］ SHIEH W，DJORDJEVIC I. OFDM for optical communications［M］. New York：Academic Press，2010：156-159.

［5］ TAO L，JI Y，LIU J，et al. Advanced modulation formats for short reach optical communication systems［J］. IEEE Network，2013，27(6)：6-13.

［6］ GODARD D N. Self-recovering equalization and carrier tracking in two-dimensional data communication systems［J］. IEEE Transactions on Communications，1980，28(11)：1867-1875.

［7］ NAKAZAWA M，KIKUCHI K，MIYAZAKI T，et al. High spectral density optical communication technologies［M］. Berlin：Springer，2010：36-39，42.

［8］ YU J，ZHOU X. Ultra-high-capacity DWDM transmission system for 100G and beyond［J］. IEEE Communications Magazine，2010，48(3)：S56-S64.

［9］ SAVORY S J. Digital filters for coherent optical receivers［J］. Optics Express，2008，16(2)：804-817.

［10］ ZHOU X，YU J，MAGILL P. Cascaded two-modulus algorithm for blind polarization demultiplexing of 114Gbit/s PDM-8QAM optical signals［C］. Optical Fiber Communication，2009.

［11］ LOUCHET H，KUZMIN K，RICHTER A. Improved DSP algorithms for coherent 16QAM transmission［C］. European Conference on Optical Communication，2008.

［12］ ZHOU X，YU J. Multi-level，multi-dimensional coding for high-speed and high-spectral-efficiency optical transmission［J］. Journal of Lightwave Technology，2009，27(16)：3641-3653.

［13］ TSEYTLIN M，RITTERBUSH O，SALAMON A. Digital，endless polarization control for polarization multiplexed fiber-optic communications［C］. Optical Fiber Communications Conference，2003.

［14］ NOE R. PLL-free synchronous QPSK polarization multiplex/diversity receiver concept with digital I&Q baseband processing［J］. IEEE Photonics Technology Letters，2005，17(4)：887-889.

［15］ HAN Y，LI G F. Coherent optical communication using polarization multiple-input-multiple-output［J］. Optics Express，2005，13(19)：7527-7534.

［16］ KIKUCHI K. Polarization-demultiplexing algorithm in the digital coherent receiver［C］. IEEE/LEOS Summer Topical Meetings，2008.

［17］ LIU L，TAO Z，YAN W，et al. Initial tap setup of constant modulus algorithm for polarization de-multiplexing in optical coherent receivers［C］. Optical Fiber Communication，2009.

［18］ NOVEY M，ADALT T. Complex fixed-point ICA algorithm for separation of QAM sources using Gaussian mixture model［C］. IEEE International Conference on Acoustics，Speech and Signal Processing，2007.

［19］ NAFTA A，JOHANNISSON P，SHTAIF M. Blind equalization in optical communications using independent component analysis［J］. Journal of Lightwave Technology，2013，31(12)：2043-2049.

［20］ CARDOSO J F，LAHELD B H. Equivariant adaptive source separation［J］. IEEE Transactions on Signal Processing，1997，44(12)：3017-3030.

［21］ CARDOSO J F. Blind signal separation：statistical principles［J］. Proceedings of the IEEE，1998，86(10)：2009-2025.

［22］ SHI X. Blind signal processing：theory and practice［M］. Berlin：Springer，2011.

［23］ BELL A J，SEJNOWSHI T J. An information-maximization approach to blind separation and blind deconvolution［J］. Neural Computation，1995，7(6)：1129-1159.

［24］ CICHOCKI A，UNBEHAUEN R，RUMMERT E. Robust learning algorithm for blind separation of signals［J］. Electronics Letters，1994，30(17)：1386-1387.

［25］ KARHUNEN J，OJA E，WANG L，et al. A class of neural networks for independent component analysis［J］. IEEE Transactions on Neural Networks，1997，8(3)：486-504.

［26］ PHAM D T，GARRAT P，JUTTEN C. Separation of a mixture of independent sources through a maximum likelihood approach［C］. Proc. EU-SIPCO，1992.

［27］ HYVARINEN A. Fast and robust fixed-point algorithms for independent component analysis［J］. IEEE Transactions on Neural Networks，1999，10(3)：626-634.

［28］ ZHANG H，TAO Z，LIU L，et al. Polarization demultiplexing based on independent component analysis in optical coherent receivers［C］. 34th European Conference on. Optical Communication，2008.

［29］ OKTEM T，ERODOGAN A T，DEMIR A. Adaptive receiver structures for fiber communication systems employing polarization-division multiplexing［J］. Journal of Lightwave Technology，2010，27(23)：5394-5404.

［30］ XIE X，YAMAN F，ZHOU X，et al. Polarization demultiplexing by independent component analysis［J］. IEEE Photonics Technology Letters，2010，22(11)：805-807.

［31］ JOHANNISSON P，WYMEERSCH H，SJODIN M，et al. Convergence comparison of the CMA and ICA for blind polarization demultiplexing［J］. Journal of Optical Communications & Networking，2011，3(6)：493-501.

［32］ JOHANNISSON P，WYMEERSCH H，SJODIN M，et al. Convergence comparison of CMA and ICA for blind polarization demultiplexing of QPSK and 16QAM signals［C］. 36th European Conference and Exhibition on. Optical Communication，2010.

［33］ TANG J，HE J，XIAO J，et al. Low-complexity and fast-converging polarization demultiplexing by ICA for coherent optical receivers［C］. Signal Processing in Photonic

Communications,2013.

[34]　VITERBI A J,VITERBI A M. Nonlinear estimation of PSK-modulated carrier phase with application to burst digital transmission[J]. IEEE Trans. Inf. Theory,1982, 29(4): 543-551.

[35]　CAO Y,YU S,SHEN J,et al. Frequency estimation for optical coherent MPSK system without removing modulated data phase[J]. IEEE Photonics Technology Letters,2010, 22(10): 691-693.

[36]　CAO Y,YU S,SHEN J,et al. Modified frequency and phase estimation for M-QAM optical coherent detection[C]. Proc. Eur. Conf. Optical Commun,2010.

[37]　SELMI M,JAOUEN Y,CIBLAT P. Accurate digital frequency offset estimator for coherent Pol Mux QAM transmission systems[C]. European Conference on Optical Communication,2009.

[38]　HOFFMANN S, PEVELING R,PFAU T,et al. Multiplier-free real-time phase tracking for coherent QPSK receivers[J]. IEEE Photonics Technol. Lett. , 2009,21(3): 137-139.

第 4 章

准线性相干光传输系统与数字信号处理

4.1 引言

　　本章将就相干光传输系统展开分析和介绍,重点介绍基于先进的数字信号处理技术的准线性相干光探测系统,讨论包括前端线性预均衡算法和后端非线性处理算法。器件的带宽限制与光纤链路的非线性损伤一直都是限制高速光信号传输的两个重要因素,前者限制了信号产生的带宽和波特率,后者则限制了高速信号的传输距离。相干光传输系统能有效地提高系统的接收灵敏度,同时能利用数字信号处理算法均衡和补偿系统链路和器件的各种损伤。本章首先介绍了数字相干光传输的系统模型、损伤机制,然后讨论一种新型的前端数字时域预均衡方案,研究该方案的实现技术,通过理论、仿真和实验研究影响该方案性能的各项关键因素,包括系统带宽、自适应均衡器抽头长度以及信噪比等,通过该方案成功实现了 40Gbaud 的极化复用 QPSK、8QAM、16QAM 信号的产生和长距离传输。

　　早在 20 世纪初期,相干光通信的理论模型和低速实验装置就被人们提出和证实[1,2]。尽管当时已经认识到其高灵敏度,然而由于需要锁相环等复杂装置,高速数字信号处理还很难实现,并没有在与随后的基于直接检测的波分复用系统的竞争中胜出。现在,随着光传输系统对信号速率要求的不断提高,高阶光调制技术的不断采用,以及高速数字信号处理技术和芯片的成熟,相干光通信再次成为超高速大容量长距离光传输的发展趋势。

4.2　相干光传输系统的理论模型和损伤机理

图 4-1 所示为一个基本的偏振复用相干光传输系统的基本结构和各部分损伤机理图。发射机为一个标准的极化复用 QPSK 或 16QAM 发射机,在经过光传输后通过相位分集和偏振分集相干探测接收。一个标准的相位分集和偏振分集相干探测接收机包括本振激光器、偏振分束器、90°光混频器、四个平衡光电探测器以及四信道的采样和模/数转换器等。在基于相位分集和偏振分集的零差相干检测系统中,偏振分束器将接收到的信号分为两个正交偏振态的光信号。本振激光器(LO)也通过偏振分束器分为两个完全正交的偏振态的信道,每个偏振的信号光和本振光信号通过 90°的光混频器实现单偏振态的相位分集接收。相干探测的信号通过平衡光电探测器接收转换为电信号,然后再通过采样和模/数转换后进行数字信号处理。高速光信号在传输过程中会受到器件和链路的一系列线性或非线性损伤,这些损伤会造成信号的失真和恶化,从而降低系统性能。

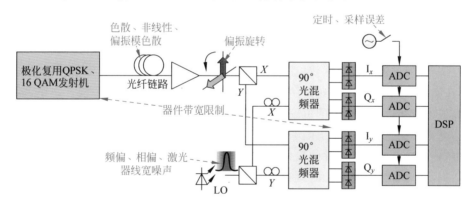

图 4-1　相干光传输系统的基本结构与损伤机理图

在器件方面,由于放大器的输出有限,其放大增益往往是非线性的,这会造成信号在不同幅度上增益不一致;同时,放大器和调制器存在一定的工作带宽,对应高阶多电平信号,高频部分信号受到抑制,反应在时域上就会对波形引入畸变。另一方面,调制器偏置偏移和制作工艺的偏差,接收端混频器所引入的路径不平衡等会使得接收信号不平衡,引入相位和幅度误差。除此之外,在传输过程中还会受到窄带滤波效应,造成信道间干扰和码间干扰,以及需要克服窄带滤波效应所带来的问题。在实际系统中,需要针对相干光传输系统中存在的器件损伤,分析包括调制器、放大器、滤波器、接收机混频器等线性和非线性损伤,从时域和频域建立系统器件损伤模型,探索均衡与补偿机制。

链路方面,光纤链路线性损伤包括色度色散、偏振模色散,由于信号激光源和本振激光源线宽所造成的线性相位噪声和频差等。高速高阶光信号对传输链路中的色散、偏振模色散以及相位噪声非常敏感,色散会引入严重的码间干扰,偏振模色散则会在两个偏振方向上存在耦合作用,进一步加剧符号展宽所造成的ISI。而线性的相位噪声,则会在星座图上造成相位混叠,若不进行处理则不能正确恢复信号。因此,需要对系统所受到的色散、偏振模色散以及相位噪声进行深入的研究,一方面需要对这些机理不同、来源不同的线性损伤进行建模,探索其理论模型;另一方面,重点分析这些线性损伤、相位噪声形成的机理,在此基础上提出具体的色散补偿、偏振模色散补偿以及相位噪声抑制与恢复的机制与方法。为此,在实际系统中,需要联合考虑各种线性损伤,包括色度色散、偏振模色散(一阶和高阶)效应与激光器线宽、频差之间的相互作用,总结出其作用规律,探索理论模型,为数字信号处理算法提供理论基础。重点分析这些线性损伤、相位噪声形成的机理,在此基础上提出综合的色散补偿、偏振模色散补偿以及相位噪声抑制与恢复的算法。

光纤信道的非线性损伤是限制光纤传输容量、传输距离的主要因素。为实现长距离传输,特别是对高阶信号,需要进行先进的非线性补偿,提高系统的传输性能。非线性损伤包括自相位调制、交叉相位调制和四波混频。对单信道而言,主要的非线性损伤是自相位调制;而对高速 WDM 信号而言,信道与信道之间的交叉相位调制、四波混频非线性效应会相互影响,引入非线性相移,劣化信号质量。因此,在实际系统中,针对高速高阶光信号在光传输过程中受到的非线性影响,需要研究各种非线性损伤形成的机理,探讨抑制非线性的途径,为非线性补偿算法提供理论基础。建立信道与信道间非线性的理论模型,分析不同的信道间隔、信道调制码型、信道带宽等对非线性效应的影响,研究单信道与多信道的非线性补偿机制,从而提高系统的传输容量和传输距离。

4.3 带限信号时域数字预均衡技术研究

带宽限制是高速光通信面临的一个普遍问题,也是造成信号质量劣化的一个关键因素[3-5]。由于器件的带宽有限,高速信号在产生过程中受到带宽限制,频谱被压缩,造成时域展宽,从而引起符号间干扰,因此器件带宽是限制高速光通信信号产生的一个重要原因。随着高速数/模转换器技术的成熟,基于DAC的任意信号产生技术,其灵活性和软件可控性吸引了广泛的研究兴趣[3-7]。基于DAC的信号产生还使得发射机端的预均衡技术成为可能,在文献[8]中报道了发射端电域色散预均衡的实验验证。

目前报道的 DAC 的 3dB 带宽普遍小于采样率的一半,这就意味着经过 DAC

产生的高速信号会受到 DAC 带宽的限制而信号劣化；同时，考虑到其他器件，如驱动放大器和 IQ 调制器等器件的带宽限制，高速信号的频谱会被进一步压缩，系统性能因码间干扰而变差。在早前的报道中，频域预均衡技术被普遍采用[3,5]。这种预均衡技术，首先需要通过 FFT 变化将发射信号和接收信号转换到频域，然后得到 DAC 和其他器件的反转传递函数，然后在信号产生时利用该频域的传递函数进行信号预均衡[3-5]。然而，这种方式需要计算大量的信号，为了去掉噪声的影响，通常需要计算数百组信号[5]；同时，为了得到准确的传递函数，需要严格的时钟同步和码元同步[3]。为了提高精度，还需要将训练信号作特殊处理[5]。

为解决频域预均衡的不足之处，实际上时域的预均衡技术也是一种抵抗带宽限制的好方法[4,9,10]。理论上，在一个无码间干扰的系统中，接收机端的线性自适应均衡器本身就是一个很好的信道估计工具[11-13]。实际上，自适应滤波器会根据带限信道的响应而收敛为信道的反函数，从而补偿信道带宽限制[4,9,10]。这种技术也被广泛地应用在有线数字电视和无线通信网络中[9,10]。

时域预均衡的优势主要有以下几点：可以直接通过接收机端普遍存在的自适应滤波器模块进行信道估计而不需要额外的模块开销，这样就省掉了频域均衡的额外 FFT 计算模块；自适应滤波器本身是盲均衡，不需要额外的码元同步，而只需要时钟同步即可，相比于频域预均衡方案更为简单。本节将就基于接收机端自适应均衡器的数字时域预均衡，从理论、数值仿真和实验验证等三方面展开研究和介绍。

4.3.1 基于接收机端自适应均衡器的数字时域预均衡原理

基于接收机端自适应均衡器的数字时域预均衡原理如图 4-2 所示，主要包含两个步骤。其中第一步是信道估计，即发射没有经过均衡的信号 $X(t)$ 作为训练信号，通过响应 $H(t)$ 的信号后，接收机端收到的是受到带限信道 $H(t)$ 劣化的信号 $Y(t)$。$H(t)$ 可以视作实际系统从端到端的传递函数，包括了发射机端带限的 DAC、驱动器和调制器等器件，也包括了接收机端平衡探测器和 ADC 等器件。值得注意的是，这里用 $H(t)$ 或者信道描述的是包含发射机硬件在内的所有器件，而不仅仅只是发射机之外的器件和链路。但在这里，假定接收机是理想的且带宽足够大。

这里假定高速白噪声是在发射机端之后增加，那么收到的信号可以表示为

$$Y(t) = X(t) * H(t) + n(t) \tag{4-1}$$

为了消除均衡信号码间干扰，在接收端采用了线性的自适应滤波器来均衡收到的信号

$$Z(t) = Y(t) * Q(t) = X(t) * H(t) * Q(t) + n(t) * Q(t) \tag{4-2}$$

其中，$Z(t)$ 为均衡后的信号，而 $Q(t)$ 为针对信号和信道的自适应线性均衡器。通常 $Q(t)$ 可以由迫零算法或者最小均方误差算法来求得。而在实际系统中，由于迫

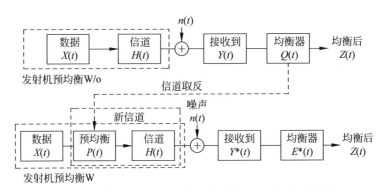

图 4-2　基于接收机端自适应均衡器的数字时域预均衡原理图

零算法会将噪声过度放大,因此 MMSE 算法使用更为普遍。在相干光通信中,如 CMA、CMMA、DD-LMS 等偏振解复用和信道均衡的基本算法均为 MMSE 算法一类[3,8,11]。下面通过 MSE 来表征信号的误差水平,假定系统没有噪声,那么恢复得到信号满足

$$Z(t) \approx X(t) * H(t) * Q(t) = X(t) \tag{4-3}$$

很明显,此时的均衡滤波器传递函数满足 $Q(t) = H(t)^{-1}$,也就意味着均衡器的传递函数就是信道响应的反函数。考虑到实际系统中采用的 CMA 和 DD-LMS 算法等,在时间上是 $T/2$ 间隔的有限冲激响应滤波器,然而实际的更新和计算 ISI 是在 T 符号间隔做的,这就使得实际恢复得到的信号是 T 符号采样间隔的,也就是

$$Z(t) = X(kT) * X_N(t) \tag{4-4}$$

此处的 $X_N(t)$ 为奈奎斯特脉冲整形函数,那么根据式(4-3)和式(4-4),可以得到

$$Q(t) \approx H(t)^{-1} * X_N(t) \tag{4-5}$$

那么均衡滤波器的频域传递函数则可以表示为下式:

$$Q(f) \approx 1/H(f), \quad |f| < 1/2T \tag{4-6}$$

也就是说,当噪声可以忽略时,均衡器的传递函数和频域响应在奈奎斯特频率范围内,也就是信道 $H(f)$ 的倒数函数。这样,在高信噪比的条件下,$T/2$ 符号间隔的 CMA 或 DD-LMS 算法都能准确地估计信道的响应,从而可以作为时域预均衡函数,实现信号的时域预均衡。

值得注意的是,以上的分析假定系统是高信噪比而噪声是可以忽略的。在实际系统中,噪声总是存在的;另一方面,接收机端的自适应均衡器本身是受到滤波器的抽头长度影响的,因此如果综合考虑这些因素,实际通过接收机端线性自适应均衡器得到的预均衡函数应当表示为信道响应、噪声水平以及抽头长度的函数,即

$$Q(f) = F[H(f), N_0, L] \tag{4-7}$$

式中，N_0 是噪声功率谱密度，L 是自适应线性均衡器长度。通过文献[11]～[13]的分析可知，信道预均衡比后均衡有更小的 MSE，即信号恢复质量会更高。假定自适应滤波器长度是一定的，那么经过 MMSE 一类的均衡算法均衡后可以得到均衡器本身的响应为

$$Q(f)_{\text{MMSE}} = 1/[N_0 + H(f)], \quad |f| < 1/2T \tag{4-8}$$

那么，经过后均衡自适应滤波器后，信号具有最小的 MSE，即

$$\text{MSE}_{\text{min\_post-EQ}} = T \int_{-f/2}^{f/2} N_0/[N_0 + H(f)] \mathrm{d}f \tag{4-9}$$

因此，信号经过均衡之后，最小的 MSE 是由噪声功率还有信道的响应所决定。由式(4-9)可以看出，当 $H(f)$ 很小也就是当信号的带宽被极大地限制时，经过均衡后的信号的 MSE 由于要平衡噪声依旧会较大。如果引入前端预均衡，则能改善上述问题。假定信道的响应能由式(4-6)估计得到，那么新的信道相位则会满足 $H_{\text{Pre}}(f) = Q(f)H(f) = 1$，那么对于预均衡的信号在经过线性自适应滤波器后的 MSE 满足

$$\text{MSE}_{\text{min\_Pre-EQ}} = T \int_{-f/2}^{f/2} N_0/(N_0 + 1) \mathrm{d}f \tag{4-10}$$

对比式(4-9)和式(4-10)，可以很明显地看出来，在相同的噪声水平下，对于窄带限制的信号，预均衡后的信号比未预均衡的信号在经过同样的后端线性自适应均衡后具有更小的 MSE，均衡后信号质量更好。对于带宽限制越严重的系统，预均衡带来的系统性能提升增益越大。这也就是本节研究预均衡技术的意义所在。

4.3.2　相干光通信系统的线性数字预均衡实现方法

针对相干光通信系统，信道估计的实现可采用如图 4-3 所示的方法，基于接收机端的自适应均衡器如 DD-LMS 来实现。首先，利用 DAC 产生未经任何处理的 mQAM 信号作为预均衡的训练信号，由于系统的带宽限制主要由 DAC、驱动器、IQ 调制器等所决定，而这些因素与偏振无关，因此作信道估计时，只需要一个偏振的信号即可。在接收机端，为了避免频差、相差等的影响，还可以采用信号光同本振自拍频接收。这样，常用的接收机端的后均衡算法，如 CMA 和 DD-LMS 等，都可以用来作信道估计。如此，得到的 CMA 或 DD-LMS 的幅频响应便是系统传递函数的倒数函数。以 DD-LMS 为例，系统稳定后，滤波器的抽头数都将收敛到一个稳定值，这个值通过归一化和频率对称处理后生成时域 FIR 滤波器，就可以作为前端预均衡的函数。另一方面，如 4.3.1 节所分析，为了得到准确的信道响应，应当使噪声足够小，测定时的信噪比越高越好。由于信道估计是采用的常规自适应盲均衡算法，因此接收机端只需采用已有的盲均衡模块即可，不需要额外的模块作信道估计，相比于频域预均衡方法更为简单也易于实现。

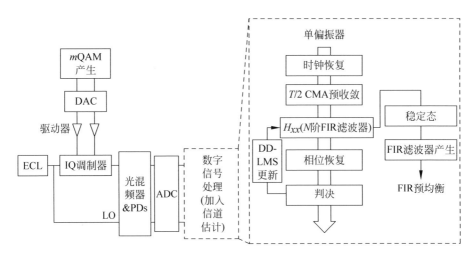

图 4-3　相干光通信系统基于 DD-LMS 的自适应滤波器信道估计实现方法原理图

4.3.3　相干光通信时域数字预均衡仿真结果分析

为了研究数字时域预均衡技术对带限光通信系统的预均衡性能,下面将通过一系列的数值仿真来验证,同时将研究在不同的系统条件下,如不同的信道滤波带宽、不同的光信噪比(optical signal-noise-ratio,OSNR)以及不同自适应均衡器抽头长度下,数字预均衡的性能表现。

1. 仿真系统的模型

图 4-4 为数字预均衡数值仿真系统的模型,该仿真系统基于商用的光通信仿真软件,发射机端包含四组数据,分别为 X 偏振和 Y 偏振的 I 路和 Q 路信号。仿真系统包含两部分,一部分是信道估计仿真,另一部分是预均衡仿真。作信道估计时,产生的 mQAM 信号未经任何处理,直接由 QAM 映射得到,由此经过接收机端的自相干拍频进行常规的后端数字信号处理,通过后端数字信号处理的自适应均衡模块 DD-LMS 得到预均衡的函数。IQ 调制器是理想的调制器,两臂分别为马赫-曾德尔调制器,都偏置零点并工作在线性区。调制后,两偏振态上的信号通过偏振合束器合并得到偏振复用信号。为了验证本节所提出的时域数字预均衡方案,在调制器驱动前端采用了两对低通滤波器(4 个),分别仿真器件的带宽限制效应。这 4 个低通滤波器都是理想的带宽可调的三阶贝塞尔滤波器。激光器线宽为100kHz,其他器件均为理想器件,带宽足够大。噪声在偏振复用后加入,且系统OSNR 值可调。

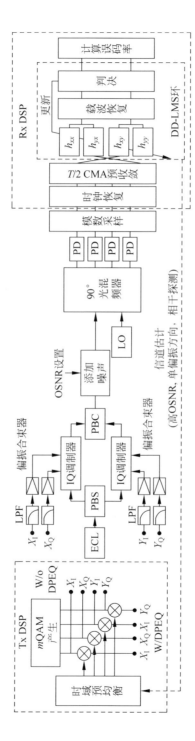

图 4-4　相干光通信系统的数字预均衡仿真系统模型

在接收机端,采用偏振和相位分集相干探测光信号,一个与信号光源同频率的激光器作为本振光相干拍频,本振光的线宽为 100kHz,平衡光电探测器的响应系数为 1A/W,而热噪声系数为 10×10^{-12} A/(Hz)$^{1/2}$。理想的 ADC 工作在两倍波特率的采样频率上实现模/数转换。在接收机端数字信号处理模块包括 4.3.2 节所述的基本算法模块,即时钟恢复、基于 $T/2$ 符号间隔的 CMA 和 DD-LMS 级联的信道均衡、载波恢复等。信号的波特率为 32Gbaud,而 OSNR 的测量带宽为 0.1nm。预均衡采用如图 4-5 所示的信道估计方案,然后利用求得的预均衡 FIR 滤波器进行前端预均衡。

2. 在不同的滤波带宽下数字预均衡的性能

图 4-5(a)为仿真系统中低通滤波器 3dB 带宽为 7GHz 时的频率响应图,而图 4-5(b)为通过本节所提出的信道估计算法,即基于接收机端的自适应均衡 DD-LMS 所得到的信道估计频率响应,包括了 DD-LMS 的频率响应和生成的 FIR 预均衡函数频谱响应,与它们对比的则是理想的信道反函数响应。可以看出,通过 DD-LMS 得到的信道估计响应同理想的信道响应符合得非常好。而图 4-5(c)和(d)则为 DD-LMS 的幅度和相位频率响应。可以看出 DD-LMS 的相位在整个频谱上都是线性的。DD-LMS 所生成的 FIR 滤波器具有"M"形的频率响应,尽管对于 $T/2$ 的 DD-LMS 而言,其频谱范围覆盖了整个 2 倍的奈奎斯特频段,然而由于实际的抽头数系数更新以及 MSE 的更新是在 T 符号间隔的,所以实际的抽头数系数只在奈奎斯特带宽以内保证了均衡器响应能补偿信道带宽限制。

图 4-6(a)为 32Gbaud 的偏振复用 QPSK 信号在不同的滤波带宽下(7GHz 和 9GHz 的 3dB 带宽)有预均衡和没有预均衡式的误码率和 OSNR 曲线,可以看出,相比于未预均衡的信号在 7GHz 和 9GHz 的滤波带宽下,预均衡信号的 OSNR 性能分别提高 4.5dB 和 2.5dB。插图(i)和(ii)则分别为 OSNR 为 16dB 时在 7GHz 的滤波带宽下,有预均衡(W/Pre-EQ)和无预均衡(W/o Pre-EQ)的信号恢复的星座图。图 4-6(b)为误码率为 1×10^{-2} 的情况下,32Gbaud 的偏振复用 QPSK 信号在没有均衡和有均衡的条件下 OSNR 的代价,此时改变滤波器的带宽从 4GHz 一直到 16GHz。而插图(iii)为 DD-LMS 生成的前端预均衡 FIR 滤波器在不同的滤波带宽下的频率响应。可以看出,通过采用所提出的数字时域预均衡方案,在低通滤波器带宽大于 6GHz 时,OSNR 的代价始终小于 0.5dB,而未均衡的信号在 6GHz 的滤波带宽下,OSNR 代价甚至高于 6dB。仿真结果显示,本节所提出的预均衡方案能极大改善带限系统的性能。

3. 自适应均衡器长度的影响

图 4-7(a)~(d)给出了在 7GHz 的滤波带宽时不同抽头长度下 DD-LMS 的频

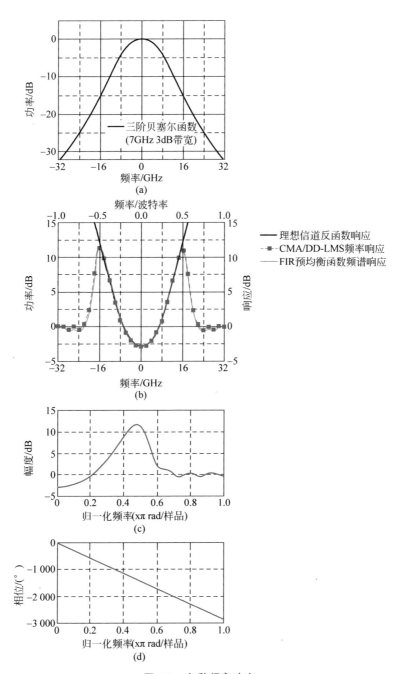

图 4-5　各种频率响应

（a）低通滤波器的频率响应；（b）DD-LMS 的频率响应和生成的 FIR 预均衡函数频谱响应以及理想的信道反函数响应；（c）和（d）分别为 DD-LMS 的幅度和相位的频率响应

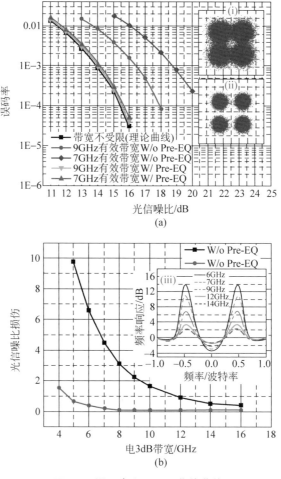

图 4-6　误码率和 OSNR 代价曲线

(a) 32Gbaud 的 PDM-QPSK 的误码率和 OSNR 曲线；(b) 误码率为 1×10^{-2} 时不同带宽下 OSNR 代价曲线

率响应与理想的信道反函数对比，可以看出，随着自适应均衡 DD-LMS 的抽头长度的增加，抽头的频率响应也越来越接近理想的信道反函数，特别是在奈奎斯特频率附近的高频部分。而在 14dB 的 OSNR 下，预均衡信号在不同的抽头长度和不同的滤波带宽下的误码率性能如图 4-7(e)所示。这里 DD-LMS 的抽头频率响应是在 45dB 的 OSNR 条件下计算的，而 DD-LMS 的更新步长设定为 5×10^{-4}。可以看出，对于 7GHz 的滤波带宽，所需要的 DD-LMS 的抽头长度需要大于 13，而对于 9GHz 的滤波带宽，DD-LMS 的抽头长度则需要大于 9，而对于 6GHz，则需要大于 17 个抽头。由此可见，系统的带宽限制越强烈，所需要的抽头长度越大。

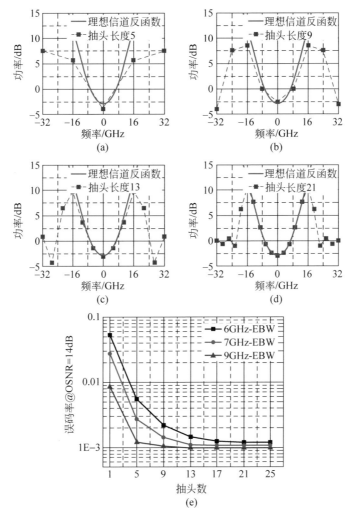

图 4-7　不同抽头长度下 DD-LMS 滤波器的频率响应与理想的信道反函数的对比

（a）抽头长度 5；（b）抽头长度 9；（c）抽头长度 13；（d）抽头长度 21；

（e）14dB 的 OSNR 下，预均衡信号在不同的抽头长度和不同的滤波带宽下的误码率

4. ONSR 对信道估计的影响

如式（4-7）所分析，为了得到精确的信道响应，需要在噪声较低的条件下利用自适应均衡算法模块进行信道估计。然而，在实际的系统中，噪声总是存在的。根据式（4-8），这就意味着通过自适应均衡 MMSE 算法模块计算得到的信道总是同理想的信道响应反函数存在一定的区别。在本小节，将就噪声水平 OSNR 对信道估计的影响进行讨论。

　　如图4-8(a)所示,结果为基于 DD-LMS 所产生的 FIR 滤波器在不同的 OSNR 条件下的频率响应与理想的信道反函数对比,当 DD-LMS 的抽头长度为 33,且更新步长为 $5×10^{-4}$ 时,如果信道估计时的 OSNR 为 13dB,则所估计得到的信道在 ±16GHz 时,同理想信道的频率响应相差大于 6dB。可以看出,噪声越大时,所估计的信道离理想信道反函数越远,差别越大,因此所估计的信道越不准确。该结果与式(4-8)所分析的结论非常相符。图4-8(b)研究了对于不同的滤波带宽下,带限信号在不同的信道估计时 OSNR 下的前端数字预均衡的结果,此处,保持误码率测量时的 OSNR 为 14dB。图4-8 的结果揭示了以下几点:首先,信道估计时的 OSNR 越高,所估计的信道越准确;其次,对于信号的带宽限制越强烈(滤波带宽越窄),所需要的信道估计 OSNR 越高。

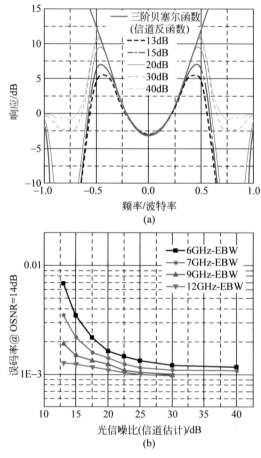

图 4-8　FIR 滤波器的频率响应与不同光信噪比下的误码率

(a) 基于 DD-LMS 所产生的 FIR 滤波器在不同的 OSNR 条件下的频率响应与理想的信道反函数对比；(b) 预均衡信号在不同的滤波带宽下随信道估计的 OSNR 的影响

5. 数字时域预均衡在奈奎斯特信号和超奈奎斯特波分复用系统中的性能

在以上的分析中,主要考虑的是单信道的信号预均衡的性能,并没有考虑在波分复用系统中预均衡的表现。特别是在实际的系统中,越来越多地采用了近似矩形频谱压缩的奈奎斯特波分复用(Nyquist wavelength division multiplexing,NWDM)系统;此外将信道间隔压缩至甚至小于单信道的波特率,实现了超奈奎斯特波分复用(super-Nyquist WDM,SN-WDM)系统。这两种系统中,时域预均衡会提高单信道本身对带限系统的抵抗,降低 ISI;并且可能由于高频部分的加强,造成了信道间的串扰(inter-channel interference,ICI),因此,有必要研究时域预均衡在 NWDM 和 SN-WDM 系统中的表现。

图 4-9 为仿真信号的频谱,图(a)为理想的 32Gbaud 的奈奎斯特 QPSK 信号,图(b)为低通滤波带宽为 7GHz 下的 32Gbaud 的奈奎斯特 QPSK 信号。采用本节所提出的信道估计方法进行时域数字预均衡后,图(c)为预均衡的 32Gbaud 的奈

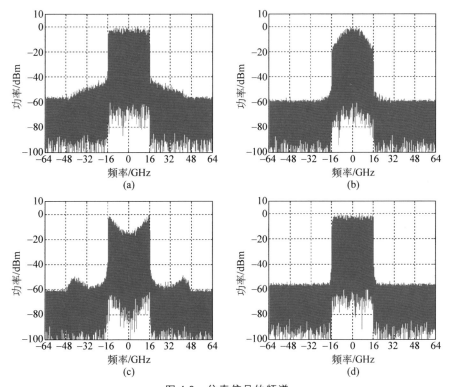

图 4-9　仿真信号的频谱

(a) 理想的 32Gbaud 的奈奎斯特 QPSK 信号;(b) 低通滤波带宽为 7GHz 下的 32Gbaud 的奈奎斯特 QPSK 信号;

(c) 预均衡的 32Gbaud 的奈奎斯特 QPSK 信号在 7GHz 滤波前的频谱;

(d) 预均衡的 32Gbaud 的奈奎斯特 QPSK 信号在 7GHz 滤波后的频谱

奎斯特 QPSK 信号在 7GHz 滤波前的频谱,而图(d)则为预均衡的 32Gbaud 的奈奎斯特 QPSK 信号在 7GHz 滤波后的频谱。

图 4-10(a)给出了 DD-LMS 的抽头在 45dB 的 OSNR 下的频率响应,此时的抽头长度为 33。可以看出,抽头响应同理想的信道响应反函数非常符合。因此,可以同样地通过本节所采用的方法来进行信道估计。图 4-10(b)为 32Gbaud 的奈奎斯特 QPSK 信号在 7GHz 的滤波带宽,单信道或 NWDM 时均衡与未均衡下的误码率 OSNR 曲线。这里,NWDM 系统的信道间隔保持为 32GHz,而滚降系数为零。结果表明,通过预均衡同样能提升 NWDM 系统的性能。

图 4-10(c)为波分复用系统在 WDM、NWDM 和 SN-WDM 系统下,不同的信道间隔时的误码率表现。可以看出,经过均衡的信号在信道间隔降低时误码性能迅速恶化,而对于普通的 WDM 和 NWDM 系统,预均衡都有很好的表现,而当信道间隔小于波特率时,ICI 成为主导,恶化了系统性能,此时,尽管有预均衡降低 ISI,然而由于高频分量的提升,也加大了信道间串扰,难以提高性能。因此,需要采用新的算法,如正交双极性信号处理和最大似然序列估计算法来提升系统性能,关于这方面的讨论将在第 5 章高频谱效率超奈奎斯特波分复用系统研究中具体展开。

4.3.4　实验结果

为验证本节的时域预均衡方案,搭建了如图 4-11 所示的 8 信道 40Gbaud 的 QPSK/8QAM/16QAM 时域预均衡的传输试验。实验采用高速的 DAC 作为信号产生器,分别产生 40Gbaud 的 QPSK/8QAM/16QAM 信号。DAC 的 3dB 带宽只有 11.3GHz,工作在 64GSa/s 的采样率。首先,作信道估计时,DAC 产生的是 mQAM(m 为 4/8/16)未均衡的信号,然后驱动 IQ 调制器。在接收端,采用同一个激光器做自拍频,得到的信号经过采样示波器后进行后端离线的数字信号处理。采样示波器的带宽为 30GHz,而采样率为 80GSa/s。

信道估计的结果如图 4-12 所示,通过未均衡的 QPSK 信号在接收机端计算 DD-LMS 的抽头响应,可以得到如图 4-12(a)所示的结果。由于带宽限制主要是由 DAC、驱动放大器和 IQ 调制器所决定,因此采用单偏振、同源激光器自相干混频来避免频偏、偏振串扰等因素的影响。而图 4-12(b)则为通过 33 抽头的 DD-LMS 频率响应通过归一化和对称化处理后得到的前端预均衡 FIR 滤波器的响应。

图 4-13(a)、(b)和(c)分别为背靠背的 40Gbaud 的 PDM-QPSK 信号,PDM-8QAM 信号,以及 PDM-16QAM 信号均衡和未均衡时的误码率 OSNR 曲线图。在这里,信道估计时采用的是 33 抽头的 DD-LMS。可以看出,对比 QPSK、8QAM 和 16QAM 信号,在误码率为 1×10^{-3} 时,通过本节所提出的数字时域预均衡方案,OSNR 性能分别能提高 3.5dB、2.5dB 和 1.5dB。由于高阶调制格式对 ISI 和信道带宽限制更为敏感,高阶调制格式预均衡效果较低,QPSK 信号的预均衡性能提升最大。

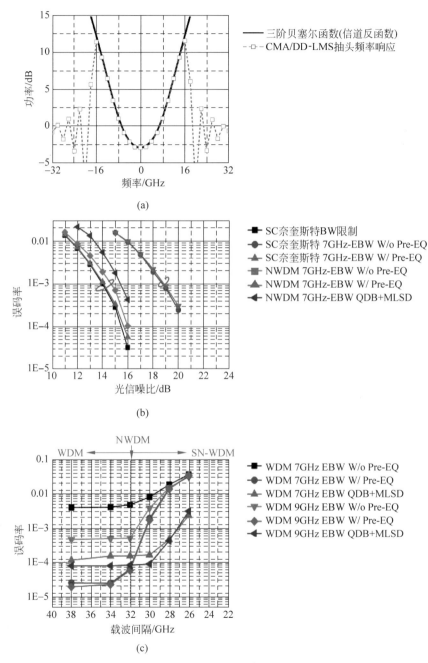

图 4-10　误码率

（a）对奈奎斯特信号采用 DD-LMS 所得到的抽头频率响应与理想的信道响应反函数对比；（b）在单信道和 NWDM 系统中不同信号背靠背的误码率 OSNR 曲线；（c）在 7GHz 和 9GHz 窄带滤波下，WDM 信号随着不同的信道间隔的误码率

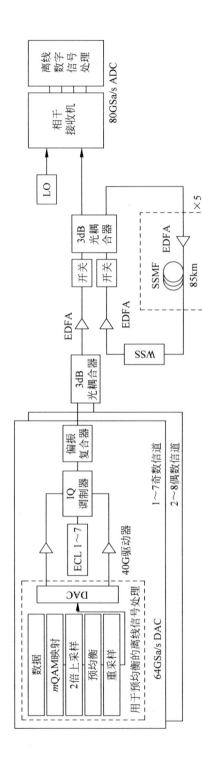

图 4-11 8 信道 40Gbaud 的 QPSK/8QAM/16QAM 时域预均衡的传输试验

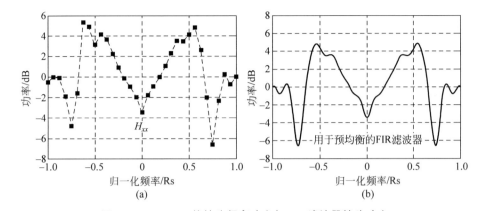

图 4-12　DD-LMS 的抽头频率响应与 FIR 滤波器抽头响应

（a）实验中信道估计时的 DD-LMS 抽头频率响应；（b）所产生的前端预均衡 FIR 滤波器抽头响应

图 4-14（a）为 40Gbaud 的 PDM-QPSK/8QAM/16QAM 在一定的 OSNR 下，背靠背的误码率与信道估计时的均衡器抽头长度的关系。这里，保持了信道估计的训练信号调制格式都为 QPSK，而 PDM-QPSK/8QAM/16QAM 信号的 OSNR 分别为 16dB、21.5dB 和 25dB。结果表明，QPSK 对抽头的长度最不敏感，只需要 9 个抽头就可以达到最佳的预均衡效果，而 8QAM 和 16QAM 要求更多的抽头长度作信道估计，分别需要 17 和 21 个抽头。

如图 4-14（b）所示，则为均衡和未均衡信号的传输性能对比。波长间隔为 50GHz 的 8 个信道的 WDM 信号通过如图 4-11 所示的实验装置，通过循环光纤环路，模拟长距离传输的效果，其中每环路包含了 5 段 85km 长的标准单模光纤，每段光纤损耗为 18.5dB，而色散系数为 17ps/(km·nm)。链路中，光放大器为掺铒光纤放大器，为了抑制 ASE 噪声的积累和拓展，采用了一个可编程的光带通滤波器来抑制信号带外噪声。最终，40Gbaud 的 PDM-QPSK/8QAM/16QAM 的传输性能如图 4-14（b）所示。结果表明，通过本节所提出的时域数字预均衡，信号能传输更长的距离，具有更好的传输性能。

最后，实验也对奈奎斯特信号的预均衡效果进行了验证，结果如图 4-15 所示。图 4-15（a）和（b）分别为未均衡和均衡后的 40Gbaud 的奈奎斯特 QPSK 信号在采样示波器后得到的 FFT 频谱，这里滚降系数设为零。可以看出，在没有均衡时，信号的高频部分由于 DAC 的带宽限制而被压缩；通过均衡，高频部分被提升形成了完整的奈奎斯特信号。图 4-15（c）则是均衡与未均衡的 40Gbaud 偏振复用的奈奎斯特 QPSK 信号在单信道和 NWDM 多信道时背靠背的误码率和 OSRN 的关系曲线。实验结果与仿真结果非常相符，通过本节所提出的时域数字预均衡，奈奎斯特信号无论是在单信道还是 NWDM 系统中，误码率 OSNR 性能都能得到提升。

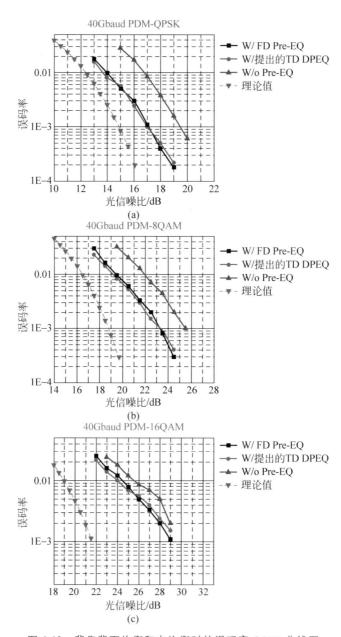

图 4-13　背靠背下均衡和未均衡时的误码率 OSNR 曲线图

(a) 40Gbaud 的 PDM-QPSK 信号；(b) 40Gbaud 的 PDM-8QAM 信号；

(c) 40Gbaud 的 PDM-16QAM 信号

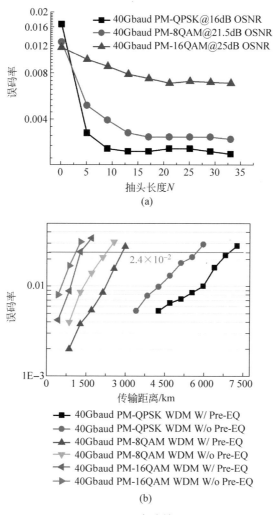

图 4-14 实验结果

（a）在一定 OSNR 下不同信号背靠背的误码率与抽头长度的关系；

（b）在 WDM 情况下，PDM-QPSK/8QAM/16QAM 信号在有均衡和无均衡时误码率与传输距离的关系

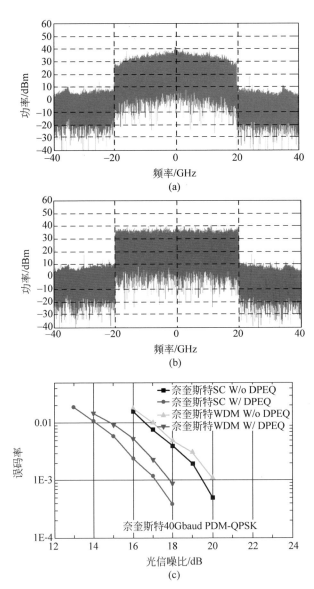

图 4-15　40Gbaud 的奈奎斯特 QPSK 信号在采样示波器后得到的 FFT 频谱

（a）未均衡信号；（b）均衡后的信号；

（c）40Gbaud 的奈奎斯特 QPSK 信号在单信道以及 NWDM 情况下的误码率和 OSNR 关系曲线

4.4　本章小结

本章介绍了基于先进的数字信号处理技术的准线性相干光探测系统的研究，包括前端线性预均衡算法和后端非线性处理算法。器件的带宽限制与光纤链路的非线性损伤一直都是限制高速光信号传输的两个重要因素，前者限制了信号产生的带宽和波特率，后者则限制了高速信号的传输距离。相干光传输系统能有效地提高系统的接收灵敏度，同时能利用数字信号处理算法均衡和补偿系统链路中的各种损伤。通过发射机端的电域预补偿技术，能够很好地克服高阶调制信号所面临的问题。本章首先介绍了基本的相干光通信数字信号处理，然后基于此，介绍了作者博士期间提出的一种新型的前端数字时域预均衡方案，研究了该方案的实现技术，通过理论、仿真和实验研究了影响该方案性能的各项关键因素，包括系统带宽、自适应均衡器抽头长度以及信噪比等，通过该方案成功实现了 40Gbaud 的偏振复用 QPSK/8QAM/16QAM 信号的产生和长距离传输。通过前端预均衡，系统性能得到了明显的改善。

参考文献

[1]　YU J J, DONG Z, CHIEN H C, et al. 30Tbit/s (3×12.84Tbit/s) signal transmission over 320km using PDM-64QAM modulation[C]. Optical Fiber Communication conference and Exposition, 2013.

[2]　YU J J, DONG Z, CHIEN H C, et al. 7Tbit/s (7×1.284Tbit/s/ch) signal transmission over 320km using PDM-64QAM modulation[J]. IEEE Photonics Technology Letters, 2012, 24(4): 264-266.

[3]　LI G F. Coherent optical communication[C]. Optics Info Base Conference Papers, 2008.

[4]　KAZURO K. Digital coherent optical communication systems: fundamentals and future prospects[J]. IEICE Electronics Express, 2011, 8(20): 1642-1662.

[5]　ZHOU X, YU J J. Digital signal processing for coherent optical communication[C]. The 18th Annual Wireless and Optical Communications Conference, 2009.

[6]　SEB J S. Digital signal processing for coherent optical communication systems[C]. The 18th Opto Electronics and Communications Conference Held Jointly with 2013 International Conference on Photonics, 2013.

[7]　ZHANG J W, YU J J, JIA Z S, et al. 400G transmission of super-Nyquist-filtered signal based on single-carrier 110Gbaud PDM QPSK with 100GHz grid[J]. Journal of Lightwave Technology, 2014, 32(19): 3239-3246.

[8]　ZHANG J W, YU J J, DONG Z, et al. Transmission of 20×440Gbit/s super-Nyquist-filtered signals over 3600km based on single-carrier 110Gbaud PDM QPSK with 100GHz grid[C]. Optical Fiber Communication Conference and Exposition, 2014.

［9］ YU J J，ZHANG J W，DONG Z，et al. Transmission of 8480Gbit/s super-Nyquist-filtering 9QAM-like signal at 100GHz-grid over 5000km SMF28 and twenty-five 100GHz-grid ROADMs［J］. Optics Express，2013，21(13)：15686-15691.

［10］ XIE C J，GREGORY R. Digital PLL based frequency offset compensation and carrier phase estimation for 16QAM coherent optical communication systems［C］. European Conference and Exhibition on Optical Communication，2012.

第 5 章

高频谱效率超奈奎斯特波分复用系统研究

5.1 引言

随着波分复用(WDM)系统的广泛应用,考虑到有限的可用带宽,高频谱效率光传输同样也是高速大容量光通信系统的关键[1,2]。一方面,高频谱效率光传输可以通过高阶调制格式实现,然而由于高阶调制格式所需的信噪比很高,传输距离非常有限,难以适应长距离传输的要求;另一方面,近些年来所提出的频谱压缩技术,在不增加过多系统设备和增加过多信噪比需求的基础上,可提高原有系统频谱效率,已成为国内外研究的热点[1,2]。相比于 100Gbit/s 和 200Gbit/s 相干光通信中的正交相移键控(QPSK)信号,正交二进制(QDB)频谱压缩技术由于其近乎加倍的频谱效率以及对信道串扰和色散(CD)的更大容忍度,已经吸引了大量的关注。在现有的设计为 50GHz 甚至 25GHz 信道间隔的光链路中传输 100Gbit/s 的信号(包括用于前向纠错的开销在内对应 107~112Gbit/s 的速率)已经具有很大的挑战,这是因为每个信道可用光带宽有限,而信号波特率大于设计的信道间隔。QDB 已被证实是一个有着较强窄带光滤波容忍度,且能实现谱效率大于 4bit/(s • Hz)的频谱压缩技术,这为在给定的波特率下实现奈奎斯特极限的频谱效率甚至达到超奈奎斯特传输都提供了一种行之有效的方法。

图 5-1 给出了波分复用系统的发展趋势和不同信道复用方式之间的比较,包括常规 WDM(符号带宽小于信道间距),NWDM(符号带宽等于信道间距)和 SN-WDM 系统(符号带宽小于信道间距)[1,2]。常规 WDM 方案中,信道之间有防护频带,可完全避免信道串扰与符号间干扰。但是,由于防护频带的存在,这种方案相较之下拥有最低的频谱效率。NWDM 使用了时域正交脉冲,其信号频谱在频域上

得到整形,使信道波特率等于信道间隔,理论上是零信道间串扰和零符号间干扰的极限。但是如果考虑向前纠错算法的开销,在目前基于国际电信联盟(ITU)频率间隔(25/50GHz)的光传输系统中传输 100Gbit/s 或 400Gbit/s 信道将会遇到困难,因为考虑 FEC 后的信号波特率将大于信道的可用带宽,而这种额外的带宽重叠会带来严重的信道串扰。另一方面,通过窄带光滤波或电预滤波技术可实现 SN-WDM 频谱压缩,将信号频谱压缩至一定的带宽内,使得波特率大于信道间隔而引入可控的信道间串扰和符号间干扰(ISI),理论上具有最高的谱效率。但是,为了获得良好的系统性能,需要额外的算法来均衡 ISI。同时,由于滤波效应,采用传统恢复算法后,系统性能受到噪声和信道间串扰加强的影响而被严重降低。为了解决噪声和信道串扰加强,以及符号间干扰等问题,并实现更高的频谱效率,新型的数字信号处理和恢复算法是亟待解决的核心问题[1,2]。

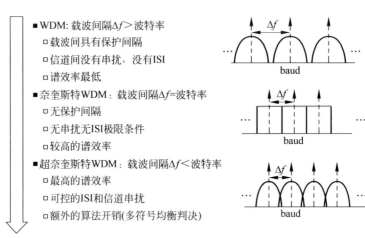

图 5-1   波分复用系统的发展趋势与不同信道复用方式的比较

本章将就超奈奎斯特波分复用系统展开讨论,首先将介绍针对超奈奎斯特信号的新型多模盲均衡算法,通过多模盲均衡算法能有效抑制噪声和信道间串扰,同时通过多符号均衡判决能有效均衡符号间干扰,从而提高系统性能,实现超奈奎斯特波分复用系统的信号传输。同时,通过实验验证,对比该算法与常规算法和其他均衡算法的性能。然后,将介绍通过前端滤波而实现的超奈奎斯特信号数字产生,最终实现四载波的 400Gbit/s 光传输。最后,介绍速率达到 110Gbaud 的超高速 PDM-QPSK 相干传输系统实验。利用该系统,成功创造了世界首个基于单载波超奈奎斯特的 400Gbit/s 光传输系统,并创造了世界最高波特率——110Gbaud 的信号传输纪录,载波间隔压缩至 100GHz,传输容量达到 8.8Tbit/s,实现信号谱效率大于 4bit/(s·Hz)（除去 7％ 的 FEC 开销后）。另外，我们也在实验中证实了 9QAM 超奈奎斯特信号的高抗滤波性。基于这个方案，我们在超过 3 000km 的超大有效面积光纤（ULAF）和 10 个级联 100GHz 可重构上下话路复用器中成功传输了 10 个信道的 440Gbit/s QPSK 信号。

5.2　超奈奎斯特信号多模盲均衡算法

针对强频谱压缩的信号，如果采用常规的信道均衡算法，如 CMA 或 DD-LMS 等，参考第 4 章自适应滤波器的信道估计效应，会由于滤波效应而引起高频部分的加强。一方面，高频部分的加强效应会造成该频段噪声也随之加强；另一方面，考虑 SN-WDM 系统，信道间干扰也在高频段附近，这样 ICI 也会被加强。为了更好地实现信号恢复，通常采用在自适应均衡后再级联一个后置滤波器，来实现噪声和串扰的压缩。最后通过多符号均衡检测算法，如最大似然序列估计算法（MLSE）来均衡符号间干扰以实现高性能超奈奎斯特信号恢复。

但是，由于滤波效应所引起的星座零点的缘故，用于偏振复用 QPSK 相干检测的传统的恒模盲均衡（CMBE）算法不能很好地兼容；参考在 PM 8QAM 系统中所提出并被采用的 CMMA 展示了良好的模判决性能[3]，这为在 QDB 频谱压缩超奈奎斯特的 PM-QPSK 系统中采用多模盲均衡（MMBE）提供了一种可能。

5.2.1　多模盲均衡算法的原理

图 5-2 给出了 PM-QPSK 信号 QDB 超奈奎斯特频谱压缩的原理。通常情况下，频谱压缩既可以通过对两个正交的电信号执行电的低通滤波器来实现，也可以通过在光 QPSK 调制后加上一个光带通滤波器来实现。我们可采用一个 3dB 通带带宽小于 R_s 的波形形成器或波长选择开关来实现超奈奎斯特频谱压缩，如图 5-2(a)所示。图 5-2(b)则给出了 QDB 频谱压缩前后的 PM-QPSK 信号星座图。从中可以看出一个 4 点的 QPSK 信号在 QDB 频谱压缩后变成了一个 9 点的双二进制 QPSK 信号；并且，在这个 9 点的双二进制 QPSK 信号的星座图中存在滤波效应引起的零点，且双二进制 QPSK 信号的 9 个点位于三个不同半径的圆上。与 QPSK 信号相比，QDB 整形后的信号的频谱明显地变窄，频谱旁瓣也被极大地抑制，结果如图 5-2(c)所示。QDB 超奈奎斯特频谱压缩后的信号具有更强的抵抗 WDM 串扰、窄带光滤波和光纤色散的能力，这为实现给定波特率的频谱效率达到甚至超过奈奎斯特极限的传输提供了一种行之有效的方法。

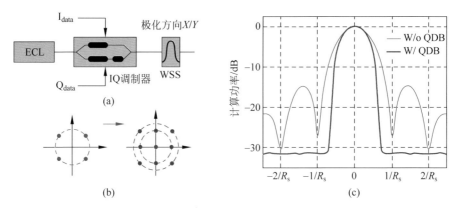

图 5-2　超奈奎斯特频谱压缩原理及仿真

（a）由光滤波器对 PM-QPSK 信号执行 QDB 超奈奎斯特频谱压缩的原理；（b）QDB 频谱压缩前后的
PM-QPSK 信号的星座图；（c）QDB 频谱压缩前后的 PM-QPSK 信号的仿真频谱

1. 级联多模算法实现偏振解复用和信道均衡

QDB 频谱压缩的 PM-QPSK 与经典的 CMA 不能很好地兼容，这是因为 9 点的信号不具有恒定的符号幅度。这不仅会在均衡后引入额外的噪声，还会引入一个滤波器抽头频率响应的问题。因此，我们采用针对 PM 8QAM 系统所提出有着良好模判决性能并被使用的 CMMA 来实现盲偏振解复用。图 5-3 给出了对 QDB 频谱压缩的 PM-QPSK 信号执行 CMMA 的原理，同样也采用四个蝶形自适应数字均衡器。这里，$\varepsilon_{x,y}$ 是用于滤波器抽头更新的反馈误差函数。相关滤波器抽头权重更新按照下式进行：

$$\begin{cases} h_{xx}(k) \rightarrow h_{xx}(k) + \mu\varepsilon_x(i)e_x(i)\hat{x}(i-k) \\ h_{xy}(k) \rightarrow h_{xy}(k) + \mu\varepsilon_x(i)e_x(i)\hat{y}(i-k) \\ h_{yx}(k) \rightarrow h_{yx}(k) + \mu\varepsilon_y(i)e_y(i)\hat{x}(i-k) \\ h_{yy}(k) \rightarrow h_{yy}(k) + \mu\varepsilon_y(i)e_y(i)\hat{y}(i-k) \end{cases} \tag{5-1}$$

$$e_{x,y}(i) = \text{sign}(||Z_{x,y}(i)| - A_1| - A_2) \cdot \text{sign}(|Z_{x,y}(i)| - A_3) \cdot \text{sign}(Z_{x,y}(i)) \tag{5-2}$$

这里，$\hat{x}$ 和 $\hat{y}$ 分别表征接收信号 x 和 y 的复数共轭。$\text{sign}(x)$ 是符号函数，μ 是收敛参数。通过引入三个参考半径 $A_1 \sim A_3$，对于理想 QDB 信号而言最终的差错可以趋近零，这与 8QAM 信号的情形相同。$R_1 \sim R_3$ 是 QDB PM-QPSK 信号三个模的半径，$Z_{x,y}$ 是均衡器的输出。显然，在采用常规 CMA 的情况下即使对于一个理想的 9 点信号而言差错信号也不会趋近零。

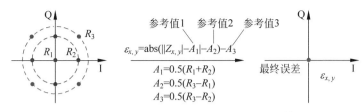

图 5-3　对 9QAM 的超奈奎斯特信号采用级联多模算法的原理

2. 联合双偏振的 QPSK 分割频偏估计算法

采用类似文献提出的一种可用于 16QAM 相干系统中的频偏估计的分割方案，常规的 m 阶功率算法也可以应用于分割后的 9 点 QDB 频谱压缩信号的频偏估计中。另一方面，对于偏振复用的相干系统而言，两个偏振信号采用相同的发射机和本振。因此，这两个偏振信号受到相同频率偏置的影响。据此，我们提出了一种可用于频偏估计的联合偏振 QPSK 分割算法。

图 5-4 给出了 9QAM 超奈奎斯特信号的 QPSK 分割和旋转原理图。处理流程包括三个步骤。因为 R_1 符号的幅度为零，所以频率偏置和载波相位噪声对 R_1 符号没有影响，因此，我们只需要采用 R_2 符号和 R_3 符号来实现频率偏置估计和相位恢复。首先对输入符号进行三种不同幅度值的环分割。然后，仅对位于中间环上的 R_2 符号进行 $-\pi/4$ 的星座旋转。最后，对位于中间环和外环的 R_2 符号和 R_3 符号依据它们的幅度进行归一化处理。这样，中间环和外环这两个环可以合并成一个 4 点 QPSK 星座的环。

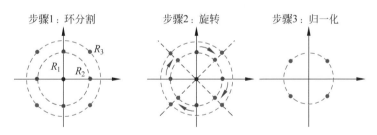

图 5-4　针对 9QAM 超奈奎斯特信号的 QPSK 分割和旋转原理图

图 5-5 为提出的可用于频偏估计的联合偏振 QPSK 分割算法的流程图。在经过基于 CMMA 的偏振解复用后，输入的 X 和 Y 偏振符号首先被分成有着不同圆周半径的三组。这里，只有成对的连续 R_2 环上的符号和 R_3 环上的符号被选出用于估计，以降低算法复杂度。然后 R_2 符号经 $-\pi/4$ 的旋转后被归一化。但只对 R_3 符号进行归一化处理。在此之后，两组符号被合并，类似一个 QPSK 星座图。这样，用于常规 QPSK 信号的四阶功率频率偏置估计现在便可以执行了。对于 N

对 R_2 环上的符号和 R_3 环上的符号而言,频率偏置引起的相位角度估计可以表示成

$$\Delta\theta_{est} = 2\pi\Delta f_{est} T_s = \frac{1}{4}\arg\sum_1^N (S_{k+1} \cdot S_k^*)^4 \qquad (5\text{-}3)$$

这里,S_k 表征 R_2 环上的符号和 R_3 环上的符号合并后的归一化符号,T_s 表征符号周期,Δf_{est} 表征估计得到的频率偏置。然后两个偏振方向上的第 n 个接收到的符号经由 $\mathrm{e}^{-jn\Delta\theta_{est}}$ 进行频率偏置补偿。对提出的四阶功率操作,频率偏置 Δf_{est} 可以在$[-1/(8T_s),+1/(8T_s)]$范围内估计得到。

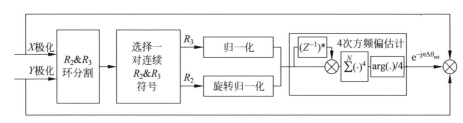

图 5-5　联合偏振 QPSK 分割频偏估计的流程图

3. QPSK 分割级联最大似然估计算法的载波相位恢复

如上所述,QPSK 分割方案也可以应用在 QDB 频谱压缩信号的相位恢复中。另一方面,最大似然(ML)算法在 16QAM 相位估计中展示了良好的性能改善且降低了算法的复杂度[4]。于是我们提出了一种针对 9 点 QDB 频谱压缩信号的基于 QPSK 分割/ML 的两阶段相位恢复方案,如图 5-6 所示。

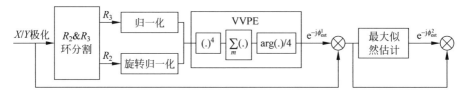

图 5-6　基于 QPSK 分割/ML 的两阶段相位恢复算法的流程图

R_2 和 R_3 环分割、旋转和归一化的原理与图 5-4 相同。这里我们也只需要 R_2 符号和 R_3 符号来实现相位恢复。实际上,频偏估计和相位恢复的分割步骤可以合并成一个。这样,R_2 符号首先经$-\pi/4$旋转并被归一化,与此同时 R_3 符号仅被归一化然后与 R_2 符号合并。这里,所有合并后的符号可以成组使用,m 是每组中符号的数目。

于是第一阶段的相位 ϕ_{est}^1 可以经由 V-V 相位估计(VVPE)消除,如下所示:

$$\phi_{\text{est}}^{1} = \left(\sum_m S_k^4\right)\Big/4 \tag{5-4}$$

而第二阶段的基于 ML 的相位估计 ϕ_{est}^{2} 可表示如下：

$$h = \sum_m S_k \cdot D_k^{*}, \quad \phi_{\text{est}}^{2} = \arctan(\text{Im}[h]/\text{Re}[h]) \tag{5-5}$$

这里 D_k 是 S_k 经第一阶段相位恢复的判决，而第二阶段相位恢复在最终输出前执行。

5.2.2　多模盲均衡算法的仿真结果分析

仿真基于 112Gbit/s PM-QPSK 信号并采用提出的 DSP 方案进行信号恢复，QDB 频谱压缩经由一个有着不同 3dB 带宽的四阶高斯型光带通滤波器实现，最终的输出经由最大似然序列检测（MLSD）以用于数据误码率测量。在我们的仿真中研究了不同频谱压缩带宽的情形下 CMMA 与 CMA 性能的比较，也在不同频谱压缩带宽、组数目和激光器线宽的情形下研究了频偏估计和相位恢复的性能。仿真中采用的伪随机二进制序列（PRBS）长度为 2^{10}，并通过 $32 \times 1\,024$ 个符号计算误码率。

图 5-7 给出了当奈奎斯特频谱滤波带宽从 20GHz 变化到 28GHz 时，CMMA 和 CMA 抽头的归一化抽头幅度频率响应的变化。这里，R_s 是符号率。可以看出与 CMA 相比，CMMA 在噪声抑制方面有着更好的频率响应性能。对于频谱压缩来说，NWDM 信道中 $\pm R_s/2$ 附近的噪声可以被极大地增强。但是，CMMA 抽头在 $\pm R_s/2$ 附近被抑制。图 5-7 中的插图给出了 CMMA 后的星座图。

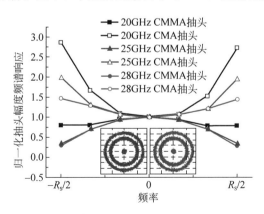

图 5-7　在不同频谱滤波带宽下 CMMA 和 CMA 的归一化抽头幅度频率响应

图 5-8(a) 给出了在不同 QDB 频谱压缩带宽和 OSNR 情形下提出的频偏估计算法中的块数目对误码率性能的影响。这里，我们使偏置频率满足 $\Delta f \cdot T_s = 0.1$，

信号源和 LO 的线宽满足 $\Delta\nu = 100\text{kHz}$。可以看出在不同的 QDB 频谱压缩带宽和 OSNR 下用于频偏估计的最佳块数目为 $N = 10\,000$。在仿真的过程中我们假定发送端激光器和本振之间的频率偏置是恒定的。图 5-8(b)给出了 OSNR 为 16dB 时不同 QDB 频谱压缩带宽下在整个频偏估计范围内不同频率偏置所对应的频偏估计性能。提出的频偏估计算法在不同 QDB 频谱压缩带宽下对于整个估计范围内有着良好的估计精确度。

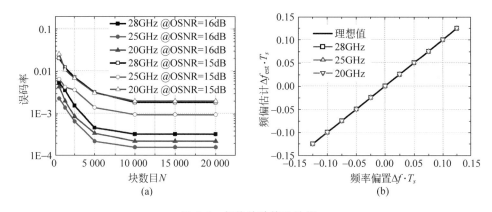

图 5-8　频偏估计算法性能

(a) 计算块数目 N 对频偏估计性能的影响；(b) 在不同频率偏置下提出的频偏估计算法的性能

图 5-9(a)则给出了在不同线宽和 QDB 频谱压缩带宽下提出的两阶段相位恢复算法中的最佳组数目 m 随 OSNR 的变化。可以看出最佳的 m 随着 OSNR 和线宽的增加而降低。当放大自发辐射(ASE)噪声占支配地位并且线宽较小时，最佳的 m 将变大并对 ASE 噪声愈发敏感。另一方面，当 ASE 噪声随着 OSNR 的变小而增强时，将需要较大的组数目 m 以降低噪声对相位估计和恢复的影响。图 5-9(b)给出了不同 QDB 频谱压缩带宽下误码率为 1×10^{-3} 时的 OSNR 代价随线宽 $\Delta\nu \cdot T_s$ 的变化。25GHz 的 QDB 频谱压缩带宽有着最佳的性能，同时在 QDB 频谱压缩带宽为 25GHz 时能够以 1dB 的 OSNR 代价容忍 5×10^{-4} 的 $\Delta\nu \cdot T_s$ 线宽值。

图 5-10 给出了在单载波(SC)和 NWDM 情形下分别采用传统的恒模均衡和我们提出的多模均衡时，背靠背误码率性能随 QDB 频谱压缩带宽变化的仿真结果。这里保持 OSNR 为 16dB 不变。NWDM 信道的间隔设定为 25GHz。可以看出，提出的 MMBE 方案不仅对强的 QDB 频谱压缩，还对来自其他信道的串扰有着更好的容忍度。对于 SC 情形而言，当 QDB 频谱压缩带宽低于 27GHz 时 MMBE 方案有着更好的误码率性能。另一方面，对于 NWDM 情形来说 MMBE 方案与传统的 CMBE 方案相比有着明显的误码率改善。由于串扰和强整形的缘故，NWDM

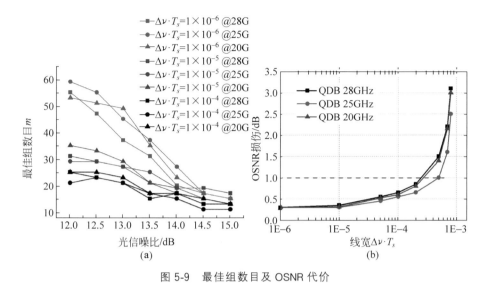

图 5-9　最佳组数目及 OSNR 代价

（a）在不同线宽和 QDB 带宽下最佳的组数目 *m* 随 OSNR 的变化；（b）在不同 QDB 带宽下误码率
为 1×10^{-3} 时的 OSNR 代价随线宽的变化

情形下的传统 CMBE 方案有着最差的性能。也可以看出我们提出的 MMBE 方案
的最佳 QDB 频谱压缩带宽在 SC 情形下为 23GHz 到 25GHz，在 NWDM 情形下为
21GHz 到 23GHz。值得注意的是，我们的方案在处理提出的 9 点 QDB 时与常规
的 QPSK 相比多了两个步骤，其中包括 QPSK 分割和旋转。这两个多出的步骤要
求额外的计算量。但是 QDB 频谱压缩信号相比于 QPSK 信号有着更高的频谱效
率（近乎加倍）以及对信道串扰更好的容忍度。因此我们相信在考虑频谱效率和实
时执行复杂度时存在一个折中。

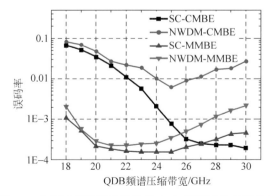

图 5-10　不同 DSP 方案下误码率性能随着 QDB 频谱压缩带宽变化的仿真结果

5.2.3　多模盲均衡算法的实验对比研究

为了验证本节所提出的多模盲均衡算法在 SN-WDM 系统中的性能,搭建了如图 5-11 所示的 28Gbaud/s QDB 滤波的 8 信道 PM-QPSK SN-WDM 信号传输实验。通过该实验,测试比较了所提出的多模均衡和普通恒模均衡算法在噪声抑制和串扰抑制方面的性能。该实验系统中,我们在 8 个子信道使用了 8 个可调外腔激光器,这些激光器的带宽小于 100kHz,输出功率为 14.5dBm,波长大小从 1 555.61nm 到 1 557.02nm。奇数和偶数两组信道通过两组保偏耦合器,然后进行独立的 IQ 调制。对于 QPSK 调制,28Gbaud 的二进制信号产生于两信道的电脉冲发生器,序列周期长度为 $2^{15}-1$。IQ 调制器偏置于零点,其带宽为 32GHz,调制器的驱动放大器带宽为 45GHz,增益为 20dB。信号的偏振复用通过偏振复用器实现,包括一个保偏耦合器将信号分为两路,其中一路光信号延时 150 个符号,接着使用一个偏振合束器将两偏振信号合并。奇数和偶数信道被各自调制和偏振复用,随后这些信道通过 25GHz 间距的 WSS 实现 QDB 频谱压缩和 SN-WDM 信道复用。

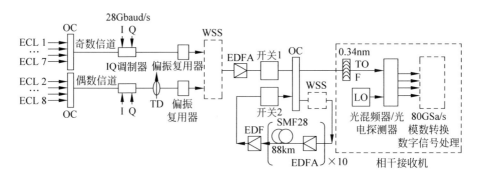

图 5-11　8×112Gbit/s QDB 超奈奎斯特滤波信号的产生、传输和接收实验设置图

传输时,将所产生的 8×112Gbit/s,25GHz 间隔信道的 SN-WDM 信号注入循环光纤链路。该循环链路包括 10 段 88km 的普通标准单模光纤、回路开关、光耦合器以及仅用于功率放大而没有色散补偿的掺铒光纤放大器。每段光纤的平均功率损耗为 18.5dB,色散系数为 17ps/(km·nm),掺铒光纤放大器的噪声系数是 5.5dB。为抑制自发辐射噪声在环路中的积累,采用了一个 WSS 在光纤链路中用作光带通滤波器。这个波长选择开关器有四阶高斯频谱形状,其 3dB 带宽为 2.2nm。对于传输回路,波长选择开关器用于光纤之前和用于光纤之后没有明显不同。如图 5-12 所示为传输光纤之前与传输了 2 640km 光纤后 8 信道

SN-WDM 信号的光谱图,传输后光谱两边可以清楚地看到积累的 ASE 噪声。

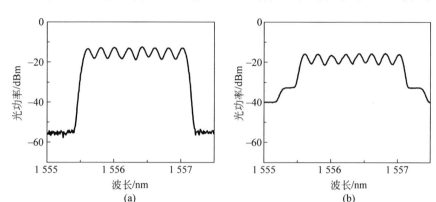

图 5-12　8 信道 25GHz 间距的超奈奎斯特光频谱图

(a) 背靠背;(b) 传输 2 640km 之后

在接收端,一个 3dB 带宽为 0.34nm 的可调带通滤波器被用于选择测量信道。接收机的相干检测采用了偏振分集和相位分集的零差探测。这里,发射端使用的外腔激光器和接收端的本地激光器带宽均大约为 100kHz。平衡探测器的 3dB 带宽为 42GHz。接收端信号和本地激光器在进入光混合器之前被分别放大至 3dB 和 20dB。模/数转换通过采样率为 80GSa/s,带宽为 30GHz 的数字示波器实现。数据首先被重采样至 56GSa/s,然后采用 MMBE 算法处理以实现偏振解复用、载波频率偏置估计和相位恢复,最后进行误码率测量。

图 5-13 为 QDB 频谱压缩的 PM-QPSK 数据在采用 MMBE 方案的情况下所得到的 X 偏振(上面)和 Y 偏振(下面)上的无差错信号星座图。图 5-13(a)和(b)分别为基于 CMMA 的偏振解复用前后的星座图。图 5-13(c)和(d)分别为提出的多模 QPSK 分割频谱估计和基于最大似然算法的两级相位恢复后的结果。

图 5-14(a)分别给出了在采用常规 CMBE 和提出的 MMBE 方案的情况下 NWDM 中测得的背靠背误码率(BER)性能随 OSNR 的变化。对于常规的 CMBE 方案而言,偏振解复用基于 CMA 执行,载波频率偏置估计和相位恢复基于四阶功率的 V-V 算法执行。对于 MMBE 方案来说采用的是在本书中所提出的算法。可以看出,我们提出的基于 MMBE 的方案与传统的 CMBE 方案相比有着更好的 BER 性能。在基于 MMBE 方案的 SN-WDM 信道中 BER 为 1×10^{-3} 时所要求的 OSNR 约为 17.8dB。图 5-14 中的插图给出了两种不同方案下 OSNR 为 19.8dB 时 X 偏振和 Y 偏振上的星座图。可以看到,通过本书的方案所获得的 9 点星座图的噪声和信道串扰抑制能力更强,系统性能更好。图 5-14(b)则给出了采用本节提

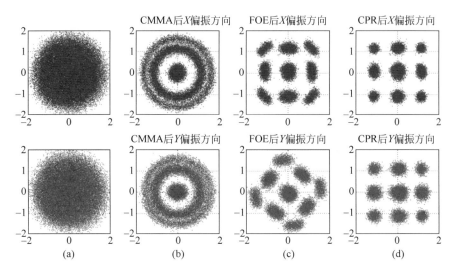

图 5-13　QDB 频谱压缩的 PM-QPSK 数据在采用 MMBE 方案的情况下所测得的

X 偏振(上面)和 Y 偏振(下面)上的无差错信号星座图

(a) 偏振解复用和信道均衡前；(b) 偏振解复用和信道均衡后；

(c) 频偏估计补偿之后；(d) 载波相位恢复之后

出的多模盲均衡算法以及恒模算法加上后置滤波器处理算法,分别使用 20.1GHz 和 18.3GHz 滤波带宽情况下在不同光信噪比的误码性能。这里,光信噪比在噪声带宽为 0.1nm 的时候测得。结果显示多模均衡方案比带后置滤波器的恒模均衡方案有更好的误码性能。我们相信这是因为恒模均衡方案对噪声和串扰有抑制,提高了滤波器的容忍度。对于 20.1GHz 的滤波带宽,基于多模均衡的方案在达到误码率为 1×10^{-3} 时所需要的光信噪比为 16.5dB,相比带后置滤波器的常规恒模均衡方案提高了 1dB 的光信噪比。

我们也测试了不同均衡方案下,改变载波间距后 QDB 信道的误码性能,如图 5-15(a)所示。在此保持滤波器带宽为 20.1GHz,光信噪比为 20dB,将载波间距从 25GHz 调整到 22GHz,以此增加信道间串扰。载波间距通过调整外腔激光器的波长和波长选择器开关间距来实现。结果显示基于多模均衡的方案相比带后置滤波器的常规恒模均衡方案有更好的系统性能,这是因为多模均衡方案对信道串扰有更好的容忍度。最后,不同均衡方案下,25GHz 间距的 QDB 超奈奎斯特信号传输不同距离的误码性能如图 5-15(b)所示。我们在每个信道最优输入功率为 -1dB 的情况下测量了第四信道。此时,8 个信道的总输入功率为 8dB。因为使用了能提高抗噪声和串扰的多模均衡方案,最大传输距离能达到 2640km,测量误码

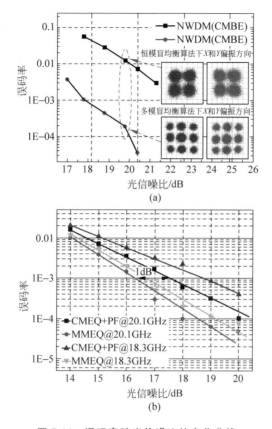

图 5-14　误码率随光信噪比的变化曲线

(a) 多模盲均衡与恒模盲均衡算法在 25GHz 滤波下背靠背 BER 性能随 OSNR 的变化；(b) 多模盲均衡与恒模盲均衡加后置滤波器算法分别使用 20.1GHz 和 18.3GHz 滤波带宽情况下在不同光信噪比的误码性能图

率为 $3.5×10^{-3}$,低于软判决纠错码误码门限 $3.8×10^{-3}$。但是采用带后置滤波器的常规恒模均衡方案,在保证系统误码在软判决纠错码误码门限下,只能传输最大距离为 2 000km。其他 7 个信道的误码性能与此一样,未出现明显的误码率变动。图 5-15(b)中的插图(i)和(ii)分别展示了两种方案过程中产生的类似 9 个点正交幅度调制格式星座图。可以从多模均衡方案图 5-15(b)插图(ii)中更清楚地看到星座图。上述结果表明,与传统的使用后置滤波器的恒模均衡方法相比,多模均衡方法能在误码率同为 $3.8×10^{-3}$ 的情况下增加 32% 的传输距离。

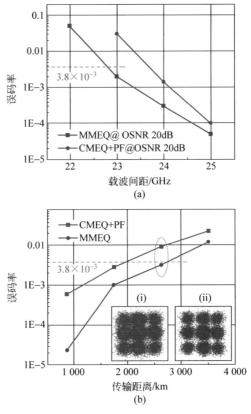

图 5-15　误码率结果图

(a) 不同载波间距下系统背靠背传输的误码性能; (b) 不同均衡方案下, 25GHz 间距的 QDB SN-WDM 信号传输不同距离的误码性能

5.3　四载波的数字超奈奎斯特信号产生与 400Gbit/s 传输

以上的超奈奎斯特频谱压缩采用的是前置光滤波器的方案, 在实际系统中, 随着高速 DAC 等器件的逐渐成熟, 可考虑通过数字方式进行电域滤波实现超奈奎斯特信号的产生。本节将介绍一种新型的数字超奈奎斯特信号产生方式, 通过这种产生方式, 能有效简化系统结构, 避免光滤波器的使用。数字方式产生的超奈奎斯特 9QAM 信号的频谱比常规奈奎斯特 QPSK 信号的频谱更加紧凑。因此, 在 SN-WDM 信道复用的过程中, 只需要用到光耦合器即可。

5.3.1 数字超奈奎斯特信号产生的原理

图 5-16 给出了本文提出的基于新型 DAC 超奈奎斯特 9QAM 信号的产生原理,以及其与普通奈奎斯特 QPSK 信号的比较。对于普通奈奎斯特滤波来说,奈奎斯特脉冲的产生需要用到滚降系数为零的升余弦(RC)或方根升余弦(SRRC)滤波器。但是,如图 5-16 所示,当信道间距小于波特率时,额外的带宽会导致严重的串扰。为了实现超奈奎斯特信号的传输,我们在超奈奎斯特脉冲的产生中加入了额外的低通滤波器(LPF)。由此,信号频谱被进一步压缩,信道串扰得到进一步减少。

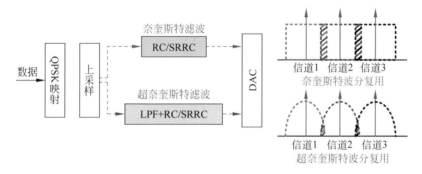

图 5-16 基于新型 DAC 奈奎斯特和超奈奎斯特 9QAM 信号产生原理,以及 SN-WDM 中的串扰损伤

在我们的方案中,低通滤波器可以简单地通过正交双二进制延迟-插入滤波器来实现,而 QDB 滤波器的传输方程的 z 变换可以写为

$$H_{\mathrm{QDB}}(z) = 1 + z^{-1} \tag{5-6}$$

上式可以通过一个两抽头的有限脉冲响应数字滤波器来实现,从而将 QPSK 信号转换为 9QAM 信号。将 QDB 和 SRRC 滤波器级联得到的超奈奎斯特数字滤波器在时域中写成

$$h_{\mathrm{SN}}(t) = h_{\mathrm{QDB}}(t) * h_{\mathrm{SRRC}}(t) \tag{5-7}$$

其中,$h_{\mathrm{SRRC}}(t)$ 是 SRRC 滤波器的典型时域脉冲响应。$h_{\mathrm{QDB}}(t)$ 是 QDB 滤波器 H_{QDB} 的脉冲响应,如式(5-6)中所示。当滚降系数为零时,SRRC 和 RC 有相同的脉冲与频域响应。因此,此处的奈奎斯特滤波也可通过 RC 滤波器来实现。

图 5-17(a)和(d)分别给出了基于 SRRC 的普通奈奎斯特滤波和基于级联 QDB、SRRC 滤波器的超奈奎斯特滤波器的时域脉冲响应。此处 SRRC 的滚降系数设为零。与普通奈奎斯特滤波器相比,由图可见超奈奎斯特数字滤波器的振荡更小,收敛更快。图 5-17(b)和(e)分别给出了产生的奈奎斯特 QPSK 二阶基带信

号和超奈奎斯特 9QAM 三阶基带信号的眼图。图 5-17(c)和(f)分别给出了奈奎斯特 QPSK 和超奈奎斯特 9QAM 的电功率谱。由图可见超奈奎斯特信号的功率谱较奈奎斯特信号得到了大幅度的压缩，而且其旁瓣也得到较大程度抑制。其 3dB 带宽小于 0.5 个波特率。插图(i)和(ii)分别给出了奈奎斯特 QPSK 和超奈奎斯特 9QAM 信号的星座图。

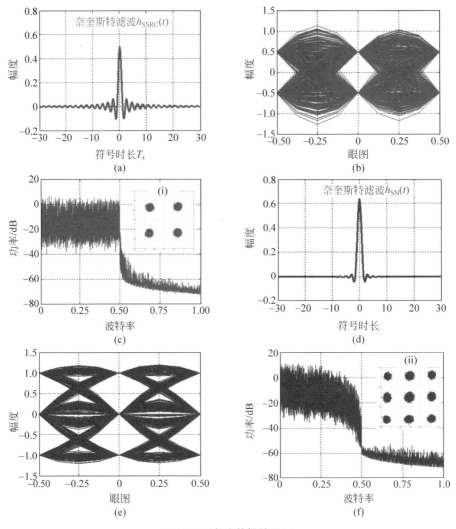

图 5-17　实验数据结果图

(a) 奈奎斯特滤波器的脉冲响应；(b) 奈奎斯特 QPSK 信号的眼图；(c) 奈奎斯特 QPSK 信号的 FFT 频谱；(d) 超奈奎斯特滤波器的脉冲响应；(e) 超奈奎斯特 9QAM 信号的眼图；(f) 超奈奎斯特 9QAM 信号的 FFT 频谱

5.3.2 四载波 512Gbit/s 的 SN-WDM 信号产生与传输实验

图 5-18 给出了 4×512Gbit/s 四载波 SN-WDM 信号的产生、传输和相干探测的实验设置。在每个 512Gbit/s、宽度为 100GHz 的奈奎斯特信道中，使用了四个间距为 25GHz 的子载波，每个子载波携带 128Gbit/s 的数据。这样，在系统中，我们使用了 16 个线宽小于 100kHz 的外腔激光器（external cavity laser，ECL）作为 16 个子信道，其输出功率为 14.5dBm，频率间距为 25GHz，范围从 1 548.20nm 至 1 551.20nm。奇数和偶数信道是通过在独立的 IQ 调制器之前配置两组保偏光耦合器（PM-OC）来实现的。然后，超奈奎斯特信号通过一个 64GSa/s 的 DAC 来产生，其中的 I 和 Q 路数据由图 5-16 所描述的方法产生。经过 QPSK 映射的数据被两次上采样，并经过如式（5-7）所描述的超奈奎斯特滤波器。SRRC 的滚降系数为零。产生的三电平的基带信号为 32Gbaud，字长为 2^{15}。奇数和偶数信道由 DAC 的四个输出独立调制。偏振复用后的信号的光谱整形，与常规的光谱整形方法[59-61,68]不同，在本节中，奇数和偶数信道的合并是通过一个 2×1 耦合器来实现的，而不是 WSS 或阵列波导光栅。

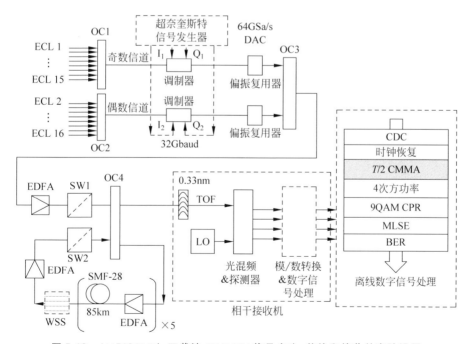

图 5-18　4×512Gbit/s 四载波 SN-WDM 信号产生、传输和接收的实验设置

图 5-19(a)给出了单信道 32Gbaud PDM-QPSK 信号,奈奎斯特 PDM-QPSK
信号,PDM-9QAM 信号(只使用 QDB 滤波器),和本节提出的超奈奎斯特 PDM-
9QAM 信号的光谱。由图可见,不包含任何附加操作的 PDM-QPSK 信号的带宽
最大。奈奎斯特 PDM-QPSK 的带宽和波特率相等,即 32GHz,已超过了 25GHz
的载波间距。只经过了 QDB 滤波的 9QAM 信号则有两个旁瓣。我们提出的超奈
奎斯特 PDM-9QAM 信号与其他三种信号相比则有最窄的带宽,且其 3dB 带宽小
于 0.5 倍波特率。传输时,将 4×512Gbit/s、100GHz 频率间隔的信号注入一个循
环传输回路,其光谱如图 5-19(b)所示,这个回路包括 5 路 85km 平均损耗为
18.5dB、色散系数为 17ps/(km・nm)的常规 SMF-28 光纤、回路交换器(SW)、光
耦合器(OC)和有色散补偿的掺铒光纤放大器(EDFA)。EDFA 的噪声水平约为
5.5dB。另外,回路中还包含一个 WSS,可编程实现光带通滤波器以抑制 ASE 噪
声的功能。在接收端,一个 3dB 带宽为 0.33nm 的可调谐滤波器(TOF)被用来选

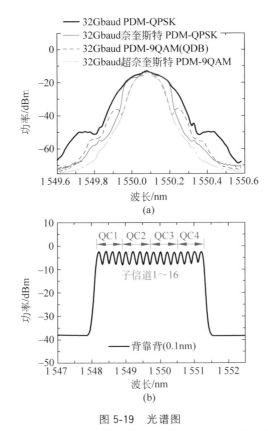

图 5-19　光谱图

(a) 单信道 32Gbaud PDM-QPSK,奈奎斯特 PDM-QPSK,PDM-9QAM 和超奈奎斯特 PDM-9QAM 信号的
光谱图;(b) 四信道四载波超级奈奎斯特 PDM-9QAM 信号的背靠背光谱图

择所需的信道。接收机本振的线宽约为 100kHz。模/数转换是通过数字示波器实现的，其采样率为 80GSa/s，带宽为 30GHz。数据首先经过色散补偿并重采样至 64GSa/s，然后经过多模均衡（MMEQ）算法和 MLSE 的处理。QDB 9QAM 信号则直接通过 MMEQ 得到恢复。频率偏移估计和载波相位恢复是基于类 9QAM 星座图实现的。经过相位恢复之后，9QAM 信号通过多符号均衡和探测算法 MLSE 被转换成 QPSK 信号。

图 5-20(a) 为 32Gbaud 奈奎斯特 PDM-QPSK，超奈奎斯特 PDM-9QAM 信号的背靠背误码率在单信道和 25GHz 频率间隔 WDM 情况下随信噪比的变化规律。在单信道情况下，奈奎斯特信号的误码率表现最好。由于窄带数字 QDB 滤波的作用，超奈奎斯特 9QAM 信号和 SC 奈奎斯特 QPSK 信号相比在误码率为 1×10^{-3} 的情况下有 1.5dB 的功率损伤。但是，对于 25GHz 频率间隔 WDM 的情况来说，

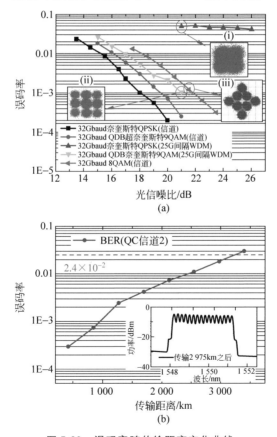

图 5-20　误码率随传输距离变化曲线

(a) 32Gbaud 奈奎斯特 PDM-QPSK，超奈奎斯特 PDM-9QAM 和 32Gbaud PDM-8QAM 信号的背靠背误码率随单信道信噪比的变化；(b) QC 信道 2 的误码率随传输距离的变化

32Gbaud 奈奎斯特信号由于较大信道串扰而不能得到恢复。对于奈奎斯特 QPSK 信号来说，即使在较大信噪比的情况下，误码率仍有一个 4×10^{-2} 的瓶颈。而 32Gbaud 超奈奎斯特信号在 25GHz 频率间隔 WDM 中相较于 SC 来说只有 1.5dB 的信噪比损伤。其中插图(i)和(ii)分别显示了在 WDM 情况下，当信噪比为 21dB 时，奈奎斯特 QPSK 和超奈奎斯特 9QAM 信号的星座图。另外，使用相同的实验设置也测量了单信道 32Gbaud PDM-8QAM 信号的误码率。结果显示该方法相较于 QDB-9QAM 有 2.5dB 的信噪比损伤。可以发现 9QAM 的误码率性能优于 8QAM，我们相信这是由两个原因造成的：首先，QDB-9QAM 信号的最小欧几里得距离大于 8QAM 信号的；另外，对于 9QAM 信号来说，我们使用了一种基于 MLSE 的多符号均衡和判决算法。图 5-20(b)给出了传输距离从 425km 变化至 3 400km 时，测量得到的 512Gbit/s 四信道 2 的误码率。其中经过 2 975km 传输后，QC 信道 2 的误码率为 1.8×10^{-2}，而传输后的 WDM 光谱显示在图 5-20(b)的插图中。值得注意的是，实验中所使用的 DAC 的 3dB 模拟带宽只有 11.3GHz。于是由此产生的奈奎斯特和超奈奎斯特信号也受到了有限带宽的影响。

超奈奎斯特信道在经过 2 975km 传输后的误码率随单信道入纤功率的变化由图 5-21(a)给出，这里测试了子信道 7。结果表明，最优的单信道入纤功率为 -1dBm。最后，所有 16 个 32Gbaud(128Gbit/s)WDM 子信道的误码率和经过 2 975km 传输后所有四载波 512Gbit/s 信道的平均误码率由图 5-21(b)给出。经过 2 975km 传输后，所有 SN-WDM 信道的误码率都低于 20% 软判决 FEC 的误码率门限 2.4×10^{-2}。图 5-21(b)的插图给出了子信道 9 的 X 和 Y 偏振信号经过传输和 MMEQ 处理后的星座图。以上结果表明，我们提出的超奈奎斯特信号对于长距离 400Gbit/s 传输来说具有很好的性能。

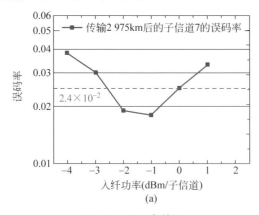

图 5-21　误码率情况

(a) 子信道 7 的误码率随单信道入纤功率的变化；(b) 所有信道的误码率和所有 QC 信道的平均误码率

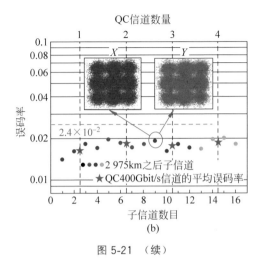

图 5-21　（续）

5.4　单载波 110Gbaud 的超奈奎斯特滤波信号的 400Gbit/s 传输实验

这里介绍作者博士期间在超高速超奈奎斯特信号 400Gbit/s 传输系统的研究,基于电时分复用(electric time division multiplexing,ETDM)的高波特率超奈奎斯特滤波信号,成为当时世界上首个基于单载波超奈奎斯特的 400Gbit/s 光传输系统,并创造了世界最高波特率 110Gbaud 的信号传输纪录,载波间隔压缩至 100GHz,传输容量达到 8.8Tbit/s,实现信号谱效率大于 4bit/(s·Hz)[4]。同时,还通过实验研究了超奈奎斯特滤波信号在多个可重置光分插复用器中的性能。利用该系统,我们以 100GHz 频率间隔在 3 600km 的超大有效面积光纤中成功传输了 20 个信道的单载波 440Gbit/s 超奈奎斯特 9QAM 信号,净频谱效率大于 4bit/(s·Hz)(除去 7% 的 FEC 开销后)。另外,也在实验中证实了 9QAM 超奈奎斯特信号的高抗滤波性。基于这个方案,我们在超过 3000km 的 ULAF 和 10 个级联 100GHz 的 ROADM 中成功传输了 10 个信道的 440Gbit/s QPSK 信号。

5.4.1　20×440Gbit/s SN-WDM 长距离传输实验

图 5-22 给出了 20 信道 100GHz 频率间隔的 440Gbit/s 单载波超奈奎斯特滤波 9QAM 信号产生与传输系统的实验设置。在发射机处,20 个线宽小于 100kHz、频率间距为 100GHz 的外腔激光器被分为两组,分别作为奇数和偶数信道。另外,奇数或偶数信道分别通过一个 200GHz 的阵列波导光栅(AWG)进行信号复用。

两组 110Gbaud 的 I 路与 Q 路信号是通过一个两步 ETDM 产生,包括 4∶1、2∶1 电复用器(MUX)和 4 路 13.75Gbaud 的伪随机二进制序列。实验中 4∶1 复用器是一个 56Gbit/s 的宽带复用器模块,2∶1 复用器是一个 100Gbit/s 的宽带复用器模块。系统中,4∶1 复用器与 55Gbit/s 输出、2∶1 复用器在 110Gbit/s 输出时依然工作良好。其中,4∶1 复用器与 2∶1 复用器的 V_{pp} 分别为 500mV 和 300mV。为了实现数据去相关,在复用时两路 55Gbit/s 数据序列之间有 55bit 的延迟,在调制时两路 110Gbit/s 数据序列之间有 35bit 的延迟。奇数和偶数信道分别由两个 IQ 调制器调制,这两个调制器由 110Gbaud 的 PRBS 信号驱动。这两个 IQ 调制器是集成的铌酸锂双臂调制器,3dB 带宽为 33GHz。系统在 2∶1 复用器的 110Gbit/s 数据输出下,总插入损耗约为 27dB。图 5-22 的插图(i)和(ii)分别给出了 55Gbaud 和 110Gbaud 二进制电信号的眼图。这两个眼图的纵坐标为 100mV/div,而时间刻度分别为 5ps/div 和 2ps/div。对于 QPSK 调制来说,IQ 调制器的偏置处于零点。调制后通过偏振复用器进行偏振复用。然后,奇数与偶数信道经过频域滤波以实现 9QAM 的超奈奎斯特信号,并经过一个可编程波长选择开关而重新合路。这个 WSS 的频率间隔为 100GHz,3dB 带宽为 94.8GHz。由于信道带宽小于信号的符号速率,经过 WDM 复用之后便可得到 SN-WDM 信道了。

20 个信道 100GHz 频率间隔的 SN-WDM 信号频谱如图 5-23 所示,由此,基于 100GHz 频率间隔单载波 400Gbit/s PDM-QPSK 的信号设置,在去除 7%FEC 开销后以 4bit/(s·Hz)的频谱效率实现了 8.8Tbit/s(20×440Gbit/s)的传输。然后,将产生 100GHz 频率间隔、20×440Gbit/s 的 SN-WDM 信号发射至一个循环传输环,共包括 3 段 100km、平均损耗为 21dB 的 ULAF(21.1ps/(nm·km),132mm²)。在每段 ULAF 之后是一个混合后置拉曼放大器和一个 EDFA,以补偿光纤传输的损耗。而在 1 450nm 的光泵浦下,开-关拉曼增益为 9dB。在每段光纤之前,使用了一个衰减器控制进入光纤的光功率。在循环回路中,使用了一个可调放大器增益均衡滤波器使得增益曲线变平坦,以及一个 WSS 作为带通滤波器抑制 ASE 噪声。在相干接收机端,使用了一个 3dB 带宽为 0.9nm 的可调光滤波器选择需要的子载波,以及一个线宽小于 100kHz 的外腔激光器作为本振。另外,使用一个 90°偏振多样混合器实现偏振和相位的多样相干探测。平衡接收机的带宽为 50GHz,而采样和模/数转换是通过一个采样率为 160GSa/s、电带宽为 65GHz 的实时数字示波器来实现的。在经过对 110Gbaud 超奈奎斯特信号过采样率为 1.45 的模/数转换后,对经过 160GSa/s 采样的数据进行离线处理。首先,对数据进行色散补偿和 220GSa/s 的重采样,然后经过 MMEQ 算法和 MLSE 的处理,如图 5-22 所示。

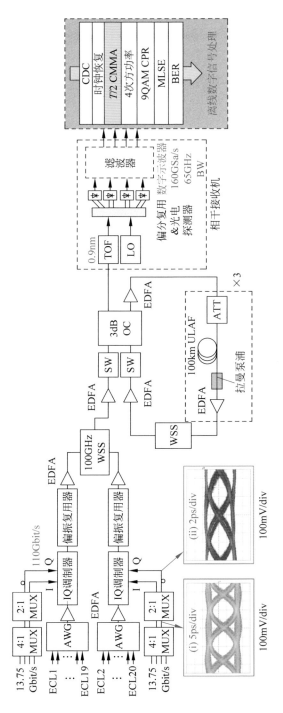

图 5-22　20×440Gbit/s SN-WDM 长距离传输实验装置图

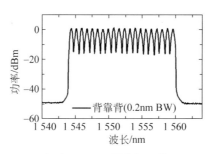

图 5-23　20×440Gbit/s 在 100GHz 频率间隔的 SN-WDM 信号的频谱

图 5-24(a)给出了在不同频谱整形滤波带宽下，440Gbit/s 信道的背靠背误码率随着光信噪比(0.1nm 分辨率)的变化，而单信道 110Gbaud PDM-QPSK 信号在

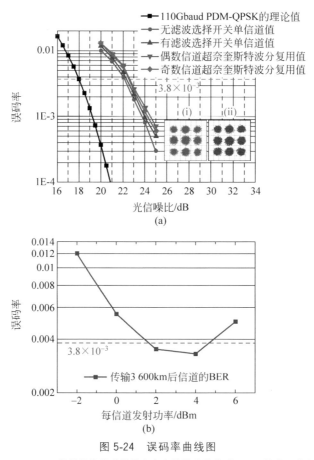

图 5-24　误码率曲线图

(a) 110Gbaud PDM-QPSK 信号的背靠背误码率和光信噪比的关系；(b) 信道 4 在经过 3 600km 传输后的误码率随单信道发射功率的关系

加性白噪声（AWGN）下的理论误码率-光信噪比曲线也在图 5-24（a）中给出。由此，SN-WDM 中的奇数和偶数 440Gbit/s 子信道在误码率要求为 3.8×10^{-3}（7%硬判决-前向纠错（HD-FEC）极限）时所需的光信噪比为 22.5dB/0.1nm，与100GHz 频率间隔的 WSS 情况下的单信道传输相比，有 0.5dB 的信噪比损伤。而与理论曲线相比，实验的单信道 110Gbaud PDM-QPSK 有大约 4dB 的信噪比损伤，这主要是由实验中电、光器件的低通滤波效应引起的。另外，我们也证实了其他信道有类似的性能表现，除最两侧的信道在光信噪比容限上有 0.5dB 的优势。图 5-24（a）的插图（ⅰ）和图（ⅱ）分别显示了在高光信噪比的情况下，恢复得到的 X 和 Y 偏振信号的无错星座图。图 5-24（b）给出了 100GHz 频率间隔的信道 4 的信号在经过 3 600km ULAF 传输后的误码率随单信道发射功率的变化关系。入纤功率通过每条光纤链路入口处的衰减器控制。每个信道的入射功率约为 4dBm。当入射功率大于 4dBm 时，误码率反而由于光纤非线性作用而恶化。但是，当入射功率小于 3dBm 时，由于光功率的减小，误码率也会迅速变差。

图 5-25（a）给出了在最优入射功率下，信道 4 在 2 400～4 000km 的不同传输距离时的误码率表现。结果表明，信道 4 在经过 3 600km 传输后的误码率为 $3.3 \times$

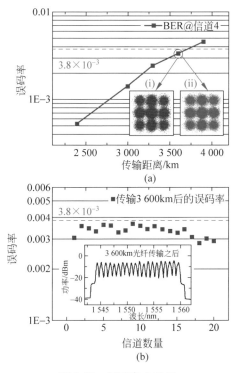

图 5-25　误码率曲线图

（a）信道 4 的误码率随传输距离的变化；（b）经过 3 600km 传输后所有信道的误码率

10^{-3},低于 7%HD-FEC 极限。所有 400Gbit/s SN-WDM 信道在经过 3 600km 传输后的误码率由图 5-25(b)给出。在经过 3 600km ULAF 传输后的信噪比约为 25dB/0.1nm,光谱显示在图 5-25(b)中。结果表明,经过 3 600km 传输后,所有信道的误码率都小于 7% HD-FEC 的误码率阈值 3.8×10^{-3}。

5.4.2 10 信道 SN-WDM 信号在 ROADM 链路中的传输实验

下面继续研究经过超奈奎斯特滤波的 ETDM 高速信号在长距离传输中经过多个 ROADM 节点滤波后的性能表现。以下实验证明了 9QAM 超奈奎斯特信号的高抗滤波性能。

图 5-26 给出了 10 信道 100GHz 频率间隔 440Gbit/s 单载波超奈奎斯特信号的产生,以及经过 3 000km ULAF 和 10 个 ROADM 链路传输的实验结构。其中,单载波 110Gbaud 电时分复用 PDM-QPSK 信号的产生方法与图 5-22 的设置相同。在发射机端,10 个间距为 100GHz 的外腔激光器被分为奇数和偶数两组,对奇数和偶数组的信道分别进行调制。另外,奇数和偶数信道经过了频域滤波以产生 9QAM 信号,然后经过一个 100GHz 频率间隔、3dB 带宽可调的可编程 WSS(WSS1)重新合路。因为信道带宽小于信号的符号率,在经过 WDM 复用后即可得到超奈奎斯特信道,产生得到的 10 个信道 440Gbit/s 的 100GHz 频率间隔的 SN-WDM 信号注入一个循环传输回路,其包括三条 100km 的 ULAF 和一个基于 100GHz 频率间隔 WSS 的 ROADM。在第一个光纤链路前,使用了一个 EDFA。如图 5-26 所示,在每条 ULAF 之后是一个混合后置拉曼放大器和一个 EDFA,以补偿光纤传输的损耗。其中,ULAF、拉曼放大器和 EDFA 与图 5-22 中所示的一样。在经过光纤回路传输后,信号被相干检测并通过离线 DSP 进行恢复。其中相干接收机和离线 DSP 与图 5-22 中所示的一样。

为了研究 110Gbaud 超奈奎斯特信号对于级联滤波效应和由传输链路中 ROADM 引起的带内串扰的抵抗性,在循环回路中使用了一个 WSS(WSS2)模拟 ROADM 效应。奇数和偶数信道经过滤波后被分别路由至端口 1 和端口 2。然后,两路信号通过一个 50:50 的 OC 重新合路,OC 的其中一个臂因去相关的需要而加了延迟。这个延迟由光纤延迟线实现,约为 5ns。WSS 两个端口的透过率由图 5-27 给出。由 WSS 引入带通滤波测量显示其 3dB 带宽为 94.8GHz。这里,只考虑了包含一个滤波元件的简易 ROADM 结构。于是,10 个信道在循环链路中每圈经过一个 ROADM,经过的距离为 300km。

首先,测量了在不同滤波带宽下,440Gbit/s 信道的背靠背性能随光信噪比(0.1nm 分辨率)的关系。此处,用来信道复用的 WSS1 的 3dB 带宽变化范围为从

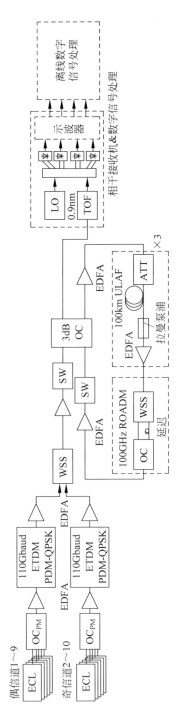

图 5-26　10 信道 100GHz 频率间隔 440Gbit/s 单载波超奈奎斯特信号经过多 ROADM 链路传输的实验结构

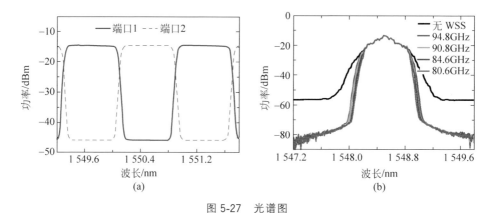

图 5-27　光谱图

(a) ROADM 中 100GHz 的 WSS 两个端口的透过率；(b) 不同带宽下 WSS 滤波后的光谱图

94.8GHz 至 80.6GHz。单信道 110Gbaud 的 QPSK 信号在 WSS 不同滤波带宽时的光谱如图 5-27(b)所示。图 5-28(a)给出了在不同滤波带宽时，440Gbit/s 信道的背靠背误码率。SN-WDM 440Gbit/s 信道在 94.8GHz 滤波(100GHz WSS)时达到 $3.8×10^{-3}$(7% HD-FEC 限制)，误码率的光信噪比要求为 22.5dB/0.1nm，这个与单信道经过 100GHz WSS 的传输相比有 0.5dB 的信噪比损伤。在 $3.8×10^{-3}$ 误码率时，超奈奎斯特 110Gbaud 信号在大于 88.6GHz 带宽时的信噪比损伤可忽略不计，甚至经过 84.6GHz 的滤波也只带来小于 0.8dB 的损伤。因此，这里提出的超奈奎斯特信号方案对于滤波效应具有很高的抵抗性。在图 5-28(b)中，给出了级联 ROADM 在不同循环圈数后的传输函数，以及不同循环圈数后级联 ROADM 的 3dB 带宽。其中，每个 ROADM 的 3dB 带宽都为 94.8GHz。从中可以看出，随着循环圈数的增加，带宽不断减小。例如，循环 10 圈之后 ROADM 的 3dB 带宽减小至 84.5GHz。

图 5-29(a)给出了在最优入射功率时，信道 4 在没有或者每 300km 有一个 ROADM 的情况下的误码率随传输距离的变化关系。没有 ROADM 的情况下，最大的传输距离可以达到 3 600km。在每 300km 有一个 ROADM 的情况下，信道 4 经过 3 000km 和 10 个 ROADM 后的误码率为 $3.4×10^{-3}$，仍在 7% HD-FEC 的限制下。图 5-29(b)给出了测量得到的所有 400Gbit/sSN-WDM 信道在经过 3 000km 和 10 个 ROADM 之后的误码率。传输之后的频谱如图 5-29(b)的插图所示。在传输之后，所有 SN-WDM 信道的误码率均低于 $3.8×10^{-3}$。以上结果表明，本节所提出的 9QAM 超奈奎斯特滤波信号产生与接收方案具有良好的抗滤波性、抗信道干扰的性能，在未来超高速大容量高频谱效率超密集超奈奎斯特波分复用系统中具有重要的潜力。

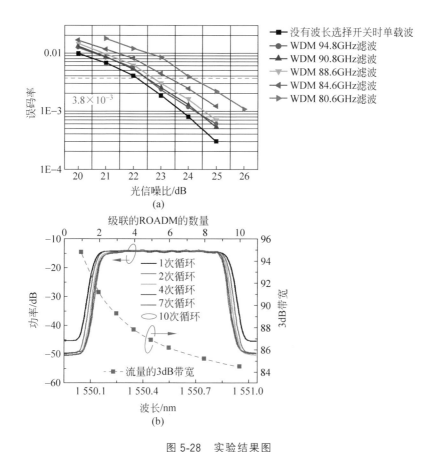

图 5-28　实验结果图

（a）不同滤波带宽下，110Gbaud 的 PDM-QPSK 信号的背靠背误码率；（b）传输后级联 ROADM 的频谱和 3dB 带宽随循环次数的变化

5.4.3　基于 128.8Gbaud PDM-QPSK 的单载波 400Gbit/s 信号在陆地光纤链路中的传输实验

到目前为止，单载波 400Gbit/s 信号超过 7 200km 光纤链路的海底系统最长传输距离已在文献[5]中报道。传输采用了 64Gbaud 16QAM 的格式，网络频谱效率为 5.33bit/(s · Hz)，超过 50km 的光纤级联。对于 80～100km 光纤的陆地系统，文献[7]中报道了一个单载波 400Gbit/s 信号 4 800km 的传输。它基于 107Gbaud QPSK 格式实现网络频谱效率为 3.64bit/(s · Hz)。并且，在文献[7]中，实现了 3 600km 传输，基于 110Gbaud QPSK 格式，网络频谱效率为 4bit/(s · Hz)，这是目前为止最高的 ETDM 波特率。

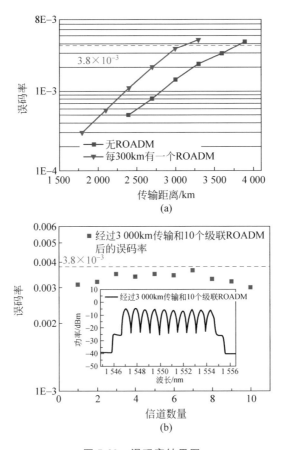

图 5-29 误码率结果图

（a）在没有或有 ROADM 的情况下，信道 4 的误码率随传输距离的变化；（b）在经过 3 000km 传输和 10 个级联 ROADM 后，10 个信道的误码率

　　作者团队成功提高了基于 ETDM 光电方案的极限，采用 128.8Gbaud 的符号率在破纪录的距离传输。也就是说，成功实现了单载波 515.2Gbit/s 的 PDM-QPSK 符号在 10 130km 链路组成的 100km 的太赫兹波段 SLA＋光纤中传输。据悉，这是目前为止的报道中对于单载波 400Gbit/s 信号最高的符号率和最长的波分复用传输距离。此外还证实了 128.8Gbaud 滤波的 QPSK 单载波信号在 100GHz 网格中超过 6 078km 范围的传输，此时的频谱效率与距离乘积为 31 314（bit/（s·Hz·km））。

　　图 5-30 展示了基于 515.2Gbit/s 的单载波生成的 128.8Gbaud PDM-QPSK格式的系统实验装置图。相同的实验装置曾用来生成 9QAM 过滤的 QPSK 信号，

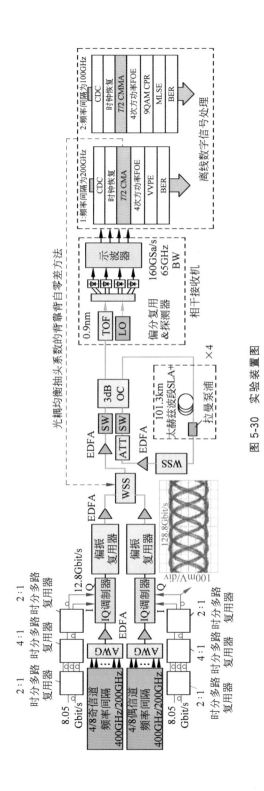

图 5-30　实验装置图

能有效达到两倍的频谱效率。在发送端,分别使用了8个(对于PDM-QPSK)或16个(对于9QAM类似滤波的QPSK)外腔激光器,线宽小于100kHz。它们的载波频率间隔为200GHz或者100GHz,产生的输出功率为14.5dBm。因此,它们被分成两组,作为奇数和偶数信道来形成200GHz或100GHz网格的波分复用信道设置。这些奇偶信道被两个阵列波导光栅复用。在阵列波导光栅后,信号被掺铒的光纤放大器放大到功率为23dBm。128.8Gbaud的I路和Q路两路信号被三级全电时分复用模块以2:1,4:1和2:1的电复用比率生成,因此从8.05Gbaud的伪随机二进制序列中生成了128.8Gbaud的信号,以$2^{15}-1$为字段长。奇数和偶数信道被两个IQ调制器独立调制,由生成的128.8Gbaud的伪随机序列信号直接驱动。图5-30中插入的插图(i)明显展示了128.8Gbaud二进制信号的电眼图。在本节的例子中,4:1复用采用的是56Gbit/s 4:1宽带多路复用模块,而2:1复用采用的是120Gbit/s的宽带多路复用模块。经过确认,4:1复用表现非常好,实现了64.4Gbit/s的输出;2:1复用实现了128.8Gbit/s的输出,得到的4:1复用器输出峰峰值为$V_{pp}=500$mV,而2:1的复用输出$V_{pp}=400$mV。对于QPSK调制格式,IQ调制器偏置电压设置在零点。

我们首先测试了单载波400Gbit/s的长距离传输性能,发射端光学预均衡使用200GHz网格信道。在文献[5]和[7]中,采用了8个200GHz网格的信道,发射端通过预均衡增强高频分量的功率削减低频分量的功率。在这种情况下,WSS的传递函数是通过得到的信道相应设计的。文献[5]中抽头数的选择和WSS的脉冲响应的频率值,是基于类似我们提出的在背靠背自零差相干检测情况下采用接收端信道估计的数字预均衡方案。在此之后,我们测试了16个100GHz网格不加预均衡的超奈奎斯特波分复用信道。对于100GHz网格的超奈奎斯特波分复用信道,奇数和偶数信道经过频谱滤波来实现类似9QAM的星座信号,由WSS在100GHz组合网格,并且3dB带宽为94.8GHz。

光纤传输进行了405.2km的循环回路,其中包括4个101.3km长的太赫兹波段SLA+光纤,平均有效截面积为$122\mu m^2$,衰减系数为0.185dB/km(包括连接处20dB的损失),并且在1 550nm处色散系数为20.0ps/(nm·km)。用反向拉曼泵浦放大器20dB的开关增益来补偿信号的损失。拉曼泵浦的平均功率约为950mW。衰减器用来控制每个信道的发射功率。另外,WSS用来平滑带通滤波器的增益斜率。在相干接收端,3dB带宽为0.9nm的可调谐光滤波器被用来选择设计子信道。一个线宽小于100kHz的外腔激光器用作本地振荡器,输入到90°光混频器的极化分集中。平衡探测器的带宽设为50GHz。接下来,数字化采用实时数字示波器以 160GSa/s 的采样率和 65GHz 的电带宽实现,其次离线的数字信号处理应用于四信道的采样数据序列。数据首先被 CD 补偿做 257.6GSa/s 的重采样,然后对 QPSK 信号用定期恒模盲均衡(CMEQ)算法或者对类似 9QAM 信号用多模盲均衡或者最大似然序列估计算法,总误差超过 1 200 万 bit,线比特率为 515.2Gbit/s,也就意味着对 400Gbit/s 的数据添加了一些开销。在现实中,这将是超过 20% 的软判决-前向纠错编码(SD-FEC)使能,误码率在 $2.4×10^{-2}$ 以下的无差错传输。

我们已经对基于 WSS 的预均衡方案进行了初步的性能测试。图 5-31(a)显示了不同滤波器 α 因子下 WSS 的频率响应(用 α 因子调整预加重的强度:$\alpha=0$ 时,没有预均衡;$\alpha=1$ 时,充分预均衡),图 5-31(b)显示了通过 WSS 之后 QPSK 信号的频谱图。背靠背情况下不同 α 滤波因子对应的信号误码率情况展示在图 5-31(c)中。可以看到对 QPSK 恢复来说最适合的 $\alpha=0.75$。最后,图 5-31(d)展示的是背靠背下 128.8Gbaud 信号随 OSNR 变化在单信道的不同传输情况下的误码率(分辨率为 0.1nm)。在误码率为 $2×10^{-2}$,200GHz 网格信道,预均衡的情况下,所需 OSNR 约为 19dB。当信道用 100GHz 网格的 SN-WDM 信道时,所需 OSNR 增加到 20.5dB。此外,我们还证实了所有其他信道都存在相似的情况(图 5-33(b))。相应的无误码情况下 9QAM 和 QPSK 的星座图分别显示在图 5-31(d)插图(i)和(ii)中。

16 个 SN-WDM 的 100GHz 网格信道在 6 078km 传输前后的频谱图显示在图 5-32(a)中,而图 5-32(b)显示了信道 8 以 200GHz 网格在 10 130km 传输前后的频谱图。作为说明,图 5-32(c)显示了在最优发射功率下测量的 SN-WDM 信道下信道 7 和 200GHz 网格信道下信道 3 的误码率随传输距离变化的情况。测量的 100GHz 网格的信道 7 在 6 078km 传输及 200GHz 网格的信道 3 在 10 130km 传输的误码率分别为 $1.6×10^{-2}$ 和 $2.15×10^{-2}$,都在 SD-FEC 的限制下。10 130km 传输下信道 3 的星座图在图 5-32(c)插图(i)中显示。

我们也测试了 100GHz 网格下信道 7 在 6 078km 的太赫兹波段 SLA＋光纤传输下误码率情况随每信道发射功率的变化情况,如图 5-33(a)所示。每信道最优入纤功率为 0.75dBm,发射功率高于 0.75dBm 时,由于非线性损伤,误码率会下降。我们也证实了所有波分复用的信道在 100GHz 或 200GHz 网格传输 6 078km 或 10 130km 距离后的误码率都在误码率的门限下,分别在图 5-33(b)中展示。

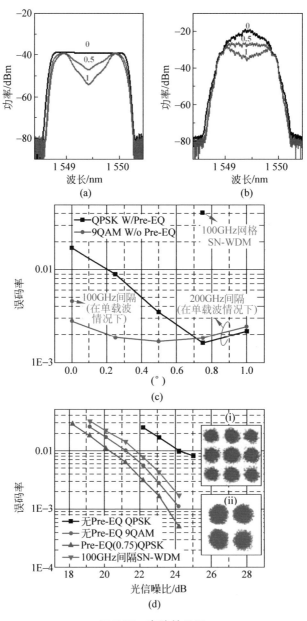

图 5-31　实验结果图

（a）WSS 的光谱；（b）WSS 后经过预均衡的 QPSK 信号 128.8Gbaud PDM-QPSK 信号背靠背的
BER 随 OSNR 变化的结果；（c）BER 与 α 因子关系图；（d）BER 与 OSNR 关系图

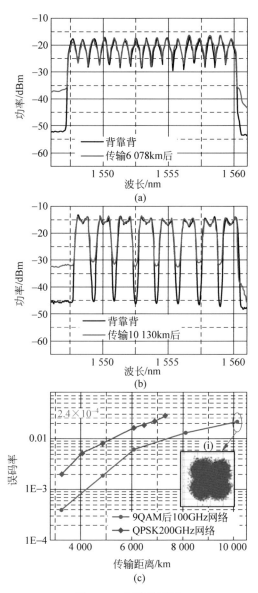

图 5-32　实验结果图

（a）16 个 SN-WDM 信道以 100GHz 网格在 6 078km 传输前后的频谱图；（b）信道 8 以 200GHz 网格在 10 130km 传输前后的频谱图；（c）BER 性能随传输距离变化的结果

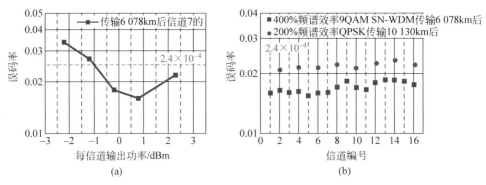

图 5-33　实验误码率曲线

（a）在 6 078km 传输后信道 7 的 BER 性能随每信道功率的变化情况；（b）所有的 16 个信道在 6 078km 传输后和 8 个信道在 10 130km 传输后的 BER 情况

5.5　本章小结

本章首先介绍了针对超奈奎斯特频谱压缩信号的新型多模盲均衡算法，该算法能有效地抑制噪声和信道间串扰，从而实现 SN-WDM 的信号传输。同时，通过实验验证，证实了该算法比普通的处理均衡算法具有更好的抗噪声、抗滤波和抗信道干扰的性能。通过该算法，实现了基于前端滤波而实现的超奈奎斯特信号数字产生，和四载波的 400Gbit/s 光传输。本章也介绍了速率达到 110Gbaud 的超高速 PDM-QPSK 相干传输系统实验。利用该系统，成功实现了当时世界首个基于单载波超奈奎斯特的 400Gbit/s 光传输系统，并创造了世界最高波特率 110Gbaud 的信号传输纪录，载波间隔压缩至 100GHz，传输容量达到 8.8Tbit/s，实现信号谱效率大于 4bit/(s·Hz)[16]。同时，还通过实验研究了超奈奎斯特滤波信号在多个可重置光分插复用器中的性能。我们也在实验中证实了 9QAM 超奈奎斯特信号的高抗滤波性。基于这个方案，我们在超过 3 000km 的 ULAF 和 10 个级联 100GHz 的 ROADM 中成功传输了 10 个信道的 440Gbit/s QPSK 信号。我们分别成功传输了单载波 515.2Gbit/s PDM-QPSK 信号在 10 130km 范围和 9QAM 信号在 6 078km 范围通过太赫兹波段的 SLA＋光纤。据我们所知，这是在陆地传输环境中首次实现 10 000km 范围单载波 400Gbit/s 信号的传输。我们也证实了单载波 128.8Gbaud 9QAM 滤波的 QPSK 信号以 100GHz 网格在 6 078km 范围的相干传输，频谱效率和距离乘积超过了 30 000(bit/(s·Hz·km))。

参考文献

[1]　ZHANG J W, HUANG B, LI X Y. Improved quadrature duobinary system performance using multi-modulus equalization[J]. IEEE Photonics Technology Letters, 2013, 25(16): 1630-1633.

[2]　ZHANG J W, YU J J, CHI N. Generation and transmission of 512Gbit/s quad-carrier digital super-Nyquist spectral shaped signal [J]. Optics Express, 2013, 21 (25): 31212-31217.

[3]　JIA Z S, CHIEN H C, ZHANG J W, et al. Super-Nyquist shaping and processing technologies for high-spectral-efficiency optical systems[C]. Proceedings of SPIE-The International Society for Optical Engineering, 2014.

[4]　ZHANG J W, YU J J, CHI N, et al. Multi-modulus blind equalizations for coherent quadrature duobinary spectrum shaped PM-QPSK digital signal processing[J]. Journal of Lightwave Technology, 2013, 31(7): 1073-1078.

[5]　RIOS M R, RENAUDIER J, BRINDEL P, et al. Spectrally-efficient 400Gbit/s single carrier transport over 7 200km[J]. J. Lightwave Technol, 2015, 33(7): 1402-1407.

[6]　RAYBO G, ADAMIECKI A, WINZER P, et al. Single-carrier 400G interface and 10channel WDM transmission over 4 800km using all-ETDM 107Gbaud PDM-QPSK[C]. Optical Fiber Communication Conference and Exposition and the National Fiber Optic Engineers Conference, 2013.

[7]　CHIEN H C, ZHANG J, XIA Y, et al. Transmission of 20×440Gbit/s super-Nyquist-filtered signals over 3 600km based on single-carrier 110Gbaud PDM QPSK with 100GHz grid[C]. Optical Fiber Communications Conference and Exhibition, 2014.

第6章

全光奈奎斯特信号产生与处理

6.1 引言

考虑到降低每比特每赫兹的成本需求,高速光传输接口和高频谱效率传输技术变得越来越重要,采用高阶调制格式和正交复用技术,能有效降低系统带宽,从而提高系统频谱效率[1-4]。正交复用技术,是指通过光或电波形的产生而实现的信号正交,包括频域正交的 OFDM 技术[1]和时域正交的奈奎斯特脉冲技术[2-4]。迄今为止,高阶调制格式的 OFDM 已经被广泛研究,基于电和全光的 OFDM 信号产生都有报道[1],尤其是全光 OFDM。目前,德国研究人员已实现了基于 16QAM 和相干探测的 26Tbit/s 超级信道全光 OFDM 传输[1]。

OFDM 信号与奈奎斯特信号的时频关系如图 6-1 所示,二者在时域和频域的表现正好相反。OFDM 信号在频域正交,在时域是矩形脉冲;而奈奎斯特信号在频域是矩形频谱,在时域则是正交的脉冲序列。与 OFDM 相比,奈奎斯特信号传输有几个独特的优点,比如低接收机复杂度、低接收机带宽以及改善光纤非线性损伤的低峰均比等[2]。目前,德国研究人员实现了基于 12.5Gbaud PDM-16QAM 和325 个光载波的单光源 32.5Tbit/s NWDM 传输[3]。然而大部分已报道的奈奎斯特脉冲成形方案受电子器件采样率和处理速度等因素的限制。

奈奎斯特信号具有理论最小的信号带宽,通过高阶信号调制能实现高频谱效率光传输,因此成为国内外研究的热点。通常,奈奎斯特信号需要利用高速模/数转换电子器件实现,这种电奈奎斯特信号受到电子器件带宽的限制,很难实现高速信号的产生。全光信号处理能突破电子器件的带宽限制而极大地提高信号产生与处理速率,因此探索全光奈奎斯特信号的产生、调制与编码、传输与信号处理等关

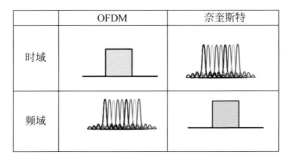

图 6-1　OFDM 信号与奈奎斯特信号时频关系图

键理论和技术受到国内外的广泛关注,已成为光通信技术领域的一个重要课题[4]。

本章将介绍全光奈奎斯特信号的产生与处理。从全光奈奎斯特脉冲产生、信号调制与复用、探测与信号处理等多方面进行阐述。首先,介绍全光奈奎斯特信号脉冲产生的原理、信号调制以及复用机制,还将介绍基于单个 MZM 实现频率锁定、线性相位且等幅度的光梳理论基础;然后,将介绍首个完整意义上的全光奈奎斯特信号的产生与相干探测系统,利用全光梳状谱,产生并相干探测波特率高达 62.5Gbaud、75Gbaud 和 125Gbaud 的全光奈奎斯特 QPSK 信号;最后,将介绍在偏振复用的全光奈奎斯特信号长距离和高阶调制格式方面的研究工作,包括 37.5Gbaud 和 62.5Gbaud 全光奈奎斯特 PDM-QPSK 和 16QAM 信号的产生、传输和全带相干探测的结果。通过相干探测实验,全光奈奎斯特的 37.5Gbaud 和 62.5Gbaud 16QAM 信号成功传输了 1 200km 和 850km。

6.2　全光奈奎斯特脉冲产生与信号复用原理

6.2.1　高质量 Sinc 型奈奎斯特脉冲产生基本理论

高质量 Sinc 型奈奎斯特脉冲的全光方案可以由线性相位且频率锁定的光梳产生,此方案最早于 2013 年由马塞洛(Marcelo)等[4]在 *Nature Communication* 中提出,全光奈奎斯特脉冲产生和信号复用的物理原理如图 6-2 所示。一方面,理想的矩形频谱的 Sinc 型脉冲很难由电子器件产生,因为其时域脉冲响应是无穷的,而数字产生的 Sinc 型脉冲滤波器抽头总是有限的;另一方面,高速的 Sinc 型奈奎斯特脉冲需要较大的采样率来保证其脉冲形状,这对器件处理速度提出了进一步的要求。

由傅里叶变换的基本概念可以知道,单个 Sinc 型时域脉冲的频谱是矩形的;另一方面,如果是 Sinc 型脉冲序列,其频谱则是频率锁定、相位连续且线性变化的

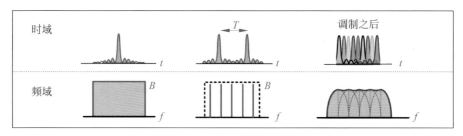

图 6-2　全光奈奎斯特脉冲产生和信号复用的基本原理

平坦光梳。那么,相比于从时域产生高质量 Sinc 型脉冲,一个简单而又有效的方法应当是从频域产生一个频率锁定而相位连续的光梳,而这种光梳在时域的脉冲表现自然就是 Sinc 型的奈奎斯特光脉冲。

假设 N 个载波的频率锁定光梳,其中心频率为 f_0,载波间隔为 Δf,等效幅度为 E_0/N,那么光梳光场的时域表示式可以表示为

$$
\begin{aligned}
E_N(t) &= \frac{E_0}{N} \sum_{-(N-1)/2}^{(N-1)/2} \exp[\mathrm{j}2\pi(f_0 + n\Delta f)t + \mathrm{j}\phi + \mathrm{j}n\varphi_0] \\
&= E_0 \exp(\mathrm{j}2\pi f_0 + \mathrm{j}\phi) \frac{\sin[\pi N\Delta f(t + \tau_0)]}{N\sin[\pi\Delta f(t + \tau_0)]} \\
&= E_0 \exp(\mathrm{j}2\pi f_0 + \mathrm{j}\phi) \sum_{-\infty}^{+\infty} (-1)^{(N-1)n} \operatorname{sinc}[N\Delta f(t - nT + \tau_0)] \quad (6\text{-}1)
\end{aligned}
$$

这里 $T = 1/\Delta f$ 是脉冲重复周期。我们定义时延 τ_0,且 $\phi_0 = 2\pi\Delta f\tau_0$ 是脉冲序列需要满足的相位条件,即线性连续相位。因此对于 N 个载波的线性相位且等幅度的频率锁定光梳,时域光信号是周期性的 Sinc 型奈奎斯特脉冲,其周期为 T,过零脉冲的宽度为 $2T/N$。于是,对于全光奈奎斯特脉冲产生的问题就是实现频率锁定、线性相位,且幅度平坦的光梳状谱产生的问题。

6.2.2　全光奈奎斯特信号复用和相干探测的原理

图 6-3 是全光奈奎斯特脉冲产生,基于 IQ 调制器的高阶调制、复用以及数字信号处理的原理图。灵活的奈奎斯特脉冲可以采用锁频线性相位的光梳与可调带通滤波器级联产生。锁频的光梳可以通过射频驱动的 MZM 产生,通过适当的驱动关系可以保证每个子载波都是线性相位关系。这样,子载波频率间隔和光梳的总带宽通过改变射频信号的频率和带通滤波器的通带来调节。本章所提出的方案改进了文献[4]的方案,主要是增加了一个可调带通滤波器。这一改变主要有两个好处。第一,带通滤波器不想要的边带可以被极大抑制来降低串扰。文献[4]中的结果显示对边带的频率成分的功率抑制只有 $21\sim27\mathrm{dB}$,然而通过采用带通滤波器,对不想要的高阶边带的抑制可以高达 $40\mathrm{dB}$。第二,通过改变带通滤波器的通

带带宽,时分信道的个数可以很容易改变,而不需要改变偏置和驱动电压,由文献[4]可知,驱动电压和偏置是非常敏感且难以相互匹配的。

假设带通滤波器(BPF)的带宽为 B,光梳的载波数量为 $N=B/\Delta f$。改变 BPF 带宽或光梳的载波间隔可以改变脉冲宽度和重复周期,如图 6-3 插图(i)所示。周期 Sinc 型奈奎斯特脉冲序列被分为 N 个分支进行单独调制,每个分支进行精确延时 $t_n=nT/N+KT$,这里 $n=0\sim N-1$,同时 K 是任意非负整数。复用后奈奎斯特信号的符号周期是 T/N。对于调制前的奈奎斯特脉冲,滚降系数为零的矩形梳频谱,组合之后,可以得到波特率为 B 或 $N\Delta f$ 的调制后的奈奎斯特信号。然而,如文献[4]所分析,因为时域的调制对应频域的卷积,调制后 Sinc 型脉冲的频谱由光梳和调制信号的频谱卷积而成。因此调制完的奈奎斯特信号频谱实际上在调制后被展宽,频谱滚降和溢出带宽不再为零。

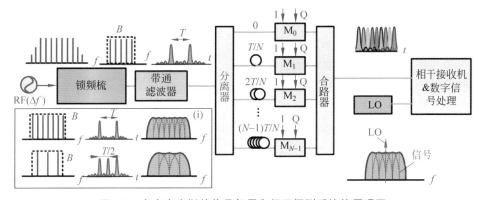

图 6-3　全光奈奎斯特信号复用和相干探测系统的原理图

值得一提的是,实际溢出带宽是信号所占的实际带宽对奈奎斯特频率带宽的比例,不由未调制脉冲的滚降系数决定,因为调制前系数为零,信号的奈奎斯特带宽为

$$B_{奈奎斯特}=B=N\Delta f \tag{6-2}$$

每个脉冲的调制波特率为 Δf,如图 6-3 所示,调制后的有效带宽为 $B_{有效}=(N+1)\Delta f$。可以得到调制之后的有效溢出带宽和有效频率滚降系数为

$$\beta_{有效}=\frac{B_{有效}}{B_{奈奎斯特}}-1=\frac{(N+1)\Delta f}{N\Delta f}-1=\frac{1}{N} \tag{6-3}$$

因此有效滚降系数(注意,这里的有效滚降系数需要和常用的升余弦信号的滚降系数区分开,我们使用有效滚降系数来形容奈奎斯特信号调制后产生的溢出带宽)或调制后奈奎斯特信号的溢出带宽为 $\beta_{有效}=1/N$。调制后有效滚降系数与光梳子载波数量的关系如图 6-4 所示。可以发现,当光梳为 5 或 10 条载波时,调制后的有效滚降系数分别是 0.2 和 0.1。

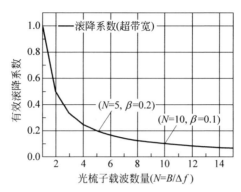

图 6-4 全光奈奎斯特信号有效滚降系数随光梳子载波数量的关系图

接收端可采用相干接收机,其中一个自由运行的直流光激光器作为本振,工作在光梳的中心频率被用于相干零差拍频。像之前提到的,全带相干接收机与传统的光时分复用(OTDM)接收机相比更简单。相比于 OTDM 的光接收机,简化主要表现在两个方面：接收机数量的减少和自由运行的 LO。一方面,与 OTDM 光接收机采用大量窄带接收机相比,我们提出采用一个宽带宽的全带接收机。接收机尺寸可以减小,结构也能简化,更易于集成。另一方面,如文献[150]和[151]中所述,为了得到正确的时隙,接收机端 LO 应该是严格同步的脉冲源。在实际系统中,实现这样的同步是困难的。然而,在我们所提出的系统中,采用的是商用的直流自由运转的 ECL 激光器,非常易于实现。因此,本节所提出的接收机方案中,不需要严格同步脉冲的解复用或光梳本振,取而代之的是一个全带相干探测和数字信号处理。数字信号处理采用的是常规的算法和子系统。

6.2.3 基于 MZM 和带通滤波器的全光奈奎斯特脉冲产生原理

由上可知,产生全光奈奎斯特脉冲的关键是产生线性相位、频率锁定和幅度相等的光梳状谱。在本节所提出的全光奈奎斯特信号产生方案中,我们采用一个 MZM 和一个保偏可调谐光滤波器(PM-TOF)来产生等幅度和线性相位的光梳,下面推导产生 5 条光载波时实现等幅度和线性相位的条件。为了实现 6.2.1 节中给出的频率锁定、相位线性且等幅度的条件,我们必须调整射频(RF)驱动信号和直流偏置的电压来获得最佳输出。对于零啁啾马赫-曾德尔强度调制器,假设 RF 驱动信号的电压为 $aV_\pi\cos(2\pi\Delta f t)$,DC 偏置的电压为 bV_π,那么 MZM 的输出可以表示为

$$E(t)=\cos\left\{\frac{\pi}{2}\big[a\cos(2\pi\Delta f t)+b\big]\right\}=\cos\left\{\frac{\pi}{2}\big[a\cos(2\pi\Delta f t)+\frac{\pi}{2}b\big]\right\}$$

$$= \cos\left[\frac{\pi}{2}a\cos(2\pi\Delta ft)\right]\cos\left(\frac{\pi}{2}b\right) - \sin\left[\frac{\pi}{2}a\cos(2\pi\Delta ft)\right]\sin\left(\frac{\pi}{2}b\right) \quad (6\text{-}4)$$

可以通过雅可比-安革尔(Jacobi-Anger)扩展展开为

$$E(t) = \sum_{n=-\infty}^{+\infty}(-1)^n\left\{\cos\left(\frac{\pi}{2}b\right)J_{2n}\left(\frac{\pi}{2}a\right)\cos\left[2\pi(f_0 + 2n\Delta f)t\right] + \right.$$

$$\left. \sin\left(\frac{\pi}{2}b\right)J_{2n-1}\left(\frac{\pi}{2}a\right)\cos\left[2\pi(f_0 + (2n-1)\Delta f)t\right]\right\} \quad (6\text{-}5)$$

这里 J_n 是 n 阶第一类贝塞尔函数,V_π 是调制器的半波电压,a 和 b 是归一化的驱动电压和 DC 偏置。因此,在基于 MZM 的全光奈奎斯特脉冲产生中有两个自由度,即调制指数和偏置指数,这两者可以用来均衡所产生光梳的每个载波频率的幅度和相位。为了获得 Sinc 型的脉冲,光梳应该满足式(6-1)给出的等幅度和线性相位的条件。从式(6-4)中可以看到每条载波的相位与幅度的符号有关,为 0 或 π。因此假设中心载波的相位是 0,那 5 条载波的相位可以是 $\{0,0,0,0,0\}$,或者 $\{0,\pi,0,\pi,0\}$。偶数载波应该具有相同的相位,基于式(6-4),通过改变归一化幅度和 DC 偏置,可以画出光梳的 5 条载波的功率差和相位关系,分别如图 6-5(a)和(b)所示。

从图 6-5(a)和(b)中,可以得到以下几个结论。首先,RF 驱动电压和 DC 偏置值有几个最优区域(图 6-5(a)中的黑色区域)可以获得功率差最小的平坦的 5 条载波光梳,而功率差由驱动电压和 DC 偏置共同决定。其次,产生载波的线性相位关系只由驱动电压决定,5 条载波的线性相位关系通过大调节范围内的合适驱动电压可以很容易得到。此外,图 6-5(a)的优化区域和图 6-5(b)的线性相位区域可以同时满足,因为存在多个重叠的部分。然而我们发现,功率差最小的平坦光梳的最优区域比线性相位区域小得多。相比相位关系,光梳的功率差对于驱动电压和 DC 偏置更敏感,在实际的系统中,功率平衡条件还可以通过功率均衡设备来缓解,如滤波器或波长选择开关等。

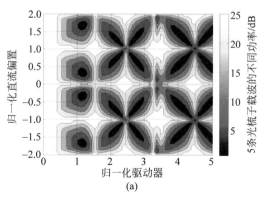

图 6-5　光频梳的载波功率差和相位关系

(a) 5 条光梳子载波产生的幅度差随驱动系数和直流偏置的关系;

(b) 子载波的相位关系随驱动幅度和直流偏置的关系

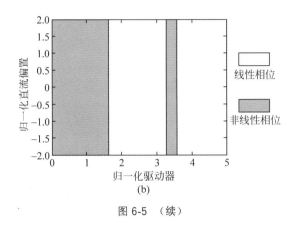

图 6-5 (续)

6.3 单偏振 125Gbaud 全光奈奎斯特 QPSK 信号的产生与相干探测实验

基于以上全光奈奎斯特脉冲产生、调制、复用和相干探测的基本原理,下面从实验上研究和验证超高速全光奈奎斯特信号的产生与相干探测系统。这里我们给出了全光奈奎斯特脉冲产生、高阶调制格式信号调制和一个接收机的全带相干探测的概念性验证实验装置,如图 6-6 所示。一个波长为 1 549.50mm、线宽小于 100kHz、输出功率为 14.5dBm 的 ECL 被用作光源。一个射频源驱动的 MZM 用于产生频率锁定的光梳。这里我们选择 6.25GHz 和 12.5GHz 的 RF 以及 1:2 倍频器来产生间隔为 12.5GHz 和 25GHz 的光梳。一个电放大器用来放大 RF 信号。值得一提的是,驱动 RF 信号的电压和 DC 偏置应该同时调节以相互匹配,以获得平坦和线性相位的多载波。在本节中选取 $2V_\pi$ 的驱动电压和 $0.52V_\pi$ 的 DC 偏置,这里 V_π 是调制器的半波电压。一个保偏的光滤波器被用来选取载波。PM-TOF 商用的波长和频率可调光带通滤波器(Alnair Lab,BVF-200),滤波带宽从 0.1nm 到 15nm,中心波长从 1 525nm 到 1 610nm 可调,它具有理想的平顶的响应以及大于 150dB/nm 的陡峭滚降,其带外抑制大约是 50dB。它的色散小于 0.1ps/nm,几乎可以忽略。TOF 不用补偿相位关系,因为线性相位可以非常容易得到。然而可以用这个滤波器抑制二阶边带来均衡功率,取得更平坦的光梳。滤波器之后所产生的 5 个载波的功率差小于 0.3dB。

图 6-7(a)和(b)分别展示了 MZM 产生的间隔为 12.5GHz 的光梳在 PM-TOF 之前和之后的光谱。这里 PM-TOF 的带宽为 62.5GHz(5×12.5GHz)。图 6-7(c)则是调制之后奈奎斯特信号的光谱。可以看到全带奈奎斯特信号的频谱接近矩

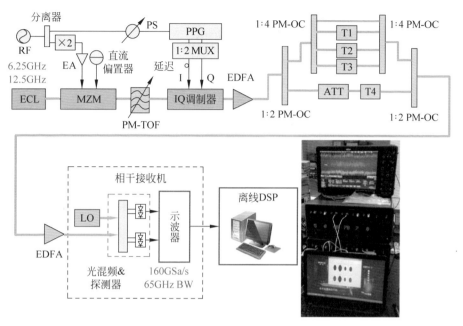

图 6-6　全光奈奎斯特脉冲产生、高阶调制格式信号调制和一个接收机的全带相干探测的概念性验证实验装置

形。因为在此光梳中 5 个时域子信道有 5 个峰，溢出带宽或滚降系数则是 0.2。

如 6.2 节分析的，在 PM-TOF 之后可以产生 Sinc 型的奈奎斯特脉冲。图 6-8(a)显示了 5×12.5GHz 光梳的时域波形。可以看到 Sinc 型的奈奎斯特脉冲以及每两个脉冲间共 4 个过零点，脉冲重复周期是 80ps。对于奈奎斯特信号调制，首先直接调制奈奎斯特脉冲，然后通过保偏光耦合器和保偏可调光延时线（PM-TDL，T1～T4）在时分复用信道上复用。注意在本节，每个分支携带相同的数据，因此为了保证正交性并将时隙间去相关，延时线必须足够长。本节的保偏可调延时线包含固定延时线（保偏光纤跳线，每米延时约 5ns）和一个手动调节的时延模块（0～300ps 可调延迟）。对于 QPSK 调制，12.5Gbaud 二进制 IQ 信号通过可编程脉冲产生器产生，之后级联 2∶1 复用器。IQ 调制器偏置在零点并驱动在全区间以实现零啁啾和 0 到 π 的相位调制。一个电移相器将信号发生器（PPG）的时钟信号分出，作为光梳产生的 RF 源。它可以同步 IQ 调制信号和奈奎斯特脉冲，确保奈奎斯特脉冲的峰值在 QPSK 符号持续时间内。

为了形成 5 信道时分复用奈奎斯特脉冲，两对 1∶2 PM-OC 和 1∶4 PM-OC 被用作 4 个保偏延时线。每个奈奎斯特脉冲分支延时足够长的时间进行去相关，同时延时长度是符号周期的整数倍（T/N，对 62.5Gbaud 奈奎斯特信号来说是

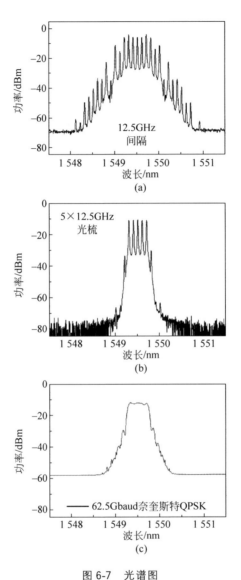

图 6-7 光谱图

(a) MZM 产生的 12.5GHz 间隔的光梳光谱图；(b) 经过滤波器后得到的功率平坦光梳；

(c) 经过调制后的奈奎斯特信号光谱

16ps)。对于 5×12.5GHz 的光梳，T1 是 10ns＋16ps，T2 是 20ns＋32ps，T3 是 30ns＋48ps 和 T4 是 40ns＋64ps。每个分支有 125 个符号延时进行去相关。采用这个发射机装置，可以产生 62.5Gbaud 奈奎斯特 QPSK 信号，其时域波形如图 6-8 所示，可以看到 62.5Gbaud 奈奎斯特 QPSK 信号的符号周期是 16ps。图 6-8(b)～

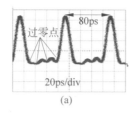

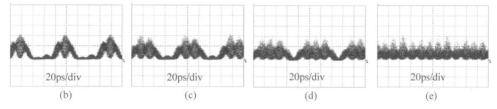

图 6-8　时域波形图

(a) 5×12.5GHz 光梳的时域波形；(b)～(e) 奈奎斯特脉冲的时域复用过程图，从 2 个脉冲到 5 个脉冲

(e)清楚显示了通过 5 信道奈奎斯特脉冲进行时域复用得到 62.5Gbaud 奈奎斯特信号的过程。在图 6-8(b)～(e)中分别有 2、3、4 和 5 路分支。因为所有奈奎斯特脉冲都在过零点进行复用，可以实现没有 ISI 的时域的正交叠加。因此精确时分复用的调制后奈奎斯特脉冲表现出最小的 ISI 和最大的频谱效率。图 6-8 中测得的波形中，脉冲并不严格对称。我们相信这种测得脉冲中波形形状的非对称来源于采样示波器在脉冲下降和上升时的过平衡问题。如果有适合快速脉冲信号的高性能大采样带宽的采样示波器，测量结果会更好。

更高波特率的奈奎斯特信号可以通过采用更多载波或更大载波间隔的光梳产生。这里我们用 25GHz 间隔的光梳成功产生了 75Gbaud 和 125Gbaud 奈奎斯特 QPSK 信号。采用工作在 12.5GHz 的射频源，我们把 BPF 的带宽设置为 75GHz 来产生 3×25GHz 的光梳，如图 6-9(a)所示。此时，Sinc 型奈奎斯特脉冲的波形也发生了变化。图 6-9(b)显示了 3×25GHz 光梳的时域奈奎斯特脉冲波形。可以发现每个奈奎斯特脉冲间有两个过零点。脉冲重复周期是 40ps，只有 5×12.5GHz 光梳的一半。因此这里只用了 3 个符号周期整数倍延时的延时分支。对于 3× 25GHz 光梳，T1 和 T2 大约分别是 5ns+13.33ps 和 10ns+26.66ps。每路分支也有 125 个符号延时进行去相关。复用后的 75Gbaud 奈奎斯特 QPSK 信号的波形在图 6-9(c)中，其符号周期是 13.33ps。奈奎斯特脉冲在信号调制后和复用后的光谱在图 6-9(d)中。调制后有效滚降系数是 0.33，因为光梳只有 3 个载波。

除了上面采用不同射频产生奈奎斯特脉冲的可调性外，我们也验证了保持相同射频但改变 BPF 带宽来灵活产生脉冲。采用同样的 12.5GHz RF 源，将 PM-TOF

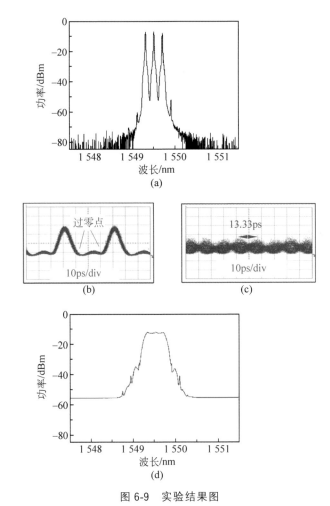

图 6-9   实验结果图

(a) 3×25GHz 的光梳光谱图；(b) 75GHz 的全光奈奎斯特时域脉冲；(c) 75Gbaud 的全光奈奎斯特
的 QPSK 眼图；(d) 75Gbaud 的全光奈奎斯特的 QPSK 光谱图

的带宽增加到 125GHz 来产生 5×25GHz 光梳，如图 6-10(a)所示。图 6-10(b)则
显示了产生的 5×25GHz 光梳的时域波形。与 5×12.5GHz 光梳相比，我们发现
脉冲重复周期下降到 40ps。每个周期内有 4 个过零点。调制后和复用后的
125Gbaud 奈奎斯特信号的波形如图 6-10(c)所示。对于产生的 125Gbaud 奈奎斯
特信号，符号周期是 8ps。对于 5×25GHz 的光梳，T1～T4 分别是 5ns＋8ps、
10ns＋16ps、15ns＋24ps 和 20ns＋32ps。大约 125 个符号延时被用于分支间的去
相关。调制和复用后的 125Gbaud 奈奎斯特信号的光谱如图 6-10(d)所示。调制
后的有效溢出带宽或滚降系数也是 0.2。

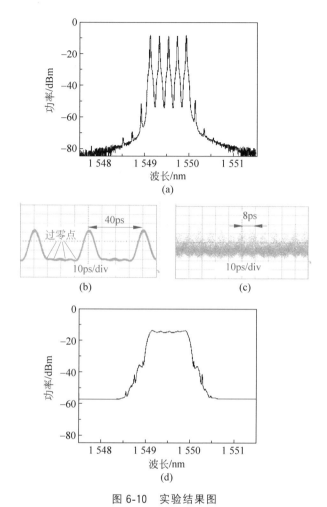

图 6-10　实验结果图

(a) 5×25GHz 的光梳光谱图；(b) 125GHz 的全光奈奎斯特时域脉冲；(c) 125Gbaud 的全光
奈奎斯特的 QPSK 眼图；(d) 125Gbaud 的全光奈奎斯特的 QPSK 光谱图

对于全带信号相干探测的接收机端，一个线宽小于 100kHz 的自由运行的
ECL 被用作 LO，如图 6-6 所示。一个 90°光混频器被用来相位分集相干探测。平
衡探测器的 3dB 带宽是 50GHz。采样和数字化通过采样率为 160GSa/s，电带宽为
65GHz 的高速实时数字示波器实现，对于 125Gbaud 奈奎斯特信号来说带宽足够。
在 ADC 之后，离线 DSP 被用于处理四个信道的 160GSa/s 的采样数据序列。离线
DSP 如图 6-11(a)所示，与常规相干系统的流程类似，包括 IQ 不平衡补偿、时钟恢
复、线性均衡、频偏估计和载波相位恢复。数据首先被重采样到每符号两个采样
点，然后由改进的 QPSK 数字信号处理模块进行处理。因为每个时隙间的相位是

未知的,我们需要在经典的线性 CMA 均衡之后,频偏估计和相位恢复之前进行时间分组。

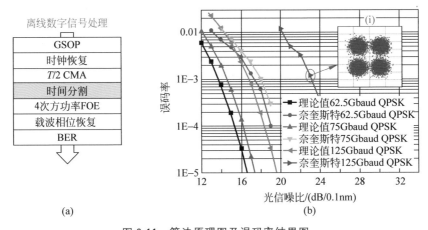

(a)

图 6-11　算法原理图及误码率结果图
(a) 离线数字信号处理算法模块;(b) 背靠背相干探测的误码率的 OSNR 曲线图

　　为了测量全带信号相干探测的性能,我们对产生的 62.5Gbaud、75Gbaud 和 125Gbaud 全光奈奎斯特 QPSK 信号的背靠背误码率性能进行了测试(OSNR 取 0.1nm 参考带宽)。如图 6-11(b)所示,相比理论误码率曲线,对于 62.5Gbaud 和 75Gbaud 奈奎斯特 QPSK 信号有 4dB OSNR 代价,而对于 125Gbaud 奈奎斯特 QPSK 信号则有 6dB 代价,主要是由于时延不精确造成的。这些理论曲线是不同波特率信号的 BER 性能极限(最小值)。我们认为理论和实验结果的不符合主要来自于两个原因。第一是信号复用时的时延不精确。因为固定的光纤跳线是商业级且不可调节的,手动调节延时线被用于精确脉冲位置调整,这个模块在移动过程中的分辨率是 0.05mm,对应于 0.33ps 延时变化。然而因为延时线是手动可调的,在实验中必须光采样示波器进行脉冲正交时分复用。相比于可编程延时线或是集成光延时,手动调节延时线存在很大的延时错误。这种延时错误会降低时域脉冲的正交性并引起 ISI。因此,产生的奈奎斯特信号被复用中时钟错误引入的 ISI 所恶化。我们认为第二个原因是系统中光电子器件的带宽限制。实验中相干探测的平衡光电探测器的 3dB 带宽是 50GHz,这个带宽限制会引起额外的代价。我们认为如果采用集成的宽带光电子器件进行信号产生和调制,可以取得更好的性能。综上所述,以上实验成功实现了基于 Sinc 型脉冲的高速全光奈奎斯特信号产生、调制、复用和全带相干探测。

6.4　偏振复用的全光奈奎斯特信号长距离传输实验

　　6.3 节介绍了单偏振全光奈奎斯特信号产生与背靠背的相干探测实验结果，成功实现了 125Gbaud 基于 Sinc 型脉冲的高速全光奈奎斯特信号产生、调制、复用和全带相干探测。本节将进一步介绍采用偏振复用的全光奈奎斯特信号产生、长距离传输和偏振分集的相干探测的实验研究结果。图 6-12 给出了基于 Sinc 型奈奎斯特脉冲的偏振复用全光奈奎斯特信号产生、光纤传输和全带相干探测实验装置。一个 ECL 被用作光源，波长为 1 549.50nm，线宽小于 100kHz，输出功率为14.5dBm。12.5GHz 载波间隔的频率锁定光梳通过被 12.5GHz RF 源驱动的 MZM 产生。一个电放大器用来放大 RF 信号的幅度。值得一提的是，RF 驱动信号和 DC 偏置的电压需要同时调节以相互匹配得到线性相位且幅度平坦的光梳。在本实验中，选择驱动电压为 $2V_\pi$，DC 偏置为 $0.52V_\pi$，其中 V_π 是调制器的半波电压。一个保偏可调光滤波器被用来选择光梳载波。PM-TOF 是商用的波长和带宽可调的光带通滤波器，具有理想的平顶的响应和陡峭的滚降系数大于150dB/nm，带外抑制大约为 50dB。因此我们可以用这个滤波器抑制高阶边带并得到平坦光梳。

　　图 6-13(a) 是产生 12.5GHz 间隔的光梳在 PM-TOF 前的光谱，而图 6-13(b)和(c)分别显示了 3×12.5GHz 和 5×12.5GHz 的平坦光梳。滤波器后产生的 3条载波和 5 条载波光梳的功率差小于 0.3dB。这些光梳载波的相位被 RF 驱动电压保证了线性锁定。在时域上，3 条载波和 5 条载波光梳的 Sinc 型脉冲显示在图 6-13(d) 和(e)中。可以发现，对于 3×12.5GHz 的光梳，得到的 Sinc 型奈奎斯特脉冲在每个奈奎斯特脉冲间有两个过零点，脉冲重复周期是 80ps。$5 \times$12.5GHz 光梳的重复周期也是 80ps，但每个脉冲间有 4 个过零点，图 6-13(d) 和(e) 中过零点脉冲的持续时间是 53.33ps 和 32ps。

　　对于奈奎斯特信号产生，首先直接调制 Sinc 型奈奎斯特脉冲，然后在实验中用偏振保持耦合器和保偏可调谐二极管激光器 (PM-TDL) 复用这些时分信道。对于 QPSK/16QAM 调制，12.5Gbaud 同相和正交数据信号通过可编程 DAC 产生。IQ 调制器偏置在零点进行信号调制。一个电移相器被用在 DAC 时钟信号和 RF源之间产生光梳，可以同步 IQ 调制信号和奈奎斯特脉冲，确保奈奎斯特脉冲的峰在符号持续时间内。为了确保时隙间的正交性并去相关，每个时隙的延时线都必须可调且足够长。在我们的实验中，可调延时线包含了一段固定光纤 (保偏光纤跳线，每米延时 5ns) 和一段手动可调时延模块 (0～300ps 可调延时)。对于 3 信道奈奎斯特脉冲复用，我们用一对 1∶4 PM-OC 及 2 个 PM-TDL。对于 5 信道奈奎斯

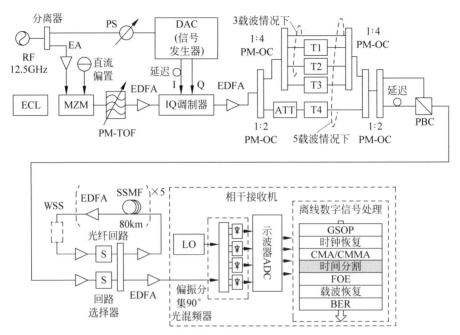

图 6-12　偏振复用的全光奈奎斯特信号产生与长距离传输的实验装置图

特脉冲时分复用,2 个 1：2 PM-OC 和 2 个 1：4 PM-OC 及 4 个 PM-TDL 被使用。延时时间长度是半过零点持续时间的整数倍(37.5Gbaud 奈奎斯特信号是 26.67ps,62.5Gbaud 奈奎斯特信号是 16ps),以确保脉冲被复用在相邻脉冲的过零时隙。为了去相关,每个分支有 125 个符号延时。之后 PDM 通过 PM-OC 分开信号实现,一个 PM-TDL 提供超过 100 个符号持续时间的脉冲精确排列,并用另一个偏振分光棱镜(PBS)重新合并。这样 37.5Gbaud 和 62.5Gbaud 的 PDM 全光奈奎斯特 QPSK/16QAM 信号就产生了。

　　图 6-14 显示了调制后的 Sinc 型奈奎斯特脉冲和时分复用的全光奈奎斯特信号的眼图。所有这些图的时间尺度都是 20ps/div。图 6-14(a)和(c)分别是经 12.5Gbaud QPSK 和 16QAM 调制后的 3×12.5GHz 光梳的 Sinc 型奈奎斯特脉冲,图 6-14(e)和(g)是调制后的 5×12.5GHz 奈奎斯特脉冲,调制后脉冲的眼图非常清晰。图 6-14(b)、(d)、(f)和(g)则是时分复用的 37.5Gbaud QPSK、37.5Gbaud 16QAM、62.5Gbaud QPSK 和 62.5Gbaud 16QAM 的眼图。因为所有奈奎斯特脉冲都在过零点复用,时域可以得到无 ISI 的正交叠加。复用后的奈奎斯特信号在符号中心(也就是相邻脉冲的过零点)显示出了幅度过平衡的特性,产生的 PDM 全光信号被注入循环光纤环,其中包含了 5 段长度 80km、平均损耗 18.5dB、色散为 17ps/(km·nm)的标准单模光纤、环开关、光耦合器和只有 EDFA

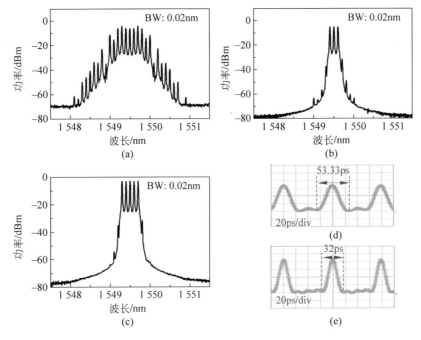

图 6-13　实验结果图

（a）MZM 产生的光梳频谱；（b）产生的 3×12.5GHz 平坦光梳；（c）产生的 5×12.5GHz 平坦光梳；（d），（e）3×12.5GHz 和 5×12.5GHz 平坦光梳的 Sinc 型奈奎斯特脉冲的时域波形

放大器的放大，并且不用光色散补偿。一个 WSS 也被放置在环中，WSS 被编程以作为抑制 ASE 噪声的光带通滤波器。

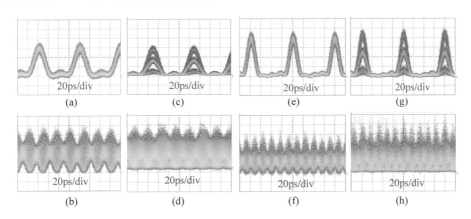

图 6-14　调制后的 Sinc 型奈奎斯特脉冲和时分复用的全光奈奎斯特信号的眼图

在接收机端,线宽小于100kHz的自由运行的ECL被用作LO。一个偏振分集的90°光混频器和4个平衡PD用于相干探测。平衡PD的带宽是50GHz。采样和数字化由采样率为160GSa/s、电带宽为65GHz的高速实时数字采样示波器实现。在ADC之后,四个信道的采样数据序列进行离线数字信号处理。数据首先被重采样到每符号2个采样点,并进行时钟恢复,然后用改进的QPSK和16QAM数字信号处理算法进行处理。CMA级联CMMA的经典均衡算法分别被用于QPSK和16QAM。因为每个时隙间的相位是未知的,我们必须在偏振解复用之后进行时间划分。每个TDM时隙都分别进行频偏估计和相位恢复。在均衡之后,各个时隙比特被解调,所有的比特一起计算误码率。

图6-15是PDM全光奈奎斯特37.5Gbaud QPSK/16QAM和62.5Gbaud QPSK/16QAM信号的背靠背误码率与OSNR的关系图。这些信号的BER和OSNR关系的理论曲线也被画出作为参考。对于37.5Gbaud PDM QPSK和16QAM信号,在$1×10^{-3}$误码率处的OSNR代价分别是0.8dB和1.8dB。然而62.5Gbaud PDM QPSK和16QAM在相同BER水平的代价则为2.5dB和4dB。我们认为实验和理论的不符主要来源于利用手动可调延时线造成的TDM间不精确延时。这些时间错误降低了脉冲的时域正交性并引入了ISI,显然高波特率和高阶调制信号对此更敏感,相信采用集成的信号产生和调制装置将会有更好的性能。图6-15中的插图显示了37.5Gbaud和62.5Gbaud PDM 16QAM(0.02nm分辨率)下的频谱。更好的信号产生方法是采用高速DAC,但商用DAC的带宽仍然受限制。

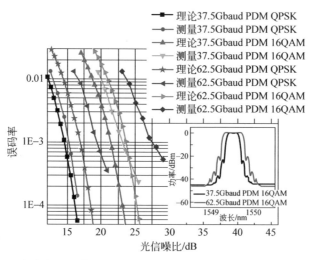

图6-15　PDM全光奈奎斯特37.5Gbaud QPSK/16QAM和62.5Gbaud QPSK/16QAM
　　　　信号的背靠背误码率随OSNR的关系曲线

最后,实验还测量了 PDM 全光奈奎斯特 37.5Gbaud 16QAM,62.5Gbaud QPSK 和 16QAM 信号 BER 性能和传输距离的关系,如图 6-16 所示。62.5Gbaud PDM 全光奈奎斯特 QPSK 信号可以在 4 000km 传输距离取得 $1×10^{-2}$ 的误码率。在相同 BER 水平,37.5Gbaud 和 62.5Gbaud 16QAM 信号可以传输 1 200km 和 850km。以上实验结果成功验证了 PDM 全光奈奎斯特信号的产生、高阶调制、光纤传输和全带相干探测,本节为高性能高质量高波特率的全光奈奎斯特长距离传输提供了有力的实现方案。

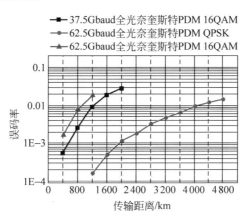

图 6-16　PDM 全光奈奎斯特信号的 BER 性能与传输距离的关系

6.5　本章小结

本章对全光奈奎斯特信号产生与处理的研究工作,从全光奈奎斯特脉冲产生、信号调制与复用,探测与信号处理等多方面进行了介绍。首先,介绍了全光奈奎斯特信号脉冲产生的原理、信号调制以及复用机制,此外,还给出了基于单个 MZM 实现频率锁定、线性相位且等幅度的光梳的理论基础;然后,介绍了首个完整意义上的全光奈奎斯特信号的产生与相干探测系统,利用全光梳状谱,产生并相干探测了高达 62.5Gbaud、75Gbaud 和 125Gbaud 的全光奈奎斯特 QPSK 信号;最后,介绍了在偏振复用的全光奈奎斯特信号长距离和高阶调制格式方面的研究工作,包括 37.5Gbaud 和 62.5Gbaud 全光奈奎斯特 PDM-QPSK 和 16QAM 信号的产生、传输和全带相干探测的结果。通过相干探测,全光奈奎斯特的 37.5Gbaud 和 62.5Gbaud 16QAM 信号成功传输了 1 200km 和 850km。

参考文献

［1］ DAVID H，RENE S，SCHELLINGER T，et al. 26Tbit/s line-rate super-channel transmission utilizing all-optical fast Fourier transform processing［J］. Nature Photonics，2011,5(6)：364-371.

［2］ GABRIELLA B，ANDREA C，VITTORIO C，et al. Performance limits of Nyquist-WDM and co-OFDM in high-speed PM-QPSK systems［J］. IEEE Photonics Technology Letters，2010,20(15)：1129-1131.

［3］ DAVID H，RENE S，MATTHIAS M，et al. Single-laser 32.5Tbit/s Nyquist WDM transmission［J］. IEEE/OSA Journal of Optical Communications and Networking，2012，4(10)：715-723.

［4］ MARCELO A S，MEHDI A，MOHAMMAD A S，et al. Optical Sinc-shaped Nyquist pulses of exceptional quality［J］. Nature Communications，2013,4(1)：2898.

第 7 章

光纤信道非线性补偿算法研究

7.1 引言

光纤的信道同无线信道相比,最大的不同是具有非线性效应,而在目前高速光通信系统中,光纤的非线性损伤是限制高速光信号长距离传输的最主要因素[1-11]。为了实现高速信号的大容量长距离传输,光纤非线性补偿是必须要考虑的问题。随着相干光通信系统的成熟,相关器件如 ADC 采样模/数转换以及数字信号处理芯片技术的发展,数字光纤非线性补偿算法引起了国内外的广泛关注和大量研究[1-11]。大约在同一时间,以李(Li Guifang)和以斯拉(Ezra Ip)为代表的研究组提出了数字反向传播(digital backpropagation,DBP)算法[2,4],利用光纤信道的非线性薛定谔方程,从接收端收到的光信号开始,反向逆推出光信号在光纤中的传播过程,从而补偿非线性的同时也均衡色散。DBP 算法通过分步傅里叶算法,不断地求导信号在光纤中时域和频域经历的所有线性和非线性过程,逆推直至回到发射端,得到原始信号。

DBP 算法一经提出便受到了广泛的关注,大量的实验,包括单偏振和偏振复用的系统都验证了其良好的非线性补偿性能[7-9,11]。此外,与此类似,通过求解光纤信道的频域非线性响应,另一种基于沃尔泰拉级数的频域非线性算法也有报道[10]。本章将就光纤信道的非线性补偿算法的研究展开介绍,从算法原理研究、高速长距离实验研究和算法改进研究等多方面进行介绍。

7.2 DBP 光纤非线性补偿算法的原理

对于普通单模光纤的单偏振下的传递函数可以用非线性薛定谔方程表示为如下式子[1,2,4]:

$$\frac{\partial E(z,t)}{\partial z} = -\frac{\alpha}{2}E(z,t) + \mathrm{j}\frac{\beta_2}{2}\frac{\partial^2 E(z,t)}{\partial t^2} - \frac{\beta_3}{6}\frac{\partial^3 E(z,t)}{\partial t^3} - \mathrm{j}\gamma \mid E(z,t)\mid^2 E(z,t)$$

(7-1)

其中,$E(z,t)$为脉冲场强在时间和距离上的关系,α为损耗系数,β_2和β_3为第二阶和第三阶色散,γ为光纤的非线性系数。上述非线性薛定谔方程描述了单偏振的光脉冲在光纤中传播的各种效应,主要包含三个部分,右边第一个式子表示光脉冲的损耗,第二项和第三项描述光纤色散,而第四项则描述光纤的克尔非线性效应(包括自相位调制、交叉相位调制和四波混频效应)带来的相位变化。通常可以将上述方程算子化,简单写作

$$\frac{\partial E}{\partial z} = -\frac{\alpha}{2}E + \mathrm{j}\frac{\beta_2}{2}\frac{\partial^2 E}{\partial t^2} - \frac{\beta_3}{6}\frac{\partial^3 E}{\partial t^3} - \mathrm{j}\gamma \mid E\mid^2 E = (\hat{N}+\hat{D})E \quad (7\text{-}2)$$

其中,$\hat{D} = -\frac{\alpha}{2} + \mathrm{j}\frac{\beta_2}{2}\frac{\partial^2}{\partial t^2} - \frac{\beta_3}{6}\frac{\partial^3}{\partial t^3}$,$\hat{N} = -\mathrm{j}\gamma\mid E\mid^2$,这里 $\hat{D}$ 称为线性算子,$\hat{N}$ 称为非线性算子。整个非线性薛定谔方程就是由这两个算子所主导的。

如果式(7-1)只考虑线性部分,可以通过傅里叶变换到频域得到解析解,结果如下:

$$\widetilde{E}(z+h,\omega) = \widetilde{E}(z,\omega)\exp\left[-\mathrm{j}\left(\frac{\beta_2}{2}\omega^2 + \frac{\beta_3}{6}\omega^3\right)h\right]\exp(-\alpha h) \quad (7\text{-}3)$$

其中,$\widetilde{E}$ 为$E(z,t)$的傅里叶变换。通过上式可以看出,线性部分在频域有一个很简单的传递函数,通过该传递函数就可以求得信号的色散和损耗对信号的影响。另一方面,如果式(7-1)只考虑非线性部分,那么可以在时域得到该方程的解析解,非线性的求解如下:

$$E(z+h,t) = E(z,t)\exp(\mathrm{j}\gamma h\mid E(z,t)\mid^2) \quad (7\text{-}4)$$

因此,非线性损伤与信号的功率有关,在时域会引入一个与功率相关的相位扭转。由于信号本身的强度在光纤信道里面因色散和损耗不断改变,无法通过一个功率常数或强度常数来求解该相位,同时在 WDM 系统里,信号的功率还包含了相邻信道的影响,由此产生的如交叉相位调制和四波混频等效应更加无法估计,因此需要综合考虑线性和非线性算子的共同作用,才能准确地描述光纤信道的影响。

　　根据经典非线性光纤文献[12]求解,一种合适的描述方法是采用分步傅里叶算法,如图 7-1 所示。将光纤信道分成若干小段,其中每一小段可以认为信号的功率不变,因此每一小段的光纤都可视作经历三个过程:先通过傅里叶变换到频域进行线性算子处理,再傅里叶反变换到时域进行非线性算子处理,然后继续傅里叶变换到频域进行线性算子处理,最后反变换回时域信号。如此,通过每一小段的处理,能模拟信号在光纤信道的非线性传输。

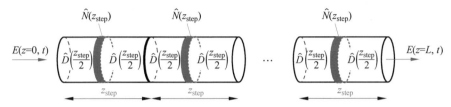

图 7-1　分步傅里叶算法求解光纤的非线性薛定谔方程的信号传播过程

　　基于图 7-1 的正向传播,逻辑上很容易推导出反向逆向传播的光信道模型,如图 7-2 所示,这便是 DBP 算法基本原理。各文献[1-5,8-11]所报道的 DBP 算法或改进的 DBP 算法均是基于此原理图。同样地,将光纤分为许多小段,每一小段可以认为信号的功率不变,且每小段光纤都可视作经历两个逆过程,包括负的线性算子、负的非线性算子。同时,将光纤传播方向改为从接收端到发射端,这样从接收端收到的光信号开始计算,不断推进,可以得到发射端的原始信号。

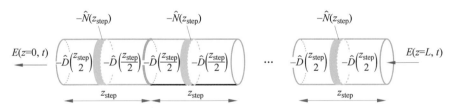

图 7-2　数字反向传播算法模拟光信号在光纤中逆向传播的原理图

　　最后,对于偏振复用的系统,需要对式(7-1)和式(7-2)做小的改动[1,4]。由于光纤的双折射性,光信号在光纤传输过程中偏振状态不断改变,其相关长度甚至小于 10m。另一方面,由于偏振相关长度远小于有效的非线性计算长度,可以在实际系统中将非线性的计算过程在两偏振态上进行平均。基于马纳科夫(Manakov)方程,改进的 DBP 算法平均两偏振态的功率和相位后可以得到如下关系:

$$\frac{\partial E_{x,y}}{\partial z} = -\frac{\alpha}{2}E_{x,y} - \mathrm{j}\frac{\beta_2}{2}\frac{\partial^2 E_{x,y}}{\partial t^2} + \mathrm{j}\frac{8}{9}\gamma(|E_{x,y}|^2 + |E_{y,x}|^2)E_{x,y} = (\hat{D}+\hat{N})E_{x,y}$$

$$(7-5)$$

$$\hat{D}=-\frac{\alpha}{2}-\mathrm{j}\frac{\beta_2}{2}\frac{\partial^2}{\partial t^2}, \quad \hat{N}=\mathrm{j}\frac{8}{9}\gamma(\mid E_{x,y}\mid^2+\mid E_{y,x}\mid^2) \qquad (7\text{-}6)$$

其中,$E_{x,y}$ 表示 x 或者 y 偏振方向上信号的光场。

7.2.1 基于 4×160.8Gbit/s 波分复用 PDM-QPSK 信号的 非线性补偿实验

本节将介绍高速光传输系统非线性补偿的实验验证,实验中采用信道间隔为 50GHz 的 WDM 4×160.8Gbit/s PDM-QPSK 信号,在超过 1 300km 标准单模光纤 SMF-28 上进行传输。在实验中,研究了数字非线性补偿和信道间串扰抑制效果。通过使用基于 DBP 算法的非线性补偿和最大似然序列估计的串扰抑制,4×160.8Gbit/s 波分复用 PDM-QPSK 信号在传输 1 300km SMF-28 光纤后的误码率从 1.0×10^{-3} 降至 3.5×10^{-4}。

图 7-3 显示了 50GHz 信道间隔的 4×160.8Gbit/s WDM PDM-QPSK 信号在 1 300km SMF-28 上传输后采用相干外差检测和进行非线性补偿的实验装置。在发射端,四个 WDM 信道分别使用了四个输出为 14.5dBm、带宽小于 100kHz 的外腔激光器。ECL1 到 ECL4 的工作波长在 1 549.0nm 到 1 550.2nm,间隔 50GHz。在进行独立的 IQ 调制前由两套偏振保持耦合器分别实现奇数信道(ECL1 和 ECL3)和偶数信道(ECL2 和 ECL4)。每个 IQ 调制器由峰峰值为 0.5V 的 40.2Gbaud 的电二进制信号驱动,该信号为长度($2^{13}-1$)×4 的伪随机二进制序列。40.2Gbaud 由 10.05Gbaud 的二进制信号通过 4×1 电复用器产生。偏振复用后,奇数信道和偶数信道在光纤传输前进行了合并和放大。波分复用的 40.2Gbaud 的 PDM-QPSK 信号通过频率间隔为 50GHz 的阵列波导光栅进行频谱滤波和合并,而 AWG 的 3dB、10dB 和 20dB 带宽分别为 26.7GHz、44.9GHz 和 59.6GHz。

直线传输链路由 5 段 80km 单模光纤和 10 段 90km 单模光纤组成,链路中仅有掺铒光纤放大器放大,且没有任何光色散补偿模块。在链路中插入了两个带宽约为 2nm 的通带光滤波器(使用波长选择开关实现)以抑制掺铒光纤放大器自发辐射噪声的累积。为了研究非线性损伤,我们调整了每个 EDFA 的输出功率。图 7-4(a)和(b)分别展示了在通过 50GHz 的 AWG 和 1 300km 传输后 160.8Gbit/s PDM-QPSK 信号的四个信道的光谱图。图 7-4(a)和(b)的分辨率为 0.1nm。在外差相干检测的接收端,实验中采用 3dB 带宽为 0.4nm 的可调谐光滤波器选择所测试的信道。本振的线宽小于 100kHz,并且和接收到的信号光有 25GHz 频差。在实验中,仅采用了两个 LO,一个工作在 1 549.24nm 与信道 1(1 549.0nm)和信道 2(1 549.4nm)相干探测;另一个工作在 1 550.04nm 与信道 3(1 549.8nm)和信道 4(1 550.2nm)相干探测。在由带宽为 50GHz 的平衡光电探测器探测前,两个

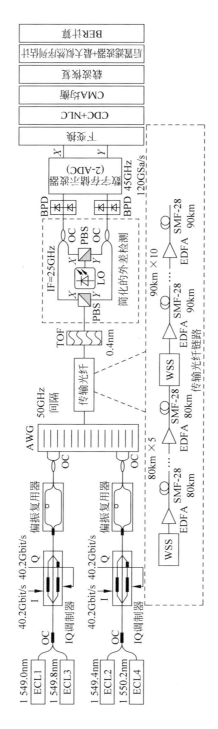

图 7-3　采用外差检测的 50GHz 信道间隔的 4×160.8Gbit/s WDM PDM-QPSK 信号在 1 300km SMF-28 上传输后非线性补偿的实验装置图

偏振分束器以及 OC 和 LO 在光域实现了收到的光信号的偏振分集。模/数变换由 120GSa/s 采样率和 45GHz 电带宽的实时数字存储示波器实现,此后信号恢复由离线数字信号处理模块实现,包括光纤非线性补偿。

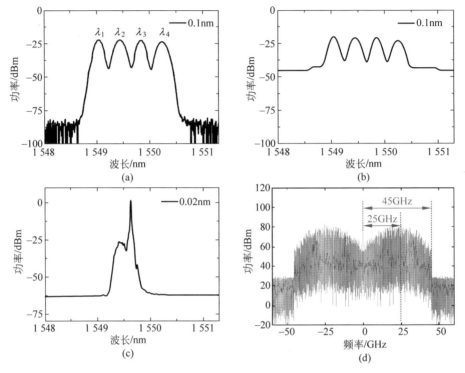

图 7-4　实验中 4×160.8Gbit/s PDM-QPSK 的频谱图

(a) 在 AWG 滤波之后的光谱;(b) 在 1 300km 传输之后的光谱;(c) 在传输之后 PD 之前 160.8Gbit/s PDM-QPSK 信号和 LO 的外差拍频时的光谱;(d) 在经过 PD 和 45GHz ADC 之后,收到的中频(IF)信号的电谱

在模/数变换之后的离线数字信号处理模块如图 7-5 所示。首先,接收到的信号经过 25GHz 的下变频到基带,并重采样到 2 采样/码元。然后,非线性补偿(NLC)和色散补偿(CDC)由基于解马纳科夫方程的 DBP 算法通过标准单模光纤(SSM)实现。在本章,每段光纤的平均损耗约为 0.26dB/km,色散为 17ps/(km·nm),非线性参数 γ 为 1.5W^{-1}·km^{-1}。在色散补偿和非线性补偿之后,基于经典 CMA 的两个复数域、13 个抽头、$T/2$ 间隔的自适应 FIR 滤波器实现 PDM-QPSK 信号的信道均衡和偏振解复用。接下来是载波恢复,采用如本节上文所述的 V-V 算法进行残留频偏恢复和相位恢复。接着通过延时相加滤波器实现将双二进制信号化,以采用最大似然序列估计实现噪声和 ISI 均衡。最后计算误码率,实验中误码率的

计算长度大于 10×10^6 bit 数据。

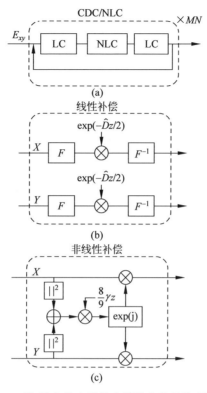

图 7-5　模/数变换之后的离线数字信号处理模块

（a）非线性补偿的主体模块图；（b）色散线性补偿处理模块；（c）非线性补偿的处理模块

其中，光纤非线性损伤的补偿采用如本节上文所述的 DBP 算法，其分步处理模块如图 7-5（a）所示。通过反向求非线性薛定谔方程实现补偿线性光纤色散和非线性损耗。在每个步长 z 中，首先通过快速傅里叶变换在频域补偿 $z/2$ 光纤长度的线性色散和光纤损耗，如图 7-5（b）所示。然后计算信号的总功率并补偿时域的非线性相移，如图 7-5（c）所示。最后在频域补偿剩下半个步长 $z/2$ 的色散和损耗。对具有 N 个分段的光纤来说，每段需要 M 步进行补偿，总的色散补偿和非线性补偿计算为 MN 步。

实验中，首先测试了相干外差检测下背靠背单信道和 4 信道 WDM 信号的误码率 OSNR 性能研究，如图 7-6（a）所示。在 23.7dB OSNR 情况下，WDM 系统中信道 2 在过滤波之前和之后的星座图分别为图（a）中的插图（i）和（ii），通过后置滤波器将 4 个点的 QPSK 星座图转化为双二进制信号的 9QAM 星座图。在误码率为 1×10^{-3} 处，使用后置滤波器和 MLSE 使得 OSNR 性能提高了大于 2dB，说明

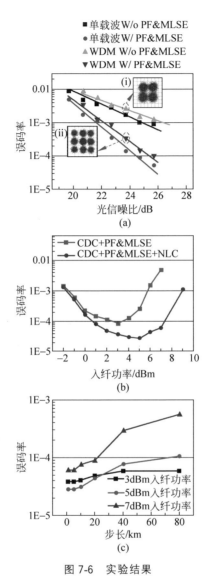

图 7-6　实验结果

（a）不同 OSNR 下单信道和 WDM 信道背靠背误码率性能变化；插图(i)和(ii)显示了不同情况下 X 偏振的星座图；（b）传输 850km 单模光纤后使用不同处理方案的单信道误码率性能随入纤功率的变化；（c）不同入纤功率下信号误码率性能随非线性补偿计算步长的变化

信道间串扰和 ISI 被抑制了。由于其他信道的影响，WDM 信号在该处的性能比单信道低 0.5dB。图 7-6(b)和(c)则是非线性补偿的结果，其中图(b)为 850km 单模光纤传输后的单信道误码率性能随着每段光纤的入纤功率的变化。结果表明，使用 DBP 非线性补偿算法后，系统最佳入纤功率可以从 3dBm 提高至 5dBm，且

OSNR 和误码率性能也提高了。由此可知,色散补偿和非线性补偿以及后置滤波器和 MLSE 一起使用能够达到最佳性能。图 7-6(c)是不同入纤功率下,DBP 非线性补偿算法的误码率性能随计算步长从 1km 到 80km 的变化关系,可以看出,步长越小,DBP 非线性补偿性能越好;同时,入纤功率越大,非线性补偿的结果对步长越敏感。

图 7-7(a)为波分复用系统 4×160.8Gbit/s WDM 信号传输 850km 后的误码率随入纤功率的变化。这里,选择信道 2 作为测试信道,每段光纤的入纤功率同时变化,且 DBP 非线性补偿步长保持为 5km。结果同样表明,非线性补偿后能明显改善系统性能,且提高最佳入纤功率。另一方面,4×160.8Gbit/s WDM 的最佳入纤功率为 2dBm/信道,与图 7-7(b)中单信道结果相比较,最佳入纤功率降低。这是由于在 WDM 的情况下,还会出现如交叉相位调制、四波混频等信道间非线性损伤。

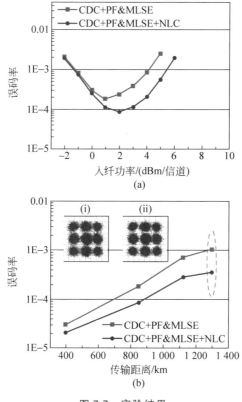

图 7-7　实验结果

(a) 850km 传输后,4×160.8Gbit/s WDM 信号的误码率随入纤功率的变化;(b) 4×160.8Gbit/s WDM 信号的误码率随着传输距离从 400km 增长至 1 300km 的变化

最后,实验测试了 4×160.8Gbit/s WDM 系统误码率在有非线性补偿和没有非线性补偿时随传输距离的变化,结果如图 7-7(b)所示。这里,保持入纤功率为最佳入纤功率且 DBP 非线性补偿步长为 5km。插图(i)和(ii)分别显示了 1 300km 传输后未采用非线性补偿和采用非线性补偿算法的 X 偏振星座图结果。结果显示,通过使用基于 DBP 的非线性补偿和基于 MLSE 的串扰抑制,4×160.8Gbit/s 波分复用 PDM-QPSK 信号在传输 1 300km 单模光纤 SMF-28 后相干外差检测误码率从 1.0×10^{-3} 降低到了 3.5×10^{-4}。以上结果说明采用数字非线性损耗补偿和信道间串扰抑制方案能够明显地提高外差检测 WDM 系统的误码性能。

7.2.2　基于对数步长的改进数字非线性补偿算法

以上两小节介绍了基于分步傅里叶算法解非线性薛定谔方程的 DBP 非线性补偿算法,包括原理和高速信号实验验证。相关文献也报道了大量基于 DBP 算法的非线性补偿研究工作,包括单信道信号、偏振复用的波分复用单载波信号、多载波如 PDM-OFDM 信号等[1-11]。然而,上述 DBP 算法都是基于固定步长的分步傅里叶算法,也就是说,在 SSFM 的每一步计算中,步长都是固定不变的。这样,非线性补偿的效果由每一段光纤的计算步长或分步数量决定。因此,减少每段光纤的 DBP 分步数量可以有效降低算法的复杂度。另一方面,有研究人员已经对非固定步长方法进行了仿真分析,与固定步长相比,非固定步长对信号的非线性损伤估计更加精确[12]。此外,研究证实,在保证相同的信道内非线性补偿性能的前提下,对数步长方法能够有效减少分步数量[12]。然而,上述研究没有分析最优化的对数步长分布,不同步长分布对多信道系统中信道间非线性补偿效果的影响也尚未研究。

本节将介绍作者博士期间所提出的一种新型基于改进对数步长分布的 DBP 非线性补偿算法,并对其在奈奎斯特波分复用系统中的补偿效果进行研究分析。不同于传统的固定步长方法,方案在 DBP 中使用对数步长分布,同时引入调整参数 k,对传统的对数步长分布进行了改进。仿真结果表明,使用改进的对数步长分布,可以降低算法复杂度,并改善补偿效果。此外,我们还进行了实验验证,使用 EDFA 和 SMF-28,将 3×50Gbit/s NWDM PDM-QPSK 信号传输了 1 120km。实验结果表明,与单信道固定步长的非线性补偿相比,使用改进的算法可以明显改善系统误码率和 Q 值,同时极大地降低非线性补偿算法复杂度。

1. 改进的对数步长 DBP 算法原理

同样,基于非线性补偿的 DBP 方法,假设每段光纤的长度为 L,每段光纤的 DBP 计算分为 N 步。如图 7-8(a)所示,对于传统的基于分步傅里叶算法(SSFM)

的 DBP 方法,每一步 SSFM 计算的步长固定为 $z(n)=L/N$。这样,非线性补偿的性能严重依赖于步长以及每段光纤的分步数量。因此,减小每段光纤的 DBP 分步数量可以有效减少算法复杂度。然而,考虑到光纤衰减,功率并不是线性分布的。在开始传输时,光能量很强,非线性效应十分明显;传输结束时,非线性减弱,如图 7-8(a)所示。因此,一种合理的方法是,在光功率较强时应该减小步长以提高信号损伤估计的准确性。这里引入调整因子 k,对文献给出的对数步长公式进行改进:

$$z(n)=-\frac{1}{k\alpha}\ln\left[\frac{1-(N-n+1)\delta}{1-(N-n)\delta}\right], \quad n=1,\cdots,N, \quad \delta=(1-e^{-k\alpha L})/N$$

$$(7-7)$$

其中,$z(n)$ 是 DBP 第 n 步的步长,α 为光纤损耗。通过调整因子 k,可能改变 DBP 计算的步长分布。然而值得注意的是,在每一步 DBP 计算过程中光纤损耗并不随着 k 值而改变。下面将详细解释引入调整因子 k 的原因。

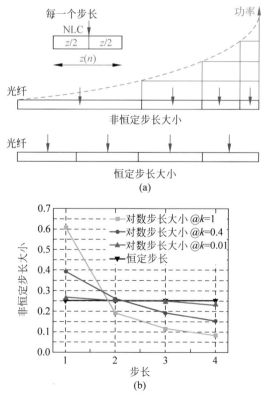

图 7-8　基于 SSFM 的 DBP 算法

(a) 改进的对数步长 DBP 算法原理;(b) 对数步长在不同 k 值下的分布,以及恒定步长分布对比

当 $k=1$ 时,$z(n)$ 为反向对数分布;当 k 趋近于 0 时,对数步长变成固定步长:

$$\lim_{k\to 0} z(n) = \lim_{k\to 0}\left\{ -\frac{1}{k\alpha}\ln\left[\frac{1-(N-n+1)\delta}{1-(N-n)\delta}\right]\right\} = L/N, \quad n=1,\cdots,N \qquad (7\text{-}8)$$

随着 k 值从 0 到 1 变化,步长分布在固定步长和对数步长之间变化。图 7-8(b)表示了不同步长分布条件下,每一步步长的变化,每段光纤分 4 步补偿。在固定步长条件下,每步的步长均为 $0.25L$。随着 k 的增加,相邻分步之间的差别越来越大。当 k 趋近于 0 时($k=0.01$),对数步长趋近于固定步长。当 $k=1$ 时,第一步步长大于 $0.6L$,而最后一步步长小于 $0.1L$。随着 k 的增加,步长差距越来越大。由于分步数是有限的,这样的步长差距对于 DBP 非线性补偿而言太大。并且,DBP的 ASE 噪声也会降低信号恢复的准确度。综上,可以通过调整 k 值,在固定步长和对数步长之间找到最优值。

2. NWDM 系统的多信道非线性联合补偿原理

图 7-9(a)为奈奎斯特多信道联合探测的原理,这里我们采用了宽带多信道探测来实现非线性补偿。在 NWDM 系统中,信道间隔等于波特率,信道间的非线性损伤,如交叉相位调制(XPM)和四波混频(FWM)在 NWDM 系统中更严重。宽带多信道探测可以补偿信道间的非线性效应,这要求 ADC 的带宽至少大于 3 个子信道的带宽,以实现同时探测并处理。特别地,由于信道 2 的两个边带信息得以保留,使用联合信道的 DBP 方法可以补偿信道间的非线性损伤。图 7-9(b)为多信道探测接收数字信号处理模块流程图,其中包含了联合信道-非线性补偿(JC-NLC)、色散补偿、信道解复用,以及后续的均衡算法。三个信道信号之和可以表示为

$$E_{x,y} = \sum_{m=1}^{3} E_{m(x,y)}\exp(jm\Delta f t) \qquad (7\text{-}9)$$

其中,$E_{m(x,y)}$ 为第 m 个信道的光场,Δf 为信道间隔。

3. 仿真结果

为了验证基于改进的对数步长 DBP(LS-DBP)方法的非线性补偿,以及 k 值对性能的影响,这里采用不同的处理算法方案,仿真了 3 信道 12.5Gbaud NWDM PDM-QPSK 信号在 10 盘 100km 单模光纤中的传输性能。其中,3 个间隔为 12.5GHz 的子载波上调制了 3×50Gbit/s NWDM PDM-QPSK 信号。单信道单个偏振方向上调制 1 024 符号的 QPSK 信号。每段光纤后接入一个 20dB 的 EDFA,噪声参数为 4dB,光纤损耗为 0.2dB/km,色散系数为 16ps/(km·nm),非线性系数为 $1.5\text{W}^{-1}\cdot\text{km}^{-1}$。

图 7-10(a)为使用不同处理方案时,传输 1 000km 光纤后 WDM 中间第 2 信道的 Q 值随每段光纤注入功率的变化曲线,包括单信道色散补偿(SC-CDC),单信道

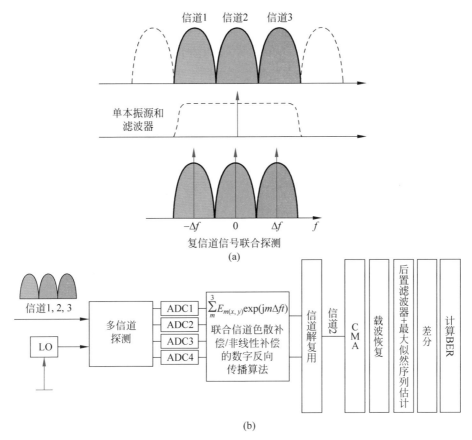

图 7-9　NWDM 系统的多信道非线性联合补偿原理

（a）NWDM 系统的多信道信号联合探测；（b）多信道非线性联合补偿的相干检测与数字信号处理模块

恒定步长的 DBP 算法（SC-CS-DBP），单信道的对数步长的 DBP 算法（SC-LS-DBP），联合多信道的色散补偿（JC-CDC），联合多信道的恒定步长 DBP 算法（JC-CS-DBP）和联合多信道的对数步长 DBP 算法（JC-LS-DBP）等六种方案。对于只使用色散补偿的方案，在频域对色散进行补偿。对于单信道色散补偿或 NLC/CDC，首先从 3 个信道中将信道 2 解复用，随后使用单信道非线性补偿算法处理。对于联合信道非线性补偿和色散补偿，3 个信道一同被补偿，然后再解复用，如图 7-10(b)所示。SC-NLC 和 JC-NLC 的 DBP 分步数量均为 4，对数步长 DBP 的调整因子 k 为 0.4。

通过图 7-10(a)的结果，可以得出如下几个结论。首先，与 SC-CDC 和 JC-CDC 方案相比，基于 SC-DB 或 JC-DBP 的单信道 NLC/CDC 方案可以在一定程度上改善误码率性能。然而，由于单信道处理只能补偿信道内非线性损伤（如自相位调制

(SPM)),这种改善并不明显。联合信道 NLC/CDC 对误码率的改善更加显著。其次,与单信道方案相比,JC-CS-DBP 和 JC-LS-DBP 都表现出更好的性能,因为联合信道非线性补偿可以同时补偿信道内和信道间的非线性损伤。最后,相比于固定步长,对数步长方案在单信道和多信道处理上都有更好的性能。

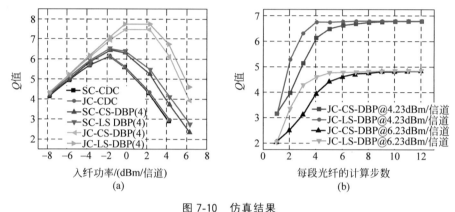

图 7-10   仿真结果

(a) 传输 1 000km 光纤后信号 Q 值在不同的处理算法下随入纤功率的变化;

(b) 传输 1 000km 光纤后信号 Q 值在不同的处理算法下随每段光纤计算步数的变化

图 7-10(b)为分别使用固定步长和对数步长的联合信道 DBP 方法时,Q 值随每段光纤分步数量的变化关系。调整因子 k 为 0.4。可以看到,无论是固定步长还是对数步长 DBP,增加分步数量都可以改善 Q 值性能。随着分步数量的增加,步长减小,非线性损伤带来的相位偏移估计更加精确。但与此同时,计算复杂度也会增加。当 DBP 分步数量增加到一定数量时,Q 值停止增加,逐渐趋向最大值。当 DBP 分步数非常多时,对数步长与固定步长性能相近。然而,与 CS-DBP 相比,LS-DBP 的最优分步数量减小到一半。当每个信道的入纤功率为 4.23dBm 时,LS-DBP 的最优分步数为 4,而 CS-DBP 的最优分步数为 8。因此,与 CS-DBP 相比,LS-DPB 的计算复杂度显著降低,达到 50%。当分步数较少且入纤功率相同时,LS-DBP 比 CS-DBP 的性能更好。当入纤功率不同时,最优的分步数也不同。同时,无论使用 CS 或 LS-DBP 方法,入纤功率为 4.23dBm 时的最优分步数都比输入功率为 6.23dBm 时少。因为更大的入纤功率会导致更严重的非线性损伤,所以需要更多的分步数。

图 7-11(a)和(b)为使用 JC-LS-DBP 方法,单信道入纤功率分别为 4.23dBm 和 6.23dBm,采用不同的分步数量时,调整因子 k 对非线性补偿性能的影响。在仿真过程中,k 值从 0.01 到 1 变化。当 $k=0.01$ 时,步长分布接近于固定步长;当 $k=1$ 时,为全对数分布。可以看出,当分步数量较小时,调整因子 k 对 Q 值的影响

比较明显(当分步数量为 3 时,k 对 Q 值的影响非常大)。相反,当分步数量较大时,k 对 Q 值的影响比较小。另一方面,$k=0.4$ 附近为最优值,此时 Q 值最大。因此,最优化的步长分布应该在固定分布与全对数分布之间,称为改进的对数步长分布。从图 7-11 和图 7-12 看出,调整因子 k 之所以能改善性能,原因有以下两点:首先,与固定步长相比,改进的对数步长分布与光功率分布更加匹配;其次,由于设定的分步数量有限(小于 4),可以通过调节 k 来改变步长分布关系,从而找到最优 k 值。

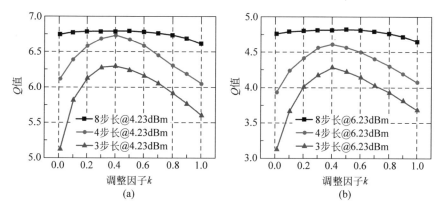

图 7-11　仿真结果:传输 1 000km 后,采用 JC-LS-DBP 方法后信号 Q 值随着
调整因子 k 值变化关系
(a) 4.23dBm 每信道的入纤功率;(b) 6.23dBm 每信道的入纤功率

　　图 7-12 为调整因子 k 随其他变量的变化曲线:(a)EDFA 噪声系数,(b)入纤功率,(c)传输距离,(d)光纤损耗,(e)每段光纤长度,每个信道的入纤功率均为 2.23dBm。图(a),(b)和(d)中,传输链路由 10 段 100km 的光纤组成。在图 7-12(c)中,每段光纤长度为 100km,使用了分步数为 4 的改进对数步长 JC-NLC 方法。可以看到,噪声、入纤功率和传输距离对最优 k 值没有明显的影响。随着光纤衰减的增加,最优 k 值会稍微增大,这是因为光纤衰减改变了光纤中的功率分布。当光纤衰减小于 0.15dB/km 时,最优化 k 值小于 0.4。然而,k 值对系统性能的影响并不大,因为在特定的光纤衰减下,k 值只能改变步长分布,而不会影响光纤损耗。图 7-12(e)中,将总共 1 200km 的传输距离分成了长度不同的分段。结果表明,每段光纤的长度对最优化 k 值没有明显影响,因为每段光纤的长度不会影响其功率分布。图 7-12(f)为最优化 k 值与每段光纤分步数量的关系。每个信道的入纤功率为 2.23dBm,JC-NLC 使用改进的对数步长。结果表明,当每段光纤分步数大于 7 时,最优化 k 值随着分数的增加而增加。原因在于,当步长越来越小(分步数越来越多)时,非线性补偿的逆向传输趋近于全对数分布,最优化 k 值随之增加。

由于仿真仅考虑了3信道WDM,4段分步足以实现最优化性能,当分布数大于7时,Q值的增加小于5%。然而,当信道数量更多时,需要更多的计算分步,这种影响十分明显。

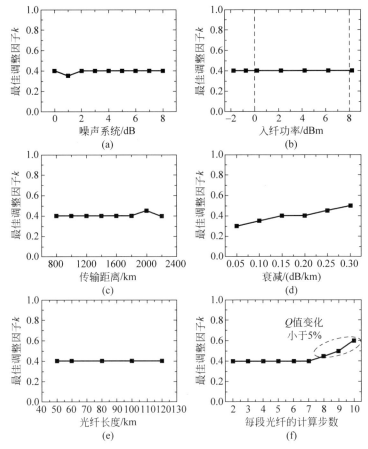

图 7-12　仿真结果：最优化的调整因子 k 随着以下变量的变化曲线

（a）噪声系数；（b）入纤功率；（c）光纤传输长度；（d）光纤损耗；

（e）1 200km 光纤的每小段光纤的长度；（f）每段光纤的计算步数

此外,仿真还分析了最优化计算步数(达到最大Q值的最小分步数)和最优k值与色散值和波特率间的关系,如图7-13(a)和(b)所示。同样,NWDM系统中,每个信道的入纤功率均为2.23dBm,传输链路由10段100km的光纤组成。对于图7-12(a),波特率为12.5Gbaud,载波间隔为12.5GHz。对于图7-12(b),随着波特率的增加,载波间隔保持与波特率相等,色散系数为16ps/(nm·km)。仿真使用了基于改进对数步长的JC-NLC、CMA和载波恢复算法。可以看到,由于色散带来的脉冲展宽,最优分步数随着色散的增加而增大。当色散较大时,为保证补偿的准确度,需要更多的分步。同样,当波特率较大时,受色散影响更严重,需要更多的分步数。因此,由于需要更多的分步数,最优 k 值随着色散和波特率的增加而增加。当步长变小时,最优 k 值变大,光纤中的非线性补偿逆向传输更加趋近于对数分布。

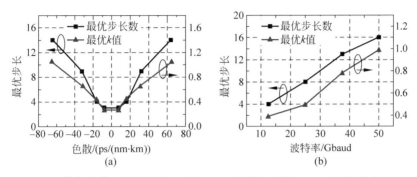

图 7-13　最优化计算步数和最优 k 值与(a)光纤色散系数和(b)信号波特率的关系

仿真进一步将信道数增加至 9 条 NWDM 进行非线性补偿,此时信道间隔为 12.5GHz,波特率为 12.5Gbaud,传输 9×50Gbit/s NWMD PDM-QPSK 信号。在传输了 10 段 100km 的 SMF 后,仿真分析了基于改进对数步长的 JC-NLC 方法对第 5 信道的性能影响,入纤功率为每信道 1.23dBm。图 7-14(a)为采用不同数量的子信道进行计算时,使用 JC-LS 方法的第 5 信道 Q 值性能与每段光纤分步数量的关系。结果表明,对于较多信道的 NWDM 系统,单信道非线性补偿对性能的改善有限。与仅使用色散补偿的方案相比,SC-LS 非线性补偿仅仅将 Q 值提高了不到 0.5。而当使用 JC-NLC 时,采用更多数量的相邻信道,可以带来性能的明显提升。与此同时,计算复杂度也随之增加。图 7-14(b)为每段光纤的最优分步数与用于计算的子载波数的关系。可能看到,无论 JC-LS 还是 JC-CS 方案,如果在 JC-NLC 计算时使用 2 倍的子载波数,最优的分步数都会加倍。为了计算更多的子载波数,需要增加每段光纤的分步数,这样,最优的 k 值会随着计算的子载波数增加而增大。同样地,当分步数变多而步长变小时,k 值变大,非线性补偿的传输逐渐趋向于全对数分布。

最后,我们研究了不同脉冲形状和不同调制格式下的最优 k 值。图 7-15(a)为基于改进对数步长的非线性补偿时,使用不同脉冲形状(非归零码和占空比为 67% 的归零码(RZ)),PDM-QPSK 信号的 Q 值与调整因子 k 的关系。可以看出,对于两种波形的信号,最优 k 值都存在,分别为 0.3 和 0.4。当 k 取最优值时,改进的对数步长比固定步长($k=0.01$)和全对数步长($k=1$)的性能都更好。这里,使用了单信

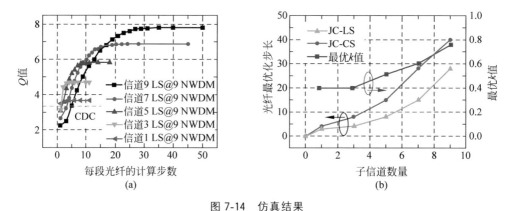

图 7-14 仿真结果

(a) 在不同的计算信道数量下,通过联合多信道对数分布的非线性补偿后信号 Q 值随每段光纤计算步数的关系;
(b) 最优化的计算步数,最优化的 k 因子在不同计算信道数量下的变化关系

道信号,波特率为 12.5Gbaud,传输链路为 10 段 100km 的 SMF,每段光纤的计算步数为 4。

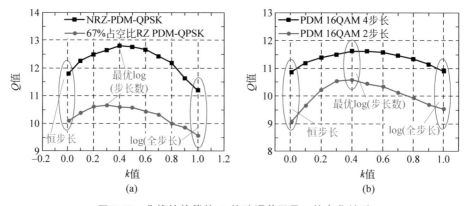

图 7-15 非线性补偿的 Q 值随调整因子 k 的变化关系

(a) 在不同的脉冲形状下的结果;(b) 偏振复用 16QAM 时的结果

图 7-15(b) 为每段光纤分步数分别为 4 和 2 时,12.5Gbaud PDM-16QAM 信号的 Q 值与调整因子 k 的关系。结果表明,两种情况下的最优 k 值都约为 0.4。当 k 取最优值时,改进的对数步长比固定步长($k=0.01$)和全对数步长($k=1$)的性能都更好。图 7-16(a),(b) 和 (c) 所示则分别为 $k=0.01,k=0.4,k=1$ 时,使用基于改进对数步长的非线性补偿和 DSP 处理后的星座图。这里,每段光纤分步数为 2。从图中可以看到,k 取最优值 0.4 时的星座图最清晰。

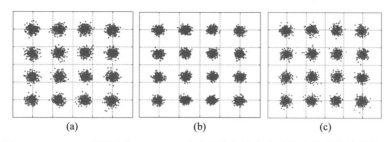

图 7-16　16QAM 信号传输 1 000km 后采用提出的改进对数步长非线性补偿和
载波恢复得到的星座图

(a) k 值为 0.01 时；(b) k 值为 0.4 时；(c) k 值为 1 时

4. 实验验证和结果分析

为了验证所提出的 JC-NLC 方案，搭建了如图 7-17 所示的实验装置。传输信号为多信道 3×50Gbit/s NWDM PDM-QPSK 信号，SMF-28 光纤传输长度为 1 120km，链路仅使用 EDFA 作为放大器，在接收端采用多信道联合相干探测。在发送端，采用中心波长 1 549.42nm、线宽小于 100kHz 的 ECL，其输出光功率为 14.5dBm。经过 IQ 调制后，25Gbit/s 光 QPSK 信号分成两束：其中一束用于偏振复用，以产生信道 2 的 PDM-QPSK 信号；另一束注入 MZM，通过载波抑制产生另两个奇数信道。MZM 由一路 12.5GHz 射频信号驱动，其偏置点为零。QPSK 信号偏振复用后再合并为三个信道的 NWDM 的 PDM-QPSK 信号。偏振复用器由一个保偏光耦合器、一个产生 150 个符号延时的光延时线，以及一个偏振束合并器组成，用于对信号重新合并。NWDM 信道合并时，采用一个 12.5/25GHz 阵列波导光栅，将奇数信道和偶数信道合并。传输链路由 5 段 80km SMF-28 和 8 段 90km SMF-28 组成，链路中没有任何光色散补偿模块。为研究非线性损伤，每个

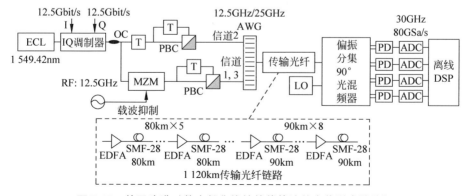

图 7-17　基于改进对数步长非线性补偿算法的多信道实验验证

EDFA 的输出功率都是可控制的。图 7-18（a）和（b）分别为 3×50Gbit/s 的
NWDM 信号在经过 1 120km 光纤传输前后的光谱图（分辨率为 0.02nm）。

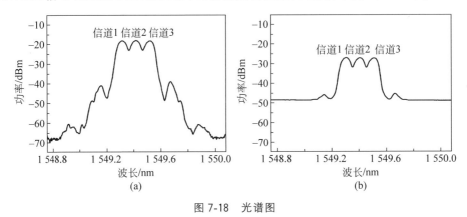

图 7-18　光谱图

（a）3 信道 NWDM 信号传输前光谱图；（b）经过 1 120km 光纤传输后的光谱图

在相干接收端,使用一个线宽小于 100kHz 的 ECL 作为本振,中心频率与信道
2 匹配。相干探测时,采用偏振分集的 90°混频器实现偏振分集和相位分集。模/
数转换通过一个采样率为 80GSa/s、带宽为 30GHz 的数字示波器实现。详细的离
线 DSP 如图 7-9（b）所示,包括联合多信道色散补偿和非线性补偿。光纤链路的平
均衰减为 0.26dB/km,色散为 17ps/(km・nm),非线性系数为 1.5W^{-1}・km^{-1}。
经过联合信道色散补偿和非线性补偿后,使用 5 阶贝塞尔滤波器将 3 个信道的信
号解复用。经过信道解复用后,使用两个 13 阶、$T/2$ 间隔、基于 CMA 的复数自适
应 FIR 滤波器,来恢复 PDM-QPSK 信号的模值,实现信号的偏振解复用。每个载
波恢复使用相同的方法,即使用四阶 V-V 算法进行频偏估计和相位恢复。随后,
使用延时-相加后置滤波器,将二进制信号变成双二进制信号,接着使用 1bit MLSE
进行符号判决。最后,使用差分解码排除 $\pi/2$ 相位的不确定性,计算信道 2 的误码
率。值得一提的是,接收机所用 LO 的中心频率为信道 2 的中心频率。也就是说,距
离信道 1 的中心频率-12.5GHz,距离信道 3 的中心频率$+12.5$GHz。因此,这需要
足够大光电探测器和 ADC 的带宽来实现 3 信道联合探测。

多信道 NWDM 系统中,在使用和不使用后置滤波器和 MLSE 的情况下,信道
2 的背靠背误码率与 OSNR 的关系如图 7-19（a）所示。图中还给出了当 OSNR 为
18.7dB,使用和不使用后置滤波器时的 QPSK 信号星座图。可以看到,经过后置
滤波器后,4 点 QPSK 信号变成了 9QAM 信号。通过后置滤波器和 MLSE 可以抑
制信道间串扰和 ISI,当误码率$=1 \times 10^{-3}$ 时,得到了 2dB OSNR 增益。综上所述,
使用后置滤波器和 MLSE 可以更好地恢复信道 2 上的信号。

图 7-19（b）则为经过 1 120km SMF-28 传输后,在不同非线性补偿算法下,信

道 2 的误码率与每段入纤功率的关系。非线性补偿算法方案包括单信道色散补偿、联合信道色散补偿、基于固定和对数步长 DBP 的单信道非线性补偿（SC-CS-DBP，SC-LS-DBP），以及基于固定和对数步长 DBP 的联合信道非线性补偿（JC-CS-DBP，JC-LS-DBP）。为了使传输保持在非线性区，入纤功率从每信道 3.23dBm 增加到 6.23dBm。对于单信道色散补偿和非线性补偿，先将信道 2 解复用，再使用单信道非线性补偿对其进行处理。相比之下，对于联合信道非线性补偿，3 个信道先同时被补偿，然后解复用，如图 7-19（b）所示。基于 CS-DBP 和 LS-DBP 的单信道非线性补偿对性能的改善有限。与单载波方案相比，JC-CS-DBP 和 JC-LS-DBP 都表现出更好的性能，因为联合信道非线性补偿可以同时补偿信道间和信道内非线

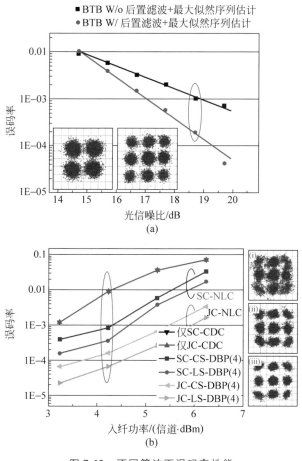

图 7-19　不同算法下误码率性能

（a）多信道 NWDM 系统的背靠背误码率与 OSNR 的关系；（b）传输 1 120km 后，在不同处理算法下，信道 2 的误码率随输入光功率的变化关系

性损伤。同样,无论使用单信道还是联合信道方法,与固定步长相比,对数步长的
性能更好。图 7-19(b)中的插图(i),(ii)和(iii)分别为当信道入纤功率为 4.23dBm
时,使用 JC-CDC、SC-CS-DBP(分步为 4)和 JC-LS-DBP(分步为 4)方法的 X 偏振
信号星座图。可以看出,使用基于 JC-LS-DBP 可以明显改善星座点,JC-LS-DBP
在所有 NLC 方案中性能表现最好。与仅使用 CDC 的方案和传统的 SC-CS-DBP
方案相比,JC-LS-DBP 方案可以将误码率为 $1×10^{-3}$ 时的入纤功率分别改善 3dB
和 2dB,上述结果与仿真分析十分吻合。

考虑算法的计算复杂度,图 7-20(a)入纤功率不同的条件下,分别使用 JC-CS-
DBP 和 JC-LS-DBP 方案,经过 1 120km 光纤传输后的系统误码率与计算分步数之
间的关系,其中调整因子保持为 0.4。图 7-20(a)的结果与仿真分析也非常吻合。
与 CS-DBP 相比,使用 LS-DBP 时的最优步长减小至将近 1/2,这就意味着计算复
杂度降低了约 50%。当每信道入纤功率为 5.23dBm 时,使用 LS-DBP 的最优分步
数为 4,而使用 CS-DBP 的最优分步数为 8。因此,与 CS-DBP 相比,LS-DBP 的计
算复杂度明显降低。此外,当分步数较小时,在两种入纤功率下,LS-DBP 的性能
都比 CS-DBP 好。

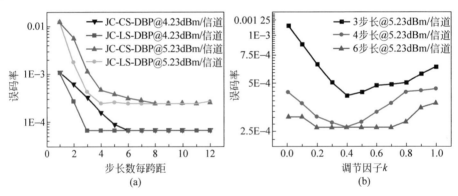

图 7-20　JC-CS-DBP 和 JC-LS-DBP 方案分析

(a) 不同入纤功率下,信号采用不同非线性补偿算法后误码率随计算步数的关系;(b) 信号误码
率在不同的计算步长下,随调节因子 k 的变化关系

最后,我们研究了当分步数不同时,系统误码率性能与 JC-LS-DBP 的调整因
子 $k(0.01\sim1)$ 之间的关系,结果如图 7-20(b)所示,其中每个信道的入纤功率为
5.23dBm。可以看到,在三种不同的分步情况下,k 值对误码率都有影响,尤其是
分步数较少时。当分步数较大时,k 值对误码率的影响不大。图 7-20(b)的结果表
明,改进的对数分步非线性补偿性能最好时的调整因子 k 约为 0.4,该最优值与仿
真结果一致。

7.3 本章小结

本章重点介绍了一种新型基于改进对数步长分布的 DBP 非线性补偿算法,并对其在奈奎斯特波分复用系统中的补偿效果进行了研究分析。不同于传统的固定步长方法,方案在 DBP 中使用对数步长分布,通过引入调整参数 k,对传统的对数步长分布进行了改进。仿真结果表明,使用改进的对数步长分布,可以降低算法复杂度,并改善补偿效果。此外,我们还进行了实验验证,使用 EDFA 和 SMF-28,将 3×50 Gbit/s NWDM PDM-QPSK 信号传输了 1 120km。实验结果表明,与单信道固定步长的非线性补偿相比,使用改进的算法可以明显改善系统误码率和 Q 值,同时极大地简化了非线性补偿算法,计算复杂度降低了约 50%。

参考文献

[1] FATIH Y,LI G F. Nonlinear impairment compensation for polarization-division multiplexed WDM transmission using digital backward propagation[J]. IEEE Photonics Journal,2009,1(2):144-152.

[2] LI G F,EDUARDO M,ZHU L K. Compensation of nonlinear effects using digital coherent receivers[C]. Optics Info Base Conference,2011.

[3] EZRA I. Complexity reduction algorithms for nonlinear compensation using digital backpropagation[C]. Photonics Conference,2012.

[4] EZRA I. Nonlinear compensation using backpropagation for polarization-multiplexed transmission[J]. Journal of Lightwave Technology,2010,28(6):939-951.

[5] KAZURO K. Electronic post-compensation for nonlinear phase fluctuations in a 1 000km 20Gbit/s optical quadrature phase-shift keying transmission system using the digital coherent receiver[J]. Optics Express,2008,16(2):889-896.

[6] GOVIND P A. Nonlinear fiber optics[M]. Amsterdam:Elsevier/Academic Press,2013.

[7] OLEG V S,RONALD H,JOHN Z,et al. Optimization of the split-step Fourier method in modeling optical-fiber communications systems[J]. Journal of Lightwave Technology,2003,21(1):61-68.

[8] RAMEEZ A,LIN C Y,MICHAEL H,et al. Logarithmic step-size based digital backward propagation in N-channel 112Gbit/s/ch DP-QPSK transmission[M]. New York:IEEE,2011.

[9] IRSHAAD F,SAVORY S J. Compensation of frequency offset for 16QAM optical coherent systems using QPSK partitioning[J]. IEEE Photonics Technology Letters,2011,23(17):1246-1248.

[10] GAO Y L,ALAN P T L,LU C,et al. Low-complexity two-stage carrier phase estimation for 16QAM systems using QPSK partitioning and maximum likelihood detection[C]. Optical Fiber Communication Conference and Exposition,2011.

［11］ MORTEZA Z，MOHAMMAD R C，AMIRHOSSEIN A，et al. Experimental demonstration of optical Nyquist generation of 32Gbaud QPSK using a comb-based tunable optical tapped-delay-line FIR filter［M］. New York：OSA Publishing，2014.

［12］ WANG J Y，XIE C J，PAN Z. Generation of spectrally efficient Nyquist-WDM QPSK signals using DSP techniques at transmitter［M］. New York：IEEE，2012.

［13］ AKIHIDE S，EIICHI Y，HIROJI M，et al. No-guard-interval coherent optical OFDM for 100Gbit/s long-haul WDM transmission［J］. Journal of Lightwave Technology，2009，25 (16)：3705-3713.

［14］ ZHU B Y，LIU X，SETHUMADHAVAN C，et al. Ultra-long-haul transmission of 1.2Tbit/s multicarrier no-guard-interval co-OFDM super channel using ultra-large-area fiber［J］. IEEE Photonics Technology Letters，2010，22(11)：826-828.

［15］ ZHANG J W，LI X Y，DONG Z. Digital nonlinear compensation based on the modified logarithmic step size［J］. Lightwave Technology，2013，31(22)：3546-3555.

［16］ ZHANG J W，YU J J，CHI N，et al. Nonlinear compensation and crosstalk suppression for 4×160.8Gbit/s DWDM PDM-QPSK signal with heterodyne detection［J］. Optics Express，2013，21：9230-9237.

第 8 章

概率整形技术研究

8.1 引言

因通信系统对传输容量和灵活性的要求日益增高,作为一种典型的调制格式优化技术,概率整形(probabilistic shaping,PS)技术凭借其传输容量高、系统复杂度低等优势得到越来越多的关注,已成为一种前景广阔的新技术。

PS 技术的出现为光通信系统提供了无与伦比的灵活性,却并未增加系统的复杂性。特别是光通信系统信道受到非线性的功率限制,让 PS 技术更像是为光通信量身定做的。在不增加发送功率的前提下,获得高频谱效率、高传输容量是 PS 技术的优势所在。PS 技术对于光通信系统解决功率限制问题和提高传输容量而言都是很好的选择。

自 2016 年 9 月以来,PS 技术日益吸引研究人员的兴趣,诺基亚贝尔实验室等在德国骨干网中通过四载波超级频道的 1Tbit/s 数据传输,利用概率整形的星座,实现了前所未有的传输容量和频谱效率,可以说是光通信的一个突破[1]。2016 年 10 月,阿尔卡特朗讯和阿尔卡特朗讯诺基亚贝尔实验室宣布,他们已经实现了惊人的突破,即在使用 PS 技术的试验中实施了 6 600km 单模光纤的 65Tbit/s 数据传输[2]。到目前为止,PS 技术的研究工作主要集中在具有相干检测的单载波光纤传输。在均匀分布的 QAM 格式和 PS-QAM 格式之间的比较中,已经发现,在非线性信道中,PS 技术可以提供大于 1.53dB 的灵敏度增益[3]。针对 PS 技术对于光通信传输距离的提高,第一次得到证实[4]。

作为一项突破性的技术,PS 必将成为一种划时代的技术,在未来的光通信领域让传输速率更快,具有更好的灵活性。在光通信系统中使用概率整形技术无疑对注重功率限制、频谱效率和传输容量的光无线融合系统来说,是一个很有意义的进步。概率整形技术将成为未来改善光通信性能的一个很有希望的候选者。然而PS 技术尚未得到深入开发,于是我们对光通信中的概率整形这一新型调制格式优化技术展开探究。

本章将就概率整形技术的研究展开介绍,从概率整形技术的基本原理、概率整形的算法和仿真、实验探究概率整形技术对光载无线系统的优化等方面进行介绍。

8.2 概率整形技术的基本原理

8.2.1 概率整形技术的定义和实现方法

正当人们以为光通信遇到了第一个瓶颈时,概率整形技术横空出世。作为调制格式优化技术的一个典型,经过多方的研究、验证,概率整形技术凭借其传输容量更高、系统复杂度更低等优势得到越来越多的关注,已经成为一种前景广阔的新技术[5-10]。

图 8-1(a)是一般通信系统的原理框图。在这样的通信系统中,16QAM 的 16个星座点出现的概率是均匀的。在图 8-1(b)中,编码器之前增加了分布匹配器(distribution matcher,DM),而在解码器之后增加了分布解匹配器(distribution de-matcher)。概率整形正是通过这种改变被加入到通信系统中。

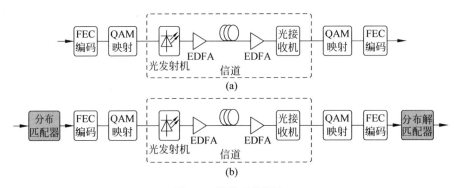

图 8-1 通信系统概念

(a) 通信系统原理框图;(b) 加入概率整形通信系统原理框图

目前已经有多方在设计分布匹配器的实现方法。其中被广泛看好的一种方法是使用低密度奇偶校验码的概率幅度整形(PAS)方案[7,11,12]。分布匹配器的作用是在编码之前进行一个"外编码",目的是让编码、映射之后的 16QAM 各符号出现的概率服从我们预设的概率分布。而这一概率分布是由信噪比决定的,即信噪比决定的概率分布匹配。这种概率分布的特点是,相比于均匀分布的 16QAM,增大了内圈 4 个星座点出现的概率,而减小了外圈 4 个星座点出现的概率,从而改善误码性能,节省发送功率。

图 8-2 展示了均匀分布的 16QAM 各星座点的概率分布,以及信噪比分别为 15dB 和 10dB 时概率整形 16QAM 各星座点的概率分布。理论上,每一种 SNR 都有一个相对应的最佳概率分布,这种概率分布能够让系统得到最好的优化,即让系统传输容量最大化。8.2.2 节将具体展示这一点。往往 SNR 越差,概率整形的程度越大,即概率大的信号与概率小的信号概率相差越悬殊。

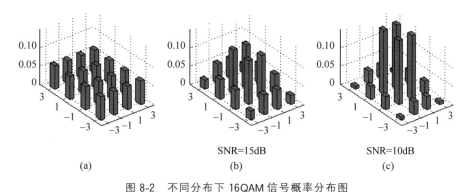

图 8-2　不同分布下 16QAM 信号概率分布图

(a) 均匀分布的 16QAM 星座概率分布图;(b),(c) 概率整形 16QAM 星座概率分布图

曾经有研究发现概率整形具有稳健性(robustness)[13]。概率分布与 SNR 程度较小地不匹配所带来的损失是很小的。也就是说,某个 SNR 可以与它前后较近的 SNR 共用一种概率分布。参考文献[13]发现,仅需 4 个概率分布就可以覆盖 5~25dB 的 SNR,如图 8-3 所示(引用参考文献[13]的图 4)。图中虚线代表完美整形,不同灰度代表不匹配所带来的不同程度的损失,其中图 8-3 中绿色区域是我们可以接受的。

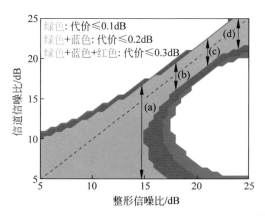

图 8-3　在 AWGN 信道中概率整形 64QAM 的稳健性[13]

8.2.2 概率整形技术改善误码性能的原因分析

我们知道 16QAM 的 16 个点呈三种幅度分布,这里将它们视为 3 个圈。如图 8-4(a)所示,内圈和第二圈的距离是 1.75,而第二圈和外圈的距离只有 1.08,这就导致了最外圈成为误码的多发区。图 8-4(b)中 CMMA 之后第二环和第三环难以区分,也说明了这一点。事实上我们使用 16QAM 作为调制格式,误码很大一部分出自外圈的 4 个星座点。

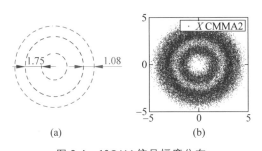

图 8-4　16QAM 信号幅度分布

(a) 16QAM 星座图;(b) 16QAM CMMA 均衡之后星座图

而概率整形增大了 16QAM 内圈 4 个星座点出现的概率,减小了外圈 4 个星座点出现的概率。恰恰是增大了误码性能好的星座点出现的概率,而减小了误码性能差的星座点出现的概率。这是概率整形降低误码率的原因之一。

另一方面,概率整形增大内圈 4 个星座点出现的概率,也意味着增大了幅度较小的点出现的概率。减小外圈 4 个星座点出现的概率,也意味着减小了幅度较大的点出现的概率。因此概率整形后 16QAM 信号的平均功率会低于原 16QAM 信号,从而节省了发送功率,利于解决光通信非线性带来的功率限制问题。但是这会使得二者不具有可比性,所以为了让二者的平均功率相等,我们需要对概率整形 16QAM 的星座图进行扩大,具体变化见 8.2.3 节。星座图扩大,也就意味着星座点之间的欧几里得距离得到提高,容错性增强。在相同的信噪比之下由于欧几里得距离的增大,误码率会降低。这是概率整形提高误码性能的第二个原因。

8.2.3 概率整形技术的算法

在 8.2.2 节已经介绍过,概率整形是增大内圈 4 个点出现的概率,减小外圈 4 个点出现的概率。具体的概率分布使用麦克斯韦-玻尔兹曼(Maxwell-Boltzmann)分布[11],见式(8-1):

$$P_X(x_i) = \frac{1}{\sum\limits_{k=1}^{M} e^{-vx_k^2}} e^{-vx_i^2} \tag{8-1}$$

这仅是对于一维符号的计算公式,即 QAM 信号的 I 路或 Q 路,可以通过单路的概率分布计算出所有 QAM 信号的概率分布。式中 v 是缩放因子,是关键参数之一,可以代表概率整形的程度,在 0 到 1 之间取值。v 越大代表概率整形的程度越大,也正是 v 的不同导致了概率整形的概率分布不同。v 由 SNR 决定,理论上每个 SNR 都能匹配到一个最适宜的 v 让互信息(MI)达到最大,图 8-2 中不同 SNR 对应的不同概率分布正是源于不同的参数 v。式(8-2)是互信息的计算公式。

$$I(X:Y) = H(X) - H(X \mid Y) \tag{8-2}$$

式中,X 为发送符号,Y 为接收符号。$H(X)$ 表示信源熵,$H(X|Y)$ 表示由于各种干扰,接收到 Y 后 X 仍然存在的不确定性,是干扰对接收端所获信息量的削减。所以互信息就可以代表通信系统的信息容量。于是可以通过互信息来衡量概率整形为一个通信系统带来的优化。

概率整形增加了幅度小的信号出现的概率,而减小了幅度大的信号出现的概率,这就导致了信号平均功率的降低,节省了发送功率。要想使概率整形的信号与原信号平均功率相同,需要引入标量 Δ,用以扩大概率整形的星座图,达到让信号平均功率与均匀分布的信号平均功率相等。

$$E\left[\left|\Delta X\right|^2\right] = E\left[\left|X_0\right|^2\right] \tag{8-3}$$

式中,X 表示概率整形信号,X_0 表示均匀分布信号。式(8-1)也就可以改为

$$P_{\Delta X}(x_i) = \frac{1}{\sum\limits_{k=1}^{M} e^{-vx_k^2}} e^{-vx_i^2} \tag{8-4}$$

下面以 PS-16QAM 为例具体说明,这里取 $v=0.1$。根据式(8-4),可以求出各星座点的概率分布:

$$P(\Delta X) = \begin{vmatrix} 0.024\,0 & 0.053\,5 & 0.053\,5 & 0.024\,0 \\ 0.053\,5 & 0.119\,0 & 0.119\,0 & 0.053\,5 \\ 0.053\,5 & 0.119\,0 & 0.119\,0 & 0.053\,5 \\ 0.024\,0 & 0.053\,5 & 0.053\,5 & 0.024\,0 \end{vmatrix} \tag{8-5}$$

$$\overline{P} = \sum_i \left|X_i\right|^2 \cdot P(X_i) \tag{8-6}$$

通过式(8-6)可以求出概率整形后的 16QAM 信号的平均相对功率为 6.96。而原 16QAM 信号的平均相对功率为 10,是 PS-16QAM 的 1.436 7 倍,PS-16QAM 的各符号幅度应增大 1.198 6 倍,即 $\Delta = 1.198\,6$。原 16QAM 的星座图由图 8-5(a)变为图 8-5(b)。

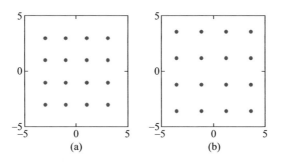

图 8-5　传统 16QAM 与概率整形 16QAM 星座图对比

（a）原 16QAM 星座图；（b）概率整形 16QAM 星座图

8.3　仿真探究概率整形技术的可行性

8.3.1　仿真装置

仿真装置的原理如图 8-6 所示。产生连续波(continuous wave,CW)光波的外腔激光器 1 提供了 IQ 调制器的光输入,由 MATLAB 生成的均匀分布以及概率整形的 16QAM 调制信号用于驱动 IQ 调制器。经高斯光白噪声源加入后,产生的均匀分布/PS-16QAM 光调制信号发送到 90°光混频器。90°光混频器的另一个输入是从 ECL2 产生的 CW 光波,作为与传输光信号有 15GHz 频率差的本振光。然后,在 90°光混频器的 I 输出端采用平衡光检器(balanced photo-detectors,BPD)进行上变频,以获得 15GHz 的 16QAM 毫米波信号。信道噪声来自 BPD 的热噪声和散粒噪声。90°光混频器的 Q 输出接地,因为我们不需要使用它。15GHz 的

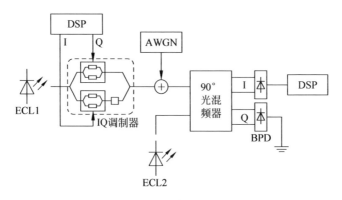

图 8-6　仿真原理图

16QAM 毫米波信号由接收机一侧的 DSP 处理。光域中的操作由仿真平台(VPI)实现,电域运行由 MATLAB 编程实现,可以通过 MATLAB 编程来恢复数据,包括中频(IF)下变频、符号判定、16QAM 解映射等过程。基于恢复数据与原始发送数据的比较,进行误码率计算。

8.3.2　仿真结果及分析

计算得到的 BER 性能如图 8-7 所示。在 4 种不同的情况下,给出 BER 与输入到光混频器的光信噪比的关系曲线:①20Gbit/s(5Gbaud)均匀分布 16QAM 调制,②20Gbit/s(20/3.4Gbaud)PS-16QAM 调制,③20Gbit/s(20/3Gbaud)PS-16QAM 调制和④20Gbit/s(20/2.6Gbaud)PS-16QAM 调制。这里,括号中每个波特率的分母表示每个符号的熵。如果比特率相同,PS 方案的波特率会因为熵的不同而有所不同。在第二到第四种情况下,我们分别将参数 v 设置为 0.079 199 513 812 927、0.137 326 536 083 514 和 0.209 994 892 771 603。从图 8-7 所示的仿真结果可以看出,在相同比特率的情况下,PS-16QAM 具有比正常 16QAM 更好的 BER 性能。此外,每个符号携带的熵越小,BER 性能就越好。图 8-8 显示出了对应于图 8-7 中不同情况的某一光信噪比的 20Gbit/s 均匀分布 16QAM 和 PS-16QAM 的 15GHz 毫米波信号的恢复星座结果。在情况①中,在 17.26dB OSNR 下的恢复星座结果如图 8-8(a)所示,得到 3.3×10^{-3} 的 BER。在情况②中,在 16.07dB OSNR 下的恢复星座结果如图 8-8(b)所示,并获得 2.8×10^{-3} 的 BER。在情况③中,在 15.1dB OSNR 下的恢复星座结果如图 8-8(c)所示,得到 2.9×10^{-3} 的 BER。在情况④中,在 13.9dB OSNR 下的恢复星座结果如图 8-8(d)所示,并获得 2.8×10^{-3} 的 BER。图 8-9 显示出了对应于图 8-8(c)这种情形中不同位置处所捕获的光谱图和 15GHz 毫米波信号频谱(图 8-8(b)中)。图 8-9(a)展示的是在 BPD 之前的光信号光谱图。当信号的 OSNR 为 15.1dB 时,BPD 之后的电信号频谱图如图 8-9(b)所示。

总之,PS-16QAM 调制格式在 BER 性能方面优于均匀分布的 16QAM 调制格式。在理想情况下,不同的 SNR 需要不同的概率质量函数(probability mass function,PMF),即不同的参数 v 值。在现实的系统中,可以在一定 SNR 范围内使用相同的 PMF,因为信道 SNR 与匹配于我们的 PMF 的信噪比之间不匹配的容限为 24,这使得 PS 的实现变得更加容易。通过这个仿真,证实了概率整形技术在相干光通信系统中的可行性。接下来将通过具体实验继续进行探究。

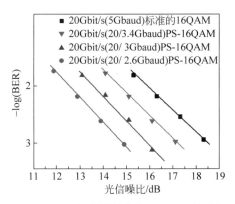

图 8-7　BER 与光混频器输入 OSNR 关系图

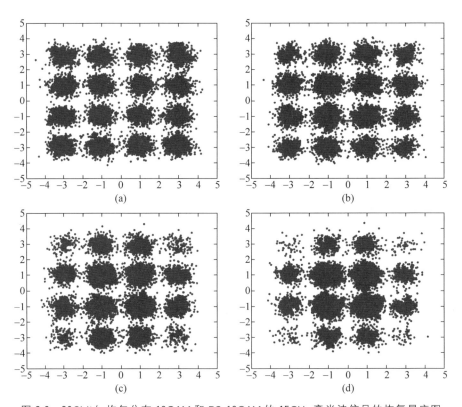

图 8-8　20Gbit/s 均匀分布 16QAM 和 PS-16QAM 的 15GHz 毫米波信号的恢复星座图

(a) 17.26dB OSNR，4bit/symbol，BER＝3.3×10⁻³；(b) 16.07dB OSNR，3.4bit/symbol，BER＝2.8×10⁻³；(c) 15.1dB OSNR，3bit/symbol，BER＝2.9×10⁻³；(d) 13.9dB OSNR，2.6bit/symbol，BER＝2.8×10⁻³

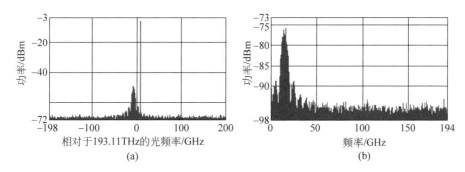

图 8-9　对应于图 8-8(c)不同位置的光谱图(频谱图)

(a) BPD 之前；(b) BPD 之后

8.4　概率幅度整形方案的原理

众所周知，PS 技术是一种实现速率逼近香农(Shannon)极限的先进技术，而概率幅度整形已成为实现 PS 技术的一种标准方案[12,14]，它在前向纠错码之前使用分布匹配器(DM)进行整形。基于信源熵为 5.5 比特/(符号·极化熵)的 PS-64QAM 的 PAS 实现原理如图 8-10 所示。首先，将二进制数据源分为两部分，数据长度分别为 $U_1 = 56\,678$ 和 $U_2 = 11\,435$。将 U_1 比特流输入到恒定成分分布匹配器(CCDM)，并根据指定的概率分布生成 $V_1 = 32\,400$ 个幅度符号{1,3,5,7}。图 8-10 的插图(a)提供了 CCDM 生成的幅度符号的概率分布。然后将幅度符号映射为 $2V_1$ 比特，并将 $2V_1$ 比特与 U_2 比特一同输入到开销为 27.5% 的低密度奇偶校验编码器中，从而生成奇偶校验位。这些奇偶校验位和 U_2 比特二进制符号均遵循均匀概率分布，根据映射关系(0→+1 和 1→−1)将这些服从均匀分布的二进制符号用作正/负符号位。然后将这些正/负符号与先前的幅度符号组合形成{+1，+3，+5，+7}或{−1，−3，−5，−7}符号，即生成图 8-10(b)所示的 PS-PAM8 符号。最后，可以将信源熵为 2.75bit/symbol 的两路 PS-PAM8 符号支路组合为熵为 5.5bit/symbol 的 PS-64QAM(这里称作 PS-64QAM-5.5)。

考虑来自 CCDM 和 FEC 的开销时，我们总共发送了 V_1 个 64QAM 符号，这些符号只能携带 $2(U_1+U_2)$ 比特的所需信息。因此，实际传输速率可以表示为

$$R_{actual} = \frac{2(U_1 + U_2)}{V_1} \tag{8-7}$$

这样，PS-64QAM-5.5 的实际传输速率仅为 4.2bit/symbol。我们求得的实际传输

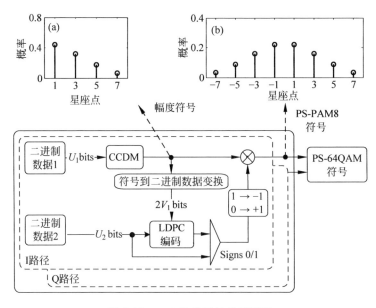

图 8-10　PAS 传输系统的原理图

速率与通过参考文献[12]中公式 3 得到的 PS 理论速率 R 完全一致。

$$R = H - (1 - r) \cdot m \tag{8-8}$$

式中，H 是信源熵(5.5bit/symbol)，r 是 FEC 码率(40/51)，m 是每个 64QAM 符号对应的比特数(6bit/symbol)。这样计算出的理论传输速率 R 也是 4.2bit/symbol。因此，每个信道的净传输速率可以计算为 48G 符号每秒×4.2 比特/(符号・极化)×2 极化＝403Gbit/s。

8.5　PS 技术与混合 QAM 技术的比较

与 PS 技术相似，混合 QAM 技术[18,19]是另外一种调制格式优化技术，可以带来 OSNR 灵敏度增益并改善传输距离。与常规 QAM 不同，混合 QAM 由两个或多个常规 QAM 组成，这些常规 QAM 具有不同的信源熵，并且以不同比例分布在一帧内，可以实现介于两个常规 QAM 整数信源熵之间的任何熵值。这样，混合 32/64QAM 可以平滑地填补常规 32QAM 和常规 64QAM 之间的过渡，可以在频谱效率和 OSNR 灵敏度之间取得更好的折中。而对于 PS 技术，为了降低通信系统容量与香农极限之间的差距，使用了功率利用效率更高的麦克斯韦-玻尔兹曼分布。因此，将混合 QAM 与 PS 技术进行比较是很有意义的，从而可探索更适用于

50GHz 信道间隔的 400G WDM 传输的先进调制格式。

众所周知,常规 2^n 阶 QAM 只能实现整数信源熵,而最近提出的混合 QAM 可以通过为两个或多个具有不同信源熵的常规 2^n 阶 QAM 分配不同的时隙并填补常规 QAM 之间的空白,从而实现任意非整数信源熵。这里以混合比例为 1∶1 (信源熵为 5.5 比特/(符号·极化))的混合 32/64QAM 为例。如图 8-11(a)所示,常规 32QAM 符号(映射为 5bit)和常规 64QAM 符号(映射为 6bit)按 1∶1 的比例交替出现,相应的星座图如图 8-11(b)所示。

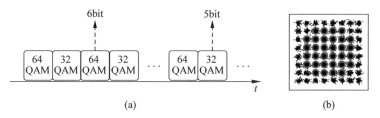

图 8-11　信源熵为 5.5 比特/(符号·极化)的混合 32/64QAM 的(a)符号映射和(b)星座图

与混合 QAM 不同,PS 使用式(8-9)中所示的麦克斯韦-玻尔兹曼分布来增加幅度较小的星座点出现的概率,而降低幅度较大的星座点出现的概率,从而在相同信源熵下实现较低的平均功率,获得整形增益。

$$P_X(x_i) = \frac{\exp(-v(\mathrm{Re}(x_i)^2 + \mathrm{Im}(x_i)^2))}{\sum_{k=1}^{M} \exp(-v(\mathrm{Re}(x_k)^2 + \mathrm{Im}(x_k)^2))} \tag{8-9}$$

式中,x_i 表示 mQAM 中的第 i 个星座点,v 表示整形参数。另外,混合 QAM 由不同的常规 QAM 组合而成,其各组成部分保持各自的不同映射位数,而 PS 技术通过引入冗余来实现符号的指定概率分布,符号的原始映射位数得以保持。在第 8.6 节的传输实验中,我们将比较具有相同信源熵(5.5 比特/(符号·极化))的 PS-64QAM 和混合 32/64QAM 的性能。

图 8-12 给出了在使用码率为 40/51 和 55/72 的 LDPC 码(相对应的开销分别为 27.5% 和 30.9%)时,FEC 纠错前 NGMI 与 FEC 纠错后 BER 的对应关系。在开销分别为 27.5% 和 30.9% 的情况下,当纠错前 NGMI 分别达到 0.8 和 0.784 时,可以实现 LDPC 纠错后无差错。换句话说,可以证明 0.8 和 0.784 分别是开销为 27.5% 和 30.9% 的 LDPC 的 NGMI 阈值。于是,我们将开销为 27.5% 的 LDPC 码用于 PS-64QAM 信号,为了获得相同的净传输速率,对常规 64QAM 和混合 32/64QAM 信号使用开销为 30.9% 的 LDPC 码。

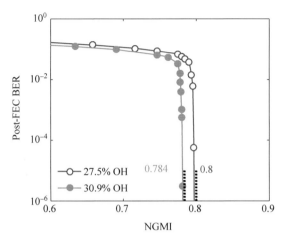

图 8-12 　对于码率为 40/51 和 55/72 的 LDPC：FEC 纠错前 NGMI 与 FEC 纠错后 BER 的对应关系

8.6　PS 技术和混合 QAM 传输实验

8.6.1　实验装置

图 8-13 和图 8-14 分别给出了 8 信道 48G 波特率的 WDM PS-64QAM(或混合 32/64QAM)信号的生成和传输的实验装置和 DSP 原理。在发射端 DSP 中，分别生成了熵为 5.5 比特/(符号・极化)的混合 32/64QAM 和 PS-64QAM 符号。如图 8-14(a)所示，对于混合 32/64QAM，常规 32QAM 和 64QAM 信号各占时隙的一半，并且交替出现。对于 PS-64QAM，我们用指定的麦克斯韦-玻尔兹曼分布生成了具有 5.5 比特/(符号・极化)信源熵的 PS-64QAM 符号，所生成的 PS-64QAM 信号的概率分布如图 8-14(b)所示。在进行 QAM 映射后，将生成的 PS-64QAM(或混合 32/64QAM)符号送入基于预处理训练序列的查找表预失真和预均衡模块。同时，我们采用了滚降系数为 0.04 的升余弦滚降滤波。根据在 BTB 情况下，恒模算法均衡器 21 个抽头收敛后的系数，计算出如图 8-14(c)所示的滤波器长度为 1024 的预均衡有限冲激响应。如图 8-14(d)中所示的基于 LUT 的预失真是基于预均衡后的训练序列进行的。首先通过将传输的信号与相应的恢复信号进行比较来生成具有 9 符号存储长度的各模式相关的查找表。计算表中每个模式的发射信号和相应的恢复信号之间的平均差值。这里，长度为 2^{16} 的训练序列大约可以覆盖 35 000 个模式。最后通过计算出的各模式平均差值生成相应的预失真星座图。之后，将经过预处理的信号加载到数/模转换器中。

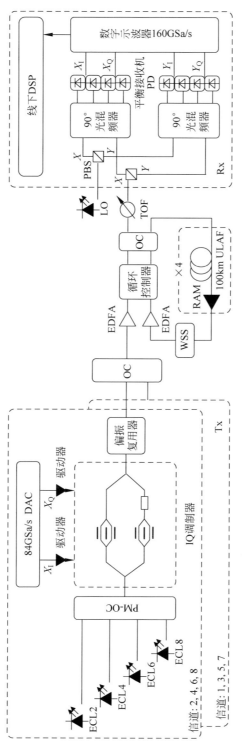

图 8-13　基于 48G 波特率偏振复用 PS-64QAM(或混合 32/64QAM) 的 8 信道 WDM 传输

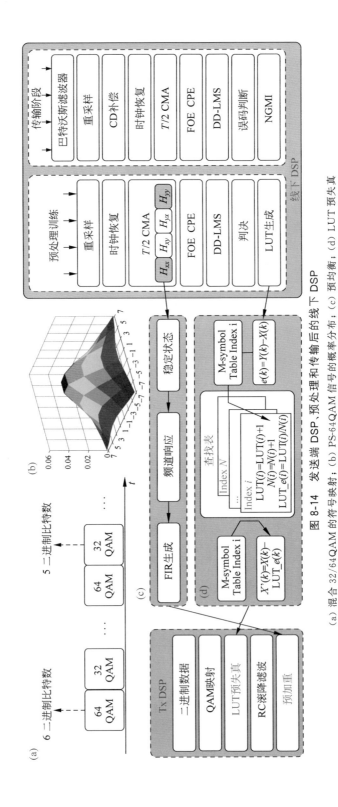

图 8-14　发送端 DSP、预处理和传输后的线下 DSP

(a) 混合 32/64QAM 的符号映射；(b) PS-64QAM 信号的概率分布；(c) 预均衡；(d) LUT 预失真

发送端包括一个具有 20GHz 带宽和 84GSa/s 采样率的商用 DAC，一个 100kHz 线宽的外腔激光器，一个 32GHz 带宽的 IQ 调制器，两个 65GHz 带宽的调制器驱动器和一个偏振复用器（Pol. MUX）。对于光信号调制，来自 ECL 的 1553.126nm 处的光源被输入到由预处理信号驱动的 IQ 调制器中。进行光调制后，通过偏振复用器实现极化复用。在发射端，8 信道的 50GHz-WDM 信号分为奇数信道组（第 1、3、5 和 7 信道）和偶数信道组（第 2、4、6 和 8 信道）两部分，两部分信道通过保偏光耦合器组合在一起，之后送入包含后向拉曼放大器的超大有效面积光纤环路，该环路由若干段 100km 跨度的太波（TeraWave）TM＋光纤组成，光纤的平均有效面积为 125μm^2，衰减系数为 0.182dB/km，在 1550nm 波长处的色散系数为 20ps/（nm・km）。在循环回路中，利用具有 20dB 开/关增益的后向泵浦拉曼放大器来补偿每个跨度的信号损耗。拉曼泵浦的平均功率约为 950mW。此外，我们使用了衰减器（ATT）来控制光功率，并使用 WSS 来平坦化带通滤波器的增益斜率。

在接收端，使用 3dB 带宽为 0.9nm 的可调光学滤波器，从 8 信道 WDM 信号中选择所需的子信道。我们在实验中选择第 4 子信道。然后，使用两个偏振分束器和两个 90°光混频器，对传输信号和 100kHz 线宽光本地振荡信号进行偏振和相位分集。之后，将混频器的 8 路输出送入 4 个平衡光电探测器，每个探测器的带宽为 70GHz。最后，通过具有 65GHz 带宽和 160GSa/s 采样率的数字示波器实现电信号的数字化和采样，其后是离线 DSP 处理，如图 8-14 所示。离线 DSP 包括巴特沃斯数字低通滤波器，重采样，色散补偿，时钟恢复，$T/2$CMA 均衡，频偏估计（FOE），基于盲相位搜寻（BPS）算法的载波相位恢复（CPE），判决导向的最小均方误差均衡、判决和 NGMI 计算。

8.6.2　PS-64QAM 与混合 32/64QAM 的比较

首先，图 8-15 显示了在 BTB 情况下，信源熵为 5.5 比特/（符号・极化）的单信道混合 32/64QAM 和 PS-64QAM 信号的理论和实验 NGMI 结果与 OSNR 的关系。与理论结果相比，PS-64QAM 和混合 32/64QAM 信号分别产生了约 2.8dB 和 3.4dB 的 OSNR 损失。与混合 32/64QAM 相比，PS-64QAM 信号的 OSNR 损失较低，由于 PS-QAM 最外部星座点的概率分布更低，因此克服非线性损伤的性能更好。

图 8-16 给出了在 BTB 情况下，常规 64QAM、混合 32/64QAM 和 PS-64QAM 的 NGMI 与 OSNR 的关系图。与单信道情况相比，48G 波特率的 WDM 偏振复用

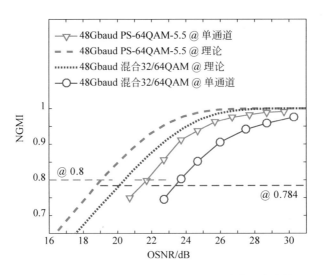

图 8-15 不同 BTB OSNR 下的 NGMI 理论值和实验值

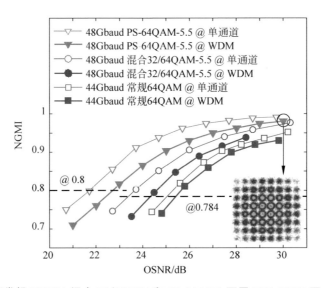

图 8-16 对于常规 64QAM、混合 32/64QAM 和 PS-64QAM，不同 BTB OSNR 下的 NGMI 结果

混合 32/64QAM 和 PS-64QAM 信号的 OSNR 损失均约为 0.9dB。在开销为 27.5％ 的 SD-FEC 阈值(0.8NGMI)下，WDM PS-64QAM 信号(528Gbit/s 总速率 和 403Gbit/s 净速率)所需的 OSNR 约为 22.7dB；与 30.9％ SD-FEC 阈值下的 44G 波特率的常规 64QAM 信号(528Gbit/s 总速率和 403Gbit/s 净传输速率)相 比，PS-64QAM 信号大约可以获得 2.6dB 的 OSNR 增益。而对于波特率、净传输

速率与 PS-64QAM 相同的混合 32/64QAM，与常规 64QAM 相比，仅能获得 1.1dB 的 OSNR 增益。

之后，我们在若干段跨度为 90km 的结合 EDFA 放大的标准单模光纤和若干段跨度为 400km 的 ULAF(TeraWave-SLA ＋ 光纤，具有 $122\mu m^2$ 的平均有效面积)上进行了 8 信道的 50GHz WDM 传输实验。其中第 4 个 WDM 子信道在 SSMF 和 ULAF 上的传输结果分别如图 8-17 和图 8-18(a)所示。可以证明，当测得的 NGMI 高于 27.5％ SD-FEC 阈值(0.8NGMI)时，可以实现净传输速率为 403Gbit/s 的 WDM PM PS-64QAM 信号在 SSMF 上传输 990km，相较于混合 32/64QAM(720km)，PS 信号使 SSMF 上的传输距离提高了 37.5％。同时，403Gbit/s 的 WDM PS-64QAM 信号可以在拉曼放大的 ULAF 上传输 3 600km，与 EDFA 放大的 SSMF 相比，可以获得超过 250％的传输距离的提高。此外，与常规 64QAM(2 000km)相比，WDM PS-64QAM 信号可以获得 80％的 ULAF 传输距离提高，而 WDM 混合 32/64QAM 可以实现 2 400km 的 ULAF 传输，与常规 64QAM 相比仅有 20％的传输距离改善。换句话说，在上述每信道比特率为 400Gbit/s 的 50GHz WDM 系统中，PS-64QAM 的传输距离比混合 32/64QAM 高出 50％。另外，我们在表 8-1 中总结了上述实验结果。此外，图 8-18(b)和(c)分别给出了 3 600km ULAF 传输之前和之后的 8 信道 WDM PS-64QAM 信号的光谱图。

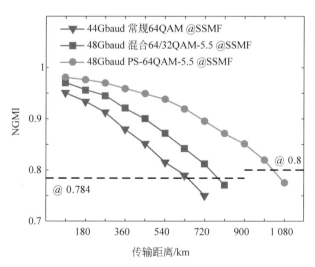

图 8-17 对于第 4 信道的常规 64QAM、混合 32/64QAM 和 PS-64QAM，不同 SSMF 传输距离下的 NGMI 结果

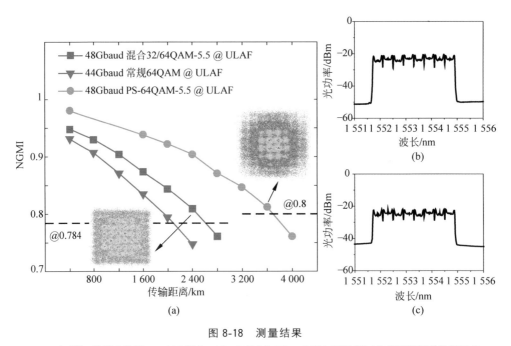

图 8-18　测量结果

（a）对于第 4 信道的常规 64QAM、混合 32/64QAM 和 PS-64QAM,不同 ULAF 传输距离下的 NGMI
结果；（b）BTB 情况下的 8 信道波分复用 PS-64QAM 信号的光谱图；（c）3 600km ULAF 传输后的 8
信道波分复用 PS-64QAM 信号的光谱图

表 8-1　波分复用常规 64QAM、混合 32/64QAM 和 PS-64QAM 的实验结果

调制格式	每信道波特率/Gbaud	LDPC开销/%	每信道净速率/(Gbit/s)	频谱效率/(bit/(s·Hz))	OSNR灵敏度/dB	SSMF传输距离/km	ULAF传输距离/km
常规 64QAM	44	30.9	403.3	8.06	25.3	630	2 000
混合 32/64 QAM	48	30.9	403.3	8.06	24.2	720	2 400
PS-64QAM	48	27.5	403.7	8.07	22.7	990	3 600

　　此外,在 3 600km ULAF 传输之后,WDM PS-64QAM 信号的第 4 信道的
NGMI 结果与输入光功率的关系如图 8-19 所示,单个信道的最佳输入光功率约为
0.5dBm。当光功率太低时,OSNR 的大小不足以支持可靠的传输,而如果光功率
太高,光电二极管将进入饱和区。对于 3 600km 的 WDM PS-64QAM 传输,可靠
的输入光功率范围在 0～1.5dBm。另外,图 8-20 给出了在 3 600km ULAF 传输之
后,所有 8 个 WDM 子信道的 NGMI 实验结果,各子信道的 NGMI 值均高于 0.8,
即达到 27.5%开销下的 SD-FEC 阈值。由此可见,我们可以实现基于 8 信道波分复
用 PS-64QAM 信号的净速率达到 403Gbit/s 的 3 600km ULAF 传输。

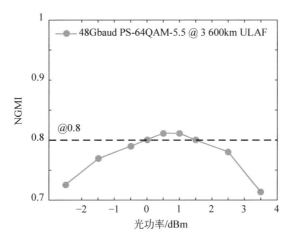

图 8-19 第 4 信道 PS-64QAM 信号在 3 600km ULAF 传输后,不同光功率下的 NGMI

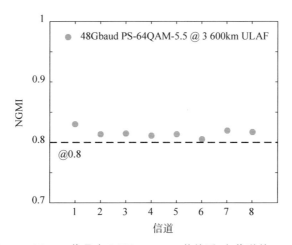

图 8-20 PS-64QAM 信号在 3 600km ULAF 传输后,各信道的 NGMI 结果

8.6.3 本章小结

通过使用 PS 技术、预均衡技术、基于 LUT 的预失真和结合拉曼放大器的 ULAF 传输,实现了基于每信道 48G 波特率的偏振复用 PS-64QAM 的 8 信道 50GHz 波分复用相干传输,在考虑 27.5% 开销的 SD-FEC 阈值(0.8 NGMI)时,净速率可以达到 403Gbit/s,ULAF 的传输距离可以达到 3 600km。与常规的 64QAM 相比,传输距离提高了 80%;与混合 32/64QAM 相比,传输距离提高了 50%。对于高速和长距离相干光传输,分布匹配器和麦克斯韦-玻尔兹曼分布的应用使 PS-QAM 的功率利用效率比混合 QAM 及其他调制格式更高。

我们通过实验将信源熵同为 5.5 比特/(符号·极化)PS-64QAM 与混合 32/64QAM 信号在 48Gbaud 的 50GHz WDM 传输中进行了比较。可以得出的结论是,与混合 32/64QAM 相比,PS-64QAM 信号可获得约 1.5dB 的灵敏度增益,并且 ULAF 传输距离可提高约 50%。此外,与使用 EDFA 放大的 SSMF 传输相比,使用拉曼放大的 ULAF 的应用可以明显改善传输距离,获得超过 250% 的传输距离增益。

参考文献

[1] IDLER W, BUCHALI F, SCHMALEN L, et al. Field demonstration of 1Tbit/s super-channel network using probabilistically shaped constellations[C]. European Conference on Optical Communication, 2016.

[2] COLIN J. Nokia's super-fast subsea data cable torpedos the competition[EB/OL]. New Atlas Technology & Science News. (2016-10-13)[2017-10-20]. http://newatlas.com/record-fiber-optic-transmission-alcatel-nokia/45889.

[3] WACHSMANN U, FISCHER R F H, HUBER J B. Multilevel codes: theoretical concepts and practical design rules[J]. IEEE Transactions on Information Theory, 1999, 45(5): 1361-1391.

[4] FEHENBERGER T. LDPC coded modulation with probabilistic shaping for optical fiber systems[C]. Optical Fiber Communications Conference and Exhibition, 2015.

[5] SCHULTE P, BÖCHERER G. Constant composition distribution matching[J]. IEEE Transactions on Information Theory, 2015, 62(1): 430-434.

[6] PAN C, KSCHISCHANG F R. Probabilistic 16QAM shaping in WDM systems[J]. Journal of Lightwave Technology, 2016, 34(18): 4285-4292.

[7] BUCHALI F, STEINER F, BÖCHERER G, et al. Rate adaptation and reach increase by probabilistically shaped 64QAM: an experimental demonstration[J]. Journal of Lightwave Technology, 2016, 34(7): 1599-1609.

[8] DAR R, FEDER M, MECOZZI A, et al. On shaping gain in the nonlinear fiber-optic channel[C]. IEEE International Symposium on Information Theory, 2014.

[9] YANKOV M P, ZIBAR D, LARSEN K J, et al. Constellation shaping for fiber-optic channels with QAM and high spectral efficiency[J]. IEEE Photonics Technology Letters, 2014, 26(23): 2407-2410.

[10] FEHENBERGER T, ALVARADO A, BÖCHERER G, et al. On probabilistic shaping of quadrature amplitude modulation for the nonlinear fiber channel[J]. Journal of Lightwave Technology, 2016, 34(21): 5063-5073.

[11] BÖCHERER G, STEINER F, SCHULTE P. Bandwidth efficient and rate-matched low-density parity-check coded modulation[J]. IEEE Transactions on Communications, 2015, 63(12): 4651-4665.

[12] BUCHALI F, BÖCHERER G, IDLER W, et al. Experimental demonstration of capacity increase and rate-adaptation by probabilistically shaped 64QAM[C]. European Conference

on Optical Communication, 2015.

[13] FEHENBERGER T, LAVERY D, MAHER R, et al. Sensitivity gains by mismatched probabilistic shaping for optical communication systems[J]. IEEE Photonics Technology Letters, 2016, 28(7): 786-789.

[14] SCHMALEN L. Probabilistic constellation shaping: challenges and opportunities for forward error correction [C]. Optical Fiber Communication Conference, 2018.

[15] KSCHISCHANG F R, PASUPATHY S. Optimal nonuniform signaling for Gaussian channels [J]. IEEE Trans. Inform. Theory, 1993, 39(3):913-929.

[16] CHO J, CHEN X, CHANDRASEKHAR S, et al. Trans-atlantic field trial using probabilistically shaped 64-QAM at high spectral efficiencies and single-carrier real-time 250-Gb/s 16-QAM [C]. Optical Fiber Communication Conference, 2017.

[17] MIAO K, LI X, ZHANG J, et al. High spectral efficiency 400 Gb/s transmission by different modulation formats and advanced DSP [J]. Journal of Lightwave Technology, 2019, 37(20): 5317-5325.

[18] ZHOU X, NELSON L E, MAGILL P, et al. High spectral efficiency 400 Gb/s transmission using PDM time-domain hybrid 32-64 QAM and training-assisted carrier recovery[J]. Journal of Lightwave Technology, 2013, 31(7): 999-1005.

[19] ZHOU X, NELSON L E, ISAAC R, et al. 4000 km transmission of 50GHz spaced 10×494.85 Gb/s hybrid-32-64 QAM using cascaded equalization and training-assisted phase recovery [C]. Optical Fiber Communication Conference, 2012.

第 9 章

超高波特率光信号传输技术

9.1 引言

为了应对呈指数增长的网络互联协议(internet protoco,IP)业务量[1-10],400Gbit 以太网(400GbE)将有望成为下一代传输标准的基础,因此在国际电信联盟电信标准局网络中进行每信道 400Gbit/s 的波分复用传输吸引了许多研究热潮。在网络传输线路上,用单个光载波传输 400Gbit/s 的信号是一种有前景的解决方案,尽管将会达到光电器件和模块的极限,但系统的复杂度可以因此降低[5-10]。在电域上实现尽可能高的复用率和最少的子载波数,可以减少光电器件的使用,降低转发器的成本[5-10]。对光载波的调制方式有两种主流的方式可以选择,一方面可以使用高阶的调制格式,比如 16QAM 以及更高阶数的调制,这将会对光信噪比提出更高的要求,而且传输距离受到限制,同时增加了系统的复杂度和相干接收机 DSP 模块的功耗[5,10];另一方面,可以使用阶数较低但抗噪声性能较好的调制格式,而将波特率提高,比如 PDM-QPSK,可以实现长距离传输,而且DSP 处理也相对简单[7-9]。我们认为在未来的大容量光传输网络中,通过增加波特率来实现单载波 400Gbit/s 每 WDM 信道的传输是一种更有前景且性价比较高的方式,同时可以为太比特容量的多载波信道的组建打下基础。目前,单载波400Gbit/s 的水下传输系统已经实现了 7 200km 的光纤链路传输,创造了最远的距离纪录[10]。在级联的 50km 光纤传输实验中,使用 16QAM 调制格式进行64Gbaud 速率的信号传输,频谱效率可以达到 5.33bit/(s·Hz)。在使用 80~100km 级联光纤的陆地传输系统中,单载波 400Gbaud 的传输已经创造了 4 800km

的距离纪录[8],该传输实验是基于 107Gbaud 的 QPSK 调制实现的,频谱效率为 3.64bit/(s·Hz)。与此同时,基于 110Gbaud 的 QPSK 实现的传输实验达到了 3 600km 的传输距离,频谱效率为 4bit/(s·Hz),创造了目前最高的电时分复用 (ETDM)码率[9]。在我们的研究工作中,使用 128Gbaud 的码率突破了传输距离纪录,提升了基于 ETDM 的光-电传输方式的容量极限。成功地将单载波 PDM-QPSK 信号的传输速率提升到了 515.2Gbit/s,在 100km 级联光纤组成的链路中传输了 10 130km。从目前所知晓的情况来看,这已经达到了单载波 400Gbit/s 传输的最高速率和最远距离。我们也使用经过滤波的 QPSK 信号进行了单载波 128.8Gbaud 的传输实验,在 100GHz 网络中传输了超过 6 078km,频谱效率为 5.152bit/(s·Hz)。

为了实现单信道数据速率的提升,传统方法是提高单载波上的码元速率[1-8]。电域时分复用是用来提高电信号码率的重要手段,在过去的几年中,光通信业也将这种技术作为优先选择[2-8]。目前,先进的 ETDM 技术已经能够实现 100Gbaud 及以上的传输速率[2-6]。文献[2]讲述了 107Gbaud 的 QPSK 信号的产生并进行了 4 800km 距离的传输实验。之后 107Gbaud 的 PMD-QPSK 信号背靠背传输实验证明了这种方案的可行性[3]。在先前的研究工作中,我们发送了 128.8Gbaud QPSK 信号,并分别在 100GHz 和 200GHz 的陆地网络光缆上进行了长距离传输[4]。最近的研究显示,使用 ETDM 的 120Gbaud PMD-16QAM 光信号在 150GHz 网络中进行的 WDM 传输可以达到 5.33bit/(s·Hz)的频谱效率。目前,使用 ETDM 的单载波 PDM-64QAM 信号的传输速率达到了 1.08Tbit/s,是目前的最高速率[6]。高速率的信号是通过多频段信号的组合复用产生的[7],数字频带交织也是可以用来进一步提高速率的技术。由于有了高速率信号的产生技术,以太网的传输速率标准将有望超过 1Tbit/s,信道子载波数可以最小化,从而减少了光电器件的使用,降低转发器的成本[2-8]。在本文的研究工作中,我们基于光电的方式产生和传输了 128Gbaud 的 PMD-QPSK 信号,进一步提高了 ETDM 的速率极限。由于有了发送端光频预加重和接收端部分响应(PR)以及最大似然序列估计检测技术,光电器件的带宽受限造成的窄带滤波效应得以减小,从而大大提高了系统的性能。我们成功地在 32GHz 光网络上进行了 16 信道的 WDM 传输实验,每信道加载的信号速率为 1 024Gbit/s(数据传输速率 800Gbit/s+20% FEC 额外比特开销),在只使用了 EDFA 进行中继放大的情况下传输了 320km 的标准单模光纤。高速的数据接口使得频谱效率达到 6.06bit/(s·Hz),这是目前已知最大的 ETDM 16QAM 信号码率,且频谱效率相对较高。

9.2 110Gbaud 极化复用的 QPSK 信号传输 3 000km

9.2.1 实验设置

图 9-1 给出了 20 信道,100GHz 信道间隔,单载波 440Gbit/s 传输实验的原理图,传输信号为超奈奎斯特滤波的类似 9QAM 的调制信号,基于 110Gbaud 的 PDM-QPSK 信号产生[11]。发送端使用 20 个线宽小于 100kHz 的外腔激光器来产生信号,频谱间隔为 100GHz,14.5dBm 的输出功率被分成奇数信道和偶数信道两组。奇数信道和偶数信道的传输通过 200GHz 的阵列波导光栅(AWG)进行复用,经过 AWG 之后,信号由保偏掺铒光纤放大器(PM-EDFA)增益到 23dBm。110Gbaud 信号的 I 路和 Q 路由二阶 ETDM 产生,信号源为二进制伪随机序列,其字长为 $2^{15}-1$,通过 4∶1 和 2∶1 的电复用器将 4 路 13.75Gbaud 的信号组合为一路,其中 4∶1 极化复用器(MUX)为 56Gbit/s 的 4∶1 复用器,2∶1 MUX 为 100Gbit/s 的 2∶1 复用器。在实验中,4∶1 MUX 在输出速率达到 55Gbit/s,2∶1 MUX 在输出速率达到 110Gbit/s 的时候依然能保持稳定工作。4∶1 MUX 输出 V_{pp} 为 500mV,2∶1 MUX 输出 V_{pp} 为 300mV。为了数据解相关的需要,两路 55Gbit/s 的信号之间有 55bit 的延迟,两路 110Gbit/s 的信号之间有 35bit 的延迟。奇数信道和偶数信道分别独立调制,由 110Gbaud PRBS 信号驱动 IQ 调制器产生。IQ 调制器由双臂 LiNbO₃ 调制器构成,其 3dB 带宽为 33GHz,由 2∶1 MUX 产生的 110GHz 信号驱动,总体插入损耗为 27dB。图 9-1 的插图(i)、(ii)分别为 55Gbaud 和 110Gbaud 的开关键控信号眼图,纵轴标度为 100mV/div,横轴标度分别为 5ps/div 和 2ps/div。在 QPSK 信号的调制中,IQ 调制器偏置为零。经过调制之后的每路信号由偏振复用器进行极化复用,偏振复用器由保偏光耦合器,光延迟线(D1 和 D2)以及极化波束组合器(PBC)构成,其中 PM-OC 用于分离信号,光延迟线用于提供超过 100 码元周期的时延,PBC 用来将信号进行重新组合。奇数和偶数信道的信号经过频域滤波来产生类似于 9QAM 星座调制的信号,然后经由可编程的波长选择开关组合,使用的 WSS 具有 100GHz 的固定频率间隔和 94.8GHz 的 3dB 带宽。经过 WSS 进行光滤波后,信号光谱变为带通,顶部变得平坦。由于信道带宽小于信号码元速率,WDM 复用实现了超奈奎斯特传输。

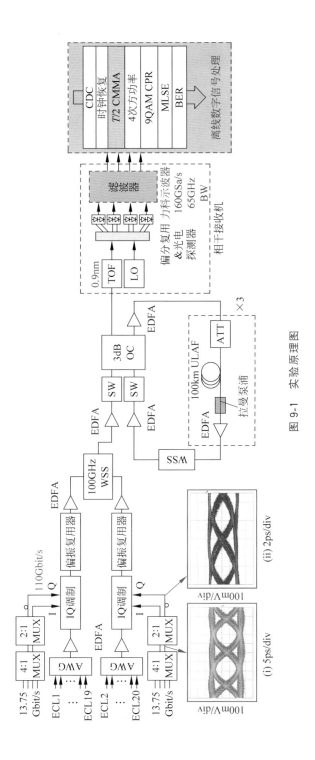

图 9-1　实验原理图

实验产生的 20 路 100GHz 间隔的 SN-WDM 信道如图 9-2 所示,其中 1 554.32～1 559.64nm 的频谱是由背靠背实验测定的,传输信号速率为 8.8Tbit/s (20×440Gbit/s),单载波传输 400Gbaud 的 PDM-QPSK 信号,在去除了 7％ HD-FEC 比特开销之后频谱效率为 4bit/(s·Hz)。

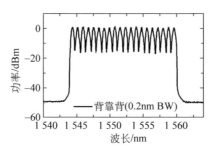

图 9-2　20×440Gbit/s,100GHz 间隔 SN-WDM 信道背靠背传输

产生的 20×440Gbit/s 超奈奎斯特信号频谱间隔为 100GHz,在由 3 段 100km 的 ULAF 光纤(21.1ps/(nm·km),132mm²)组成的光纤环路中进行传输,其平均损耗为 21dB。如图 9-1 所示,每一段 ULAF 都接入了拉曼放大器和 EDFA,用来补偿光纤损耗,其中一个 EDFA 在第一段光纤之前接入。泵浦光源为 1 450nm 时,开关型拉曼放大器在每一段光纤上增益为 9dB。衰减器用于调节每路子信道的信号发射功率;可调节的放大器增益均衡滤波器用来消除增益的线性变化,使其斜率变平坦;WSS 起到带通滤波器的作用,可以减小放大自发辐射噪声。在相干接收端,子信道由可调谐光滤波器进行选择,其 3dB 带宽为 0.9nm;本地振荡器为 ECL 激光器,其线宽小于 100kHz;90°极化复用器用于进行偏振和相位分集的相干检测。接收端平衡探测器的带宽为 50GHz,接收信号的采样和数字化则由 160GSa/s 采样率的数字示波器(Lecroy,Lab Master 10Zi)完成,其带宽为 65GHz。

110Gbaud 的超奈奎斯特信号先由 ADC 以 160GHz 的速率进行 1.45 倍过采样,之后进行离线的数字信号处理。采样数据以 220GSa/s 的采样率重采样并进行色散补偿,然后经过多模均衡算法和最大似然序列估计[12,13]算法恢复信号。

9.2.2　实验结果分析

图 9-3 显示了 440Gbit/s 信道背靠背传输时,经过不同带宽的滤波器成形滤波后的误码率-光信噪比曲线,图中也给出了 110Gbaud PDM-QPSK 信号在加性高斯白噪声条件下的 BER/OSNR(0.1nm 分辨率)理论值曲线[14]。在 SN-WDM 信道中,440Gbit/s 的奇数和偶数信道需要 22.5dB/0.1nm 的 OSNR 才能取得 3.8× 10^{-3} 的误码率门限(7％ HD-FEC),比相同条件下的单个信道传输高出 0.5dB 的

OSNR 代价。与理论曲线相比,实验中单个信道传输的 110Gbaud PMD-QPSK 信号大概有 4dB 的功率代价,这是光电器件的低通滤波效应引起的。同时,我们还证实,除了边缘信道有 0.5dB 的 OSNR 容忍度以外,其他子信道都具有相似的误码性能。插图(i)和(ii)显示的是高 OSNR 下恢复信号达到零误码的时候,X 和 Y 偏振方向的星座图。

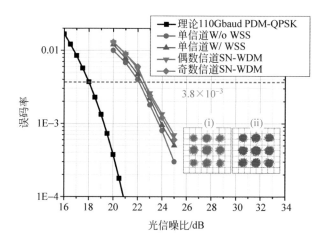

图 9-3　110Gbaud PDM-QPSK 信号背靠背传输的 BER-OSNR

图 9-4 为信道 4 传输的误码率曲线,传输了 3 600km ULAF 光纤,子信道频谱间隔为 100GHz。输入功率由光纤输入端的衰减器控制,每信道的输入光功率大概为 4dBm,存在非线性效应时输入功率增大引起 BER 下降,当每信道功率小于 3dBm 时,BER 随着 OSNR 的增加迅速下降。

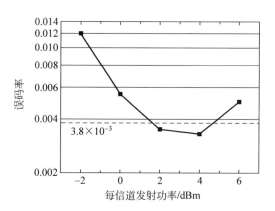

图 9-4　信道 4 传输 3 600km 的 BER 随每信道发送功率的曲线

图 9-5 显示了实验测出来的信道 4 传输的误码率随传输距离的变化曲线,传输距离范围为 $2\,400\sim4\,000$km,光功率处于最优点上。从图中可以看出,传输距离为 $3\,600$km 时,信道 4 的 BER 为 3.3×10^{-3},仍然低于 7% HD-FEC 门限[15]。从图 9-5 的插图(i)和(ii)可以看到,接收信号在 X 和 Y 偏振方向上为 9QAM 星座点,进一步的三阶后均衡可以从中恢复出信号。

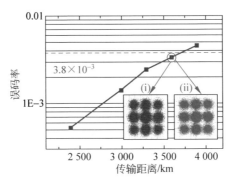

图 9-5   信道 4 的 BER 随传输距离的曲线

图 9-6 显示了所有的 400Gbit/s SN-WDM 信号在经过 $3\,600$km 传输光纤之后的 BER,其中接收端 OSNR 约为 25dB/0.1nm。结果表明,所有信道上的信号在经过 $3\,600$km 传输光纤之后,BER 均低于 3.3×10^{-8} 的 7% HD-FEC 门限[15]。

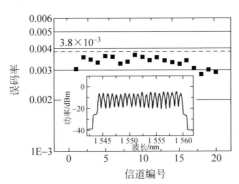

图 9-6   20 路信道传输 $3\,600$km 的误码率

9.2.3　多链路系统性能

1. 实验原理图

我们进一步研究了基于 ETDM 的高速率超奈奎斯特滤波的信号,经过超奈奎斯特滤波产生似 9QAM 信号,在长距离光纤链路传输中,这种信号能够对多个可

重用光分插复用器节点引起的强滤波效应拥有较好的稳健性。后面的实验将对这种特性进行验证。

如图 9-7 所示,实验设置了 10 个传输信道,信道间隔为 100GHz,单载波440Gbit/s 的超奈奎斯特信号基于 110Gbaud 的 PDM-QPSK 信号产生,传输光纤距离为 3 000km,使用了 10 个 ROADM。单载波 110Gbaud 的 PDM-QPSK 信号的产生原理与图 9-1 相同。在发送端,10 个发射光频间隔为 100GHz 的 ECL 分为两组,作为奇数信道和偶数信道,分别进行独立调制。然后各信道的 QPSK 信号经过滤波产生似 9QAM 的星座点,由 100GHz 间隔的可编程波长选择开关合并信号。由于各信道的带宽小于信号码率,因此 WDM 复用之后的信号是超奈奎斯特的。

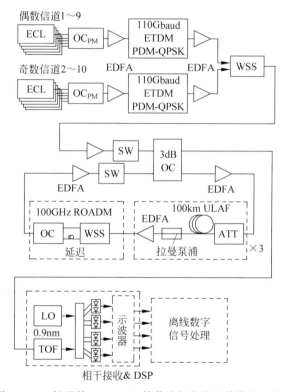

图 9-7　10 信道,100GHz 间隔的 440Gbit/s 单载波超奈奎斯特信号经过 ROADM 的传输

复用合并之后的信号速率为 440Gbit/s,在光纤链路环中传输,传输环路由3 段 100km 的 ULAF 和 100GHz 间隔的 ROADM 组成,信号在进入第一段光纤之前经过 EDFA 放大,在传输每一段光纤之后经过后端拉曼放大器和 EDFA 补偿功率损耗,使用的 ULAF、拉曼放大器和 EDFA 均与图 9-1 中相同。在光纤环

路中传输后,接收端对信号进行相干检测和离线 DSP 恢复,其过程与图 9-1 所示一样。

为了分析 110Gbaud 超奈奎斯特信号对 ROADM 器件引起的级联窄带滤波效应和带内串扰的容忍性能,链路环中使用了一个 WSS 来模拟单个 ROADM 节点,研究其滤波效应[16-18]。奇数信道和偶数信道经过 WSS 滤波后分别输入端口 1 和端口 2,然后使用 50∶50 光耦合器合并为一路。为了接收端解相关的需要,OC 的两臂之间有 5ns 时延。两输入端口的透射特性如图 9-8 所示,其中 WSS 测量的 3dB 带宽为 94.8GHz。如果将 ROADM 的模型简化为只有一个内部滤波器的结构,可以认为每一次 300km 的环路传输都经过了一个 ROADM。

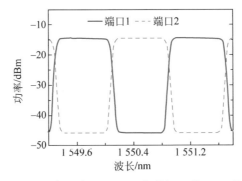

图 9-8　ROADM 中两端口 100GHz 频域间隔的 WSS 传输曲线

2. 实验结果分析

我们首先测量了背靠背传输的 BER-OSNR 曲线(0.1nm 分辨率),比较了不同带宽滤波器滤波之后的误码性能。实验中,WSS 的 3dB 带宽设定范围为 94.8～80.6GHz,单个信道的 110Gbaud QPSK 信号经不同带宽 WSS 滤波后的光谱如图 9-9 所示。

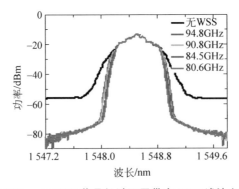

图 9-9　110Gbaud QPSK 信号经过不同带宽 WSS 滤波之后的频谱

图 9-10 为 BTB 传输的 440Gbit/s WDM 信号在经过不同带宽滤波器滤波之后的 BER-OSNR 曲线（0.1nm 分辨率）。WSS 滤波器的带宽为 94.8GHz 时，达到 3.8×10^{-3} 的 BER（7% HD-FEC 门限）需要的 OSNR 约为 22.5dB/0.1nm，比单信道传输时高出 0.5dB 的 OSNR 代价。信道带宽大于 88.6GHz 时，OSNR 代价可忽略不计；对于 110Gbaud 超奈奎斯特信号，即使信道带宽为 84.6GHz，达到 3.8×10^{-3} 的 BER 门限所需要的 OSNR 代价也小于 0.8dB。因此，超奈奎斯特信号传输方案对于滤波效应具有很好的容忍性。

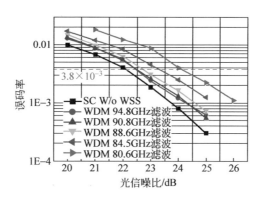

图 9-10　110Gbaud QPSK 信号经过不同带宽 WSS 滤波之后的 BER-OSNR 曲线

通过实验测得了不同光纤环路传输次数下的级联 ROADM 的传输函数，以及对应的 3dB 带宽，如图 9-11 所示。每个 ROADM 具有 93.8GHz 的带宽，级联 ROADM 系统的带宽随着环路传输时间增加而减小。在经过 10 次环路传输之后，相当于 10 个 ROADM 级联，其系统带宽为 84.5GHz，减小了大约 10GHz。信道 4 的 BER 随着传输距离的变化曲线如图 9-12 所示，发射光功率处于最优点上，分别

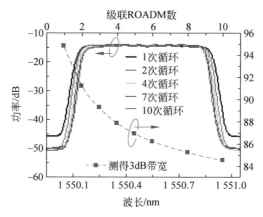

图 9-11　光纤环路中级联 ROADM 频谱特性和不同环路传输次数下的 3dB 带宽

测出了无 ROADM 和每 300km 一个 ROADM 情况下的 BER 曲线,从图中可以看出,为了达到误码门限,无 ROADM 情况下的传输距离极限为 3 600km[15],而每 300km 一个 ROADM 的情况下,传输了 3 000km 依然可以达到 3.8×10^{-3} 的 BER,低于门限值。

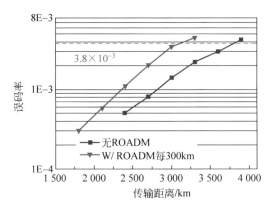

图 9-12 信道 4 经过 ROADM 和不经过 ROADM 传输情况下的 BER 与传输距离的关系

我们测量了波分复用 400Gbit/s 超奈奎斯特信号经过 3 000km 光纤传输和 10 个具有 100GHz 信道间距的 ROADM 的误码特性。经过光纤和 ROADM 传输后的光谱如图 9-13 所示。传输后信号 BER 均小于 3.8×10^{-3}。注意这里每一个 ROADM 只通过了一次滤波,也就是说只考虑了直通信道,没有考虑上下话路信道。如果考虑这些,这个信号在每一个 ROADM 需要通过两次滤波,在这种情况下通过的 ROADM 数将会大大减少。

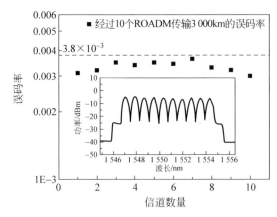

图 9-13 10 路信号经过 10 个级联 ROADM 传输 3 000km 的误码率

9.3　128Gbaud 极化复用 QPSK 信号传输 10 000km

9.3.1　实验设置

图 9-14 为 515.2Gbit/s 的单载波传输系统实验原理图,其中传输信号基于 128.8Gbaud PDM-QPSK 调制方式产生。在发射端,8 个或 16 个 ECL 并列产生 WDM 信道,其中 PDM-QPSK 信号需要用到的 ECL 为 8 个,似 9QAM 的滤波信号为 16 个。子载波频率间隔为 200GHz 或 100GHz,输出功率为 14.5dBm,分成奇数信道和偶数信道两组,分别由两个阵列波导光栅进行复用组合,组合之后的信号由 PM-EDFA 将功率增益到 23dBm 传输。128.8Gbaud 的同相分量和正交分量以电域时分复用的方式成对产生,经过三阶复用(2∶1,4∶1,2∶1)之后,8.5Gbaud 的二进制伪随机序列信号合并为 128.8Gbaud 的信号,作为奇数信道和偶数信道 IQ 调制器的驱动信号。图 9-14 的插图(i)显示了 128.8Gbaud 驱动信号的眼图。调制后不同极化模式的信号使用偏振复用器进行偏振复用,最后奇数信道和偶数信道的信号经过 WSS 合并为 WDM 信号。

实验中使用了两种 WDM 信道排列的方式:①8 个信道间隔 200GHz 排列,频谱效率为 2.64bit/(s・Hz),发送端加上预均衡;②16 个超奈奎斯特信道间隔 100GHz 排列,发送端不加预均衡,频谱效率为 5.15bit/(s・Hz)。在第一种方式中,预均衡 WSS 滤波器将光信号谱中的高频分量进行增强,同时衰减部分低频分量[8,19,20];WSS 的传输函数根据信道响应来设计,通过改变 α 系数,可以设计不同强度的预均衡。图 9-14(a)显示了不同 α 系数的滤波器频率响应,当 α 为 0 时没有预均衡,α 为 1 时完全预均衡。图 9-14(b)为 QPSK 信号通过 WSS 滤波之后的频谱。在第二种方式中,信号不经预均衡,奇数信道和偶数信道的传输信号分别经频域滤波,形成似 9QAM 调制信号,再由 WSS 进行组合。

光纤传输环路总长为 405.2km,由 4 段 101.3km 的光纤型号为太赫兹波段 SLA＋光纤连接而成,有效面积为 $122\mu m^2$,衰减系数为 0.185dB/km,在 1 550nm 波长上的色散系数为 20.0ps/(nm・km)。每段光纤使用一个 20dB 开关增益的后向拉曼泵浦放大器来补偿功率损耗,拉曼泵浦的平均功率约为 950mW。每一路信道的信号使用衰减器进行功率控制,WSS 用来补偿滤波器的带内增益不平。在相干接收端,使用可调谐光滤波器进行信道的选择。本地振荡器使用 ECL,其线宽小于 100kHz,作为极化分集 90°光混频器的一个输入,与接收信号进行拍频产生基带信号。实时数字示波器对信号进行采样和模/数转换,采样速率为 160GSa/s。采样

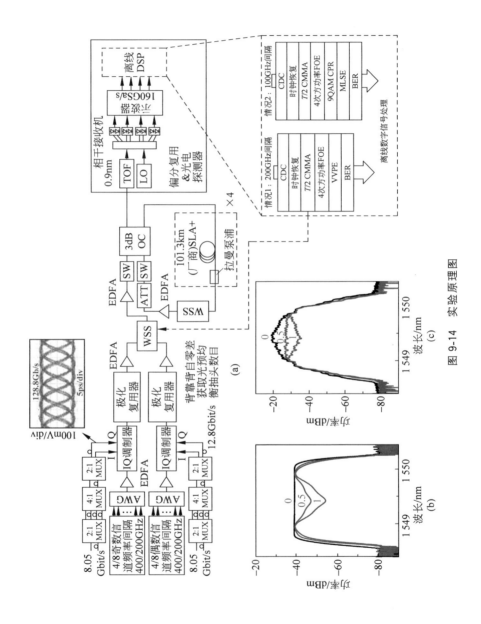

图 9-14　实验原理图

信号由 DSP 进行离线处理。采样数据以 257.6GSa/s 的速率重采样,然后进行色散补偿,通过恒模均衡或多模均衡以及最大似然序列估计恢复信号[9,11]。MLSE算法用来均衡滤波效应引起的码间串扰[11,21,22]。传输速率达到 515.2Gbit/s,其中信息速率为 400Gbit/s,FEC 比特开销约为 20%。实际中,为了达到 SD-FEC $2.4×10^{-2}$ 的 BER 门限,FEC 比特开销不小于 20%。

9.3.2　实验结果分析

图 9-15(a)显示了使用不同 α 系数的 WSS 进行预均衡的 BTB 传输结果,从图中可以看出,对于 QPSK 信号,最优的 α 系数约为 0.75,当 α 系数小于 0.75 时 ISI影响较大,过大时信号出现失真,都会降低 BER 性能。对于 9QAM 信号,α 系数的影响并不明显,原因是接收端使用 MLSE 来均衡 ISI。另一方面,在 SN-WDM 条件下,即使不加预均衡,通过最小化信道间串扰和接收端后均衡,9QAM 信号也能

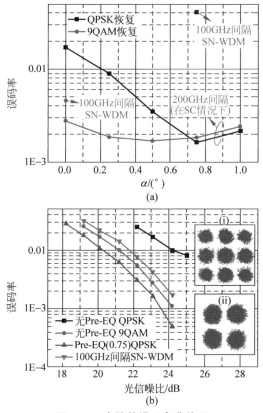

图 9-15　实验的误码率曲线图

（a）背靠背传输的 QPSK 和 9QAM 信号使用在不同 α 值下的 BER；（b）背靠背传输的 128.8Gbaud PDM-QPSK 信号的 BER-OSNR 曲线

达到很好的 BER 性能[9,11,21,22]。图 9-15(b)显示了 BTB 传输时单载波 128.8Gbaud 信号的 BER-OSNR 曲线(0.1nm 分辨率),比较了不同调制格式和预均衡条件。对于 200GHz 间隔的信道,在加了预均衡之后达到 2.4×10^{-2} 的 BER 门限所需要的 OSNR 为 19dB,当 SN-WDM 信道间隔为 100GHz 时,所需的 OSNR 上升为 20.5dB。实验证明,所有的其他信道表现出了类似的特性(图 9-17(b)),相应的 QPSK 和 9QAM 星座图如图 9-15 的插图(i)和(ii)所示。

图 9-16(a)为 16 路 SN-WDM 信号经过 6 078km 的光纤传输前后的频谱,信道间隔为 100GHz;图 9-16(b)为 8 路 WDM 信号经过 10 130km 光纤传输前后的频谱,信道间隔为 200GHz;图 9-16(c)显示了实验测出的 7 号信道和 3 号信道传输误码率—传输距离曲线,信道间隔分别为 200GHz 和 100GHz,传输距离分别为 6 078km 和 10 130km,发射光功率处在最优点上。经过传输之后,7 号信道和 3 号信道测出的 BER 分别为 1.6×10^{-2} 和 2.15×10^{-2},均低于 SD-FEC 门限。图 9-16(c)的插图(i)是 3 号信道接收信号的星座图。

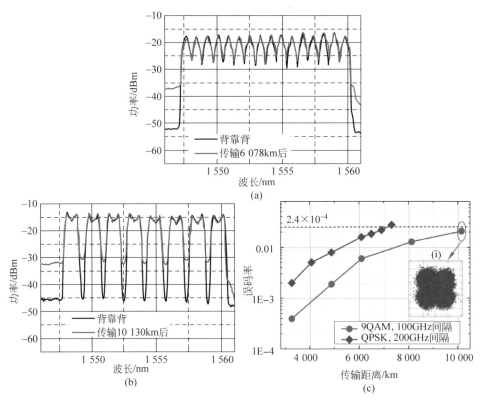

图 9-16　实验结果图

(a) 间隔 100GHz 的 16 个 SN-WDM 信道传输 6 078km 光纤之前和之后的频谱;(b) 间隔 200GHz 的 8 个信道传输 10 130km 光纤之前和之后的频谱;(c) BER 随传输距离的变化曲线

　　7 号信道的传输误码率随着光纤功率的变化曲线如图 9-17(a)所示,实验发现最优发射光功率约为 0.75dBm,当功率大于 0.75dBm 时,非线性效应的增强使得 BER 性能下降。图 9-17(b)为各信道的传输误码率,可以看到所有信道的传输 BER 均低于 20％的 SD-FEC 门限。

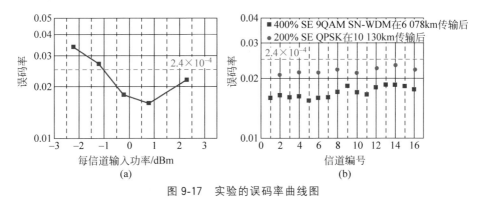

图 9-17　实验的误码率曲线图

(a) 信道 7 传输 6 078km 光纤之后的发送功率-误码率曲线；(b) 16 个信道传输 10 130km 光纤之后的 BER 与 8 个信道传输 6 078km 光纤之后的 BER 曲线

9.4　128Gbaud 极化复用的 16QAM 信号长距离传输

9.4.1　实验设置

　　WDM 传输实验的结构如图 9-18 所示。发射端(Tx)使用 16 个 ECL 产生 16 个子信道,间隔为 132GHz,每个信道加载 1 024Gbit/s(128Gbaud) PDM-16QAM 信号。信道分成奇数信道和偶数信道两组,每组由 1×8 保偏光耦合器进行极化复用,复用合并之后的信号经过 PM-EDFA 将功率增益到 23dBm。经过 2∶1、4∶1 和 2∶1 的 ETDM 复用,依次产生 16Gbaud、64Gbaud 和 128Gbaud 的二进制电信号,组合两路 128Gbaud 的非归零码信号产生 4 电平信号,作为 IQ 调制器的驱动信号,其中一路 128Gbaud 的信号功率经过 6dB 衰减。ETDM 的各路信号通过设置时延进行解相关[5],I 和 Q 两路之间也有 43bit 时延,以产生独立性。奇数信道和偶数信道分别通过 IQ 调制器独立调制,进行 16QAM 调制时,IQ 调制器处于零偏置点。光电器件的带宽限制将产生滤波效应,因此发射端采用 WSS 进行预均衡。

　　为了减小滤波效应的影响,提高性能,系统采用了发送端光频预均衡(OPEQ)和接收端部分响应最大似然序列估计(partial response maximum likelihood sequence

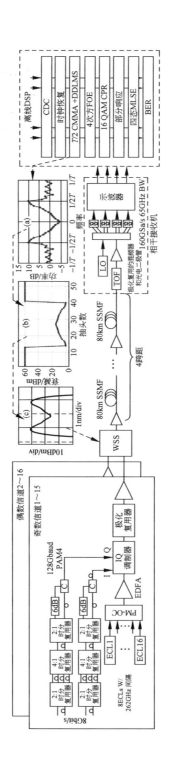

图 9-18 实验原理图

estimation,PR-MLSE)算法处理[5],其中接收端的信号处理基于自适应均衡算法。相干接收端的处理过程与 9.3 节 128Gbaud 极化复用的 QPSK 信号相同。恢复信号时采用级联多模算法和判决反馈-最小均方误差算法进行均衡和极化解复用。经过载波恢复后,PR 滤波和 4 态 MLSE 用来进一步补偿残留的滤波效应,提升信号质量。WSS 的传输函数和最优的 OPEQ 参数都是基于接收端对信道的估计来确定的。图 9-18 (a)为自适应均衡器的频域响应,是整个传输信道响应的逆函数;根据得到的信道响应,可以对 WSS 进行编程使之能够对不同的频率分量进行不同的衰减,如图 9-18 (b)所示。图 9-18 (c)为 WSS 与信道函数匹配的输出。所有信道的信号在发送之前都经过了 OPEQ,传输链路由 4 段 80km 的 SSMF 组成,其损耗系数为 0.2dB/km,1 550nm 波长上的色散系数为 17.0ps/(nm·km)。

实验中同时使用发送端 OPEQ 和接收端 PR-MLSE 进行信号处理,发送端通过 α 系数来调整预均衡强度,WSS 传输函数变为

$$H(f_{\text{WSS}}) = \alpha H(f_{\text{FIR}}) \text{（以 dB 为单位）}$$

其中 $H(f_{\text{WSS}})$ 和 $H(f_{\text{FIR}})$ 分别表示 WSS 和自适应 FIR 滤波器的频率响应;在接收端,PR 均衡器的响应由抽头数系数 β 控制,其传输函数可以表示为 $H(z)=1+\beta z-1$,通过调节抽头数系数 $\beta(0 \leqslant \beta \leqslant 1)$,使 PR 均衡器与后面一位存储深度的 4 态 MLSE 模块整体达到最优的性能。在文献[5]中,β 为零时对应硬判决解码的情况,MLSE 没有记忆深度;当 β 不为零时,PR 均衡器有一位记忆深度,MLSE 进行软判决;当 β 为 1 时,PR 即双二进制部分响应。图 9-19(a)显示了不同 α 和 β 的参数组合下系统的 BER 性能。从图中可以看出,最优的 (α, β) 区域在 $(0.8, 0.6)$ 附近。

9.4.2　实验结果分析

图 9-19(b)为背靠背传输 128Gbaud PDM-16QAM 信号时 BER-OSNR 曲线 (0.1nm 分辨率)。从图中可以看到,加上了 OPEQ 系统的误码性能有重大提升。接收端使用了 PR-MLSE 之后,系统 BER 性能还可以提升 2dB,达到 2×10^{-2}。对于 WDM 信道,达到 2.4×10^{-2} 的 BER 所需要的 OSNR 为 28dB/0.1nm。图 9-19 的插图(i)和(ii)为 X 和 Y 偏振方向上的接收信号星座图,OSNR 为 32dB/0.1nm。实验还比较了 BER 为 2×10^{-2} 的情况下,不同 WDM 信道间隔下的 OSNR 代价,当子载波间隔为 132GHz 时,OSNR 代价不超过 1dB;但是子载波间隔小于 130GHz 时,很大的 OSNR 代价才能达到所需要的 BER,约为 2.5dB。其他的信道都表现出类似的特性,如图 9-19(b)和(c)所示。

图 9-20(a)、(b)、(c)为 16 路 1 024Gbit/s WDM 信号传输的实验结果,信道间隔 132GHz,传输光纤长度 320km。图 9-20(a)为中间信道(信道 8)发送功率-误码

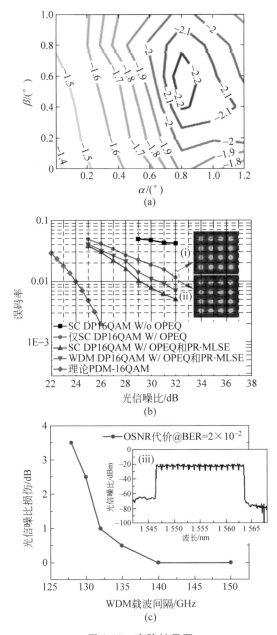

图 9-19　实验结果图

(a) 不同 α 和 β 参数下的 BER 性能；(b) 信号经历不同均衡处理的 BER-OSNR 曲线；

(c) 不同载波间隔下的 BER 性能

率曲线,可以发现最优的发送功率为 2.5dBm/信道,在最优功率上传输不同距离的 BER 在图 9-20(b)中,同时显示了传输 320km 的星座图。图 9-20(c)显示了各信道上传输 320km 光纤的 BER,可以看到所有的信道传输均低于 2.4×10^{-2} 的 BER 门限。

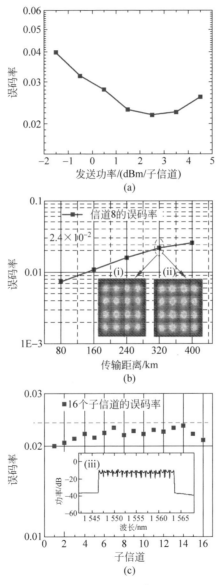

图 9-20 实验的误码率曲线图

(a) 信道 8 传输 320km 的 BER 随发送功率曲线;(b) 信道 8 传输的 BER 随传输距离曲线;

(c) 16 个 WDM 信道传输 320km 的 BER 性能

9.5 本章小结

我们通过实验研究了 110Gbaud 的超奈奎斯特高速率相干传输系统,成功地在单载波上传输了 20 路超奈奎斯特滤波的 9QAM 信号,达到了 440Gbit/s 的速率,信道间隔为 100GHz,传输光纤距离为 3 600km,频谱效率达到了 4bit/(s·Hz)(去除了 7% 的 HD-FEC 比特开销)。同时也对滤波效应具有很好容忍性的 9QAM 传输方案进行了研究,使用这种方案在 3 000km 光纤链路上成功地传输了单载波 10 路 ETDM 复用的 110Gbaud QPSK 信号,信道间隔 100GHz,经过了 10 个级联的 ROADM。接收端使用相干探测进行解调。对于 400Gbit/s 的系统,110Gbaud 的数据传输速率允许存在 10% 的纠错比特开销,由于 10% 的 FEC 比特开销并不是实际使用的标准,因此在结果分析中我们采用了 7% 的 FEC 比特开销和 5% 的协议比特开销标准。在 112Gbaud 的更高速率传输中,光电器件的要求也将更高。实验结果表明,基于 PDM-QPSK 的单载波 400Gbit/s 传输技术是一种有前景的方案。

在单载波 512.5Gbit/s PDM-QPSK/9QAM 传输中,PDM-QPSK 和 9QAM 分别传输了 10 130km 和 6 078km 太赫兹波段 SLA＋光纤,这是已知的在陆地上首次单载波 400Gbit/s 信号传输距离超过 10 000km 的实验。在另一个单载波 128.8Gbaud 9QAM 传输方案中,信号在 100GHz 间隔的信道中传输了 6 078km,谱效率-距离乘积超过了 30 000(bit/(s·Hz))km。

我们研究了 128Gbaud ETDM PDM-16QAM 信号的产生和 WDM 传输,由于发送端采用了 OPEQ,以及接收端 PR-MLSE 处理算法的使用,16 路信号在间隔 132GHz 的信道中成功地传输了 320km 单模光纤,每路信号传输速率达到了 1 024Gbit/s(800Gbit/s 数据传输速率＋20% FEC 比特开销),频谱效率达到了 6.06bit/(s·Hz)。这是目前已知的最高 ETDM 16QAM 信号速率,而且达到了很高的频谱效率。

参考文献

[1] ZHOU X, NELSON L E, MAGILL P, et al. 8×450Gbit/s,50GHz-spaced,PDM-32QAM transmission over 400km and one 50GHz-grid ROADM[C]. National Fiber Optic Engineers Conference,2011.

[2] CAI J X, ZHANG H, BATSHON H G, et al. 200Gbit/s and dual wavelength 400Gbit/s transmission over transpacific distance at 6.0bit/(s·Hz) spectral efficiency[J]. Journal of Lightwave Technology, 2014,32(4):832-839.

[3] YU J J, ZHANG J W, DONG Z, et al. Transmission of 8×480Gbit/s super-Nyquist-

filtering 9QAM-like signal at 100GHz-grid over 5 000km SMF-28 and twenty-five 100GHz-grid ROADMs[J]. Optics Express，2013，21(13)：15686-15691.

[4]　ZHANG J W，YU J J，CHI N. Generation and transmission of 512Gbit/s quad-carrier digital super-Nyquist spectral shaped signal［J］. Optics Express，2013，21（25）：31212-31217.

[5]　WINZER P J，GNAUCK A H，CHANDRASEKHAR S，et al. Generation and 1 200km transmission of 448Gbit/s ETDM 56Gbaud PDM 16QAM using a single IQ modulator[C]. European Conference on Optical Communication，2010.

[6]　RENAUDIER J，IDLER W，BERTRAN P，et al. Long-haul WDM transmission of 448Gbit/s polarization-division-multiplexed 16 ary quadrature-amplitude modulation using coherent detection[J]. Electronics Letters，2011，47(17)：973-975.

[7]　RAYBON G，ADAMIECKI A，WINZER P J，et al. All-ETDM 107Gbaud（214Gbit/s）single-polarization QPSK transmitter and coherent receiver[C]. European Conference on Optical Communication，2012.

[8]　RAYBON G，ADAMIECKI A，WINZER P J，et al. Single-carrier 400G interface and 10channel WDM transmission over 4 800km using all-ETDM 107Gbaud PDM-QPSK[C]. National Fiber Optic Engineers Conference，2013.

[9]　CHIEN H C，ZHANG J，XIA Y，et al. Transmission of 20×440Gbit/s super-Nyquist-filtered signals over 3 600km based on single-carrier 110Gbaud PDM QPSK with 100GHz grid[C]. National Fiber Optic Engineers Conference，2014.

[10]　RIOS M R，RENAUDIER J，BRINDEL P，et al. Spectrally-efficient 400Gbit/s single carrier transport over 7 200km[J]. Journal of Lightwave Technology，2015，33(7)：1402-1407.

[11]　ZHANG J，YU J，DONG Z，et al. Multi-modulus blind equalizations for coherent spectrum shaped polmux quadrature duobinary signal processing［C］. Optical Fiber Communication Conference and Exposition and the National Fiber Optic Engineers Conference，2013.

[12]　ZHANG J，YU J，CHI N，et al. Multi-modulus blind equalizations for coherent quadrature duobinary spectrum shaped PM-QPSK digital signal processing[J]. Journal of Lightwave Technology，2013，31(7)：1073-1078.

[13]　ZHANG J，HUANG B，LI X. Improved quadrature duobinary system performance using multi-modulus equalization［J］. IEEE Photonics Technology Letters，2013，25（16）：1630-1633.

[14]　ESSIAMBRE R J，KRAMER G，WINZER P J，et al. Capacity limits of optical fiber networks[J]. Journal of Lightwave Technology，2010，28(4)：662-701.

[15]　CHIEN H C，ZHANG J，XIA Y，et al. Transmission of 20×440Gbit/s super-Nyquist-filtered signals over 3 600km based on single-carrier 110Gbaud PDM QPSK with 100GHz grid[C]. Optical Fiber Communication Conference，2011.

[16]　LIU X，CHANDRASEKHAR S，ZHU B，et al. Transmission of a 448Gbit/s reduced-guard-interval CO-OFDM signal with a 60GHz optical bandwidth over 2 000km of ULAF

and five 80GHz-grid ROADMs[C]. National Fiber Optic Engineers Conference，2010.

[17] SANO A，MASUDA H，YOSHIDA E，et al. 30 × 100Gbit/s all-optical OFDM transmission over 1 300km SMF with 10 ROADM nodes[C]. Optical Communication，2007.

[18] SLEIFFER V A J M，VAN D B D，VELJANOVSKI V，et al. Transmission of 448Gbit/s dual-carrier POLMUX-16QAM over 1 230km with 5 flexi-grid ROADM passes[C]. Optical Fiber Communication Conference and Exposition，2012.

[19] RAYBON G，ADAMIECKI A，WINZER P P J，et al. All-ETDM 107Gbaud PDM-16QAM（856Gbit/s）transmitter and coherent receiver[C]. European Conference and Exhibition on Optical Communication，2013.

[20] ZHANG J，YU J，CHI N，et al. Time-domain digital pre-equalization for band-limited signals based on receiver-side adaptive equalizers[J]. Optics Express，2014，22(17)：20515-20529.

[21] TIPSUWANNAKUL E，LI J，KARLSSON M，et al. Approaching Nyquist limit in WDM systems by low-complexity receiver-side duobinary，shaping[J]. Journal of Lightwave Technology，2012，30(11)：1664-1676.

[22] CHIEN H C，YU J，JIA Z，et al. Performance assessment of noise-suppressed Nyquist-WDM for terabit superchannel transmission[J]. Journal of Lightwave Technology，2012，30(24)：3965-3971.

第 ⑩ 章

高阶调制码光信号传输技术

10.1 引言

单载波 400Gbit/s 传输网络(SC-400G)作为未来城域网(metro)和数据中心网络(DCI)的解决方案,希望在降低每比特成本的同时,将网络容量提升 4 倍[1,2]。由于 400Gbit/s 网络存在众多选择方案,光互联网络论坛(OIF)成员正在考虑制定详细的 SC-400G 网络标准,来满足现有光收发机设备的可用性和可管理性需求。目前备选的调制格式有 PM-16QAM、PM-32QAM 和 PM-64QAM,频率间隔分别为 50GHz、62.5GHz 和 75GHz[3]。PM-256QAM/37.5GHz 最有希望,因为它可以利用现有的 100G PM-QPSK 网络的组成模块,但是也需要解决一些工程问题[4]。表 10-1 总结了目前 SC-400G 网络可能的解决方案。在本章我们提出并实验验证了 34Gbaud PM-256QAM 的产生,并考虑了编码开销和带宽限制。这种方案的软判决-前向纠错(SP-FEC)编码开销达到 30%,可以得到更多的编码增益和编码策略[5],并且仍然可以有效利用 37.5GHz 信道间隔。

表 10-1 单载波 400G 网络备选解决方案

频率间隔/GHz		75	62.5	50	37.5
净传输速率/(Gbit/s)	PM-16QAM	400			
	PM-32QAM		400		
	PM-64QAM			400	
	PM-256QAM				400

10.2　编码开销和带宽限制的权衡

图 10-1 是单载波 400Gbit/s 信号在 15％和 25％SD-FEC 编码开销情况下,所需光信噪比和调制效率的理论曲线。例如 PM-256QAM 信号的调制效率为 16bit/symbol,考虑 15％和 25％ SD-FEC 编码开销,400G PM-256QAM 信号符号速率约为 30Gbaud 和 32.75Gbaud,增加的编码开销在 400Gbit/s 净传输速率时可以得到 1.6dB 接收光信噪比(ROSNR)增益。这里,在 15％和 25％ SD-FEC 编码开销下,Q^2 因子分别为 6.34dBQ 和 4.95dBQ[6]。从图 10-1 可以看出,当调制效率增大时,ROSNR 增益也会提高,但实际中,编码开销会影响信号带宽,编码带来的 ROSNR 增益会被带宽受限效应引起的代价抵消。因此,对于单载波 400Gbit/s 信号,需要考虑带宽受限效应和编码增益间的权衡。例如,25％SD-FEC 编码开销并不适合信道间隔为 37.5GHz 的 SC-400G PM-128QAM 信号(37.4Gbaud),其他调制格式均可以满足需求(见表 10-1)。

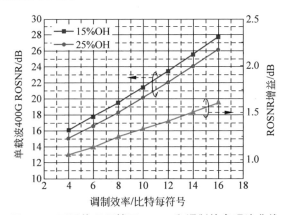

图 10-1　不同编码开销下 OSNR 和调制效率理论曲线

10.3　34Gbaud PM-256QAM 信号产生

图 10-2 说明背靠背情况下 34Gbaud PM-256QAM 信号产生方案,总传输速率达 544Gbit/s。这种方案可以在 4 个用户信道中应用,每个信道速率为 104.79Gbit/s,有 30％编码开销,其中 25％用于 SD-FEC 编码。发射机(Tx)部分包括 1 个工作波长 1 550.3nm、线宽 400Hz 的外腔激光器 1,1 个 26GHz IQ 调制器,2 个 6dB 衰减器,1 个采样率 87.04GSa/s、模拟带宽 20GHz 的数/模转换器,1 个极化复用器(Pol. MUX)。接收机(Rx)部分包括 2 个 EDFA 放大器,1 个集成

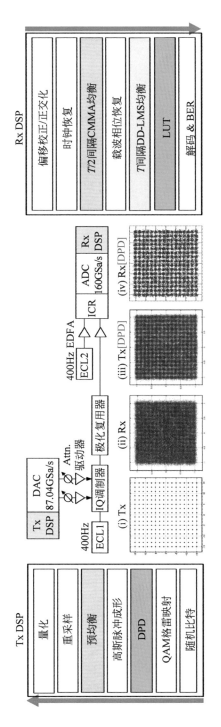

图 10-2　34Gbaud 单载波 400G PM-256QAM 信号产生实验原理图

相干接收机(ICR),1 个 40GHz 平衡光电探测器,1 个采样率 160GSa/s、数字带宽 19.28GHz 的模/数转换器。另外 1 个工作波长在 1550nm 的外腔激光器 2 作为本地振荡器(LO)。

在数字信号处理算法部分,首先产生长度为 25 600 的格雷映射 256QAM 符号,再进入数字预畸变模块(DPD)预补偿非线性损伤,DPD 是基于接收机产生的 9 符号查找表[7]。LUT 的索引地址由不同模式的发送符号序列决定,其内容为存储的不同符号模式的畸变,在接收端对不同地址下查找表数据取平均,并将最终得到的 LUT 设置在发送端。随后经过高斯脉冲成形、2 倍过采样、预均衡、符号序列重采样以匹配 DAC 的采样频率,其中实部(I 路)和虚部(Q 路)分别 8bit 量化。其中数字预均衡滤波器是由接收端盲均衡器得到的信道冲击响应取逆得到。在接收端信号处理部分,包括 IQ 正交化、重采样、平方定时时钟恢复、$T/2$ 时间间隔的多模级联算法、基于盲相位搜寻(BPS)算法的载波相位恢复、T 时间间隔的判决反馈最小均方误差算法和查找表生成器。其中 CMMA 抽头数为 33,步长 2^{-18},在极化复用高阶 QAM 系统中,CMMA 相较 DD-CMA 和 DD-LMS 收敛速度更慢,均方误差更大[8]。但是,CMMA 可以纠正频率偏移,这样就不需要额外的频偏补偿算法。另外,193 抽头 T 时间间隔的 DD-LMS 用来匹配信道冲击响应,可以得到可观的处理增益[4,8]。图 10-2 中插图(i)和(iii)分别为采用和没采用 DPD 时发送端 256QAM 星座图,插图(ii)和(iv)则为采用和没采用 DPD 时接收端 256QAM 星座图。

图 10-3 说明背靠背情况下 34Gbaud PM-256QAM 信号是否采用预畸变模块对系统性能的影响,其中粗传输速率为 544Gbit/s,去除 15% 和 25% SD-FEC 编码开销传输速率分别为 473Gbit/s 和 435.2Gbit/s。在 25%SD-FEC 编码 Q^2 因子门

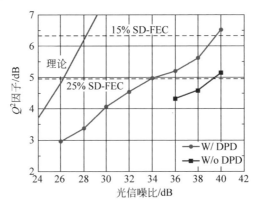

图 10-3　背靠背情况下 34Gbaud PM-256QAM 信号 BER 性能

(a)和(b)分别为采用和没采用预均衡时电信号频谱；(c)和(d)分别为采用和没采用 DPD 时查找表数据

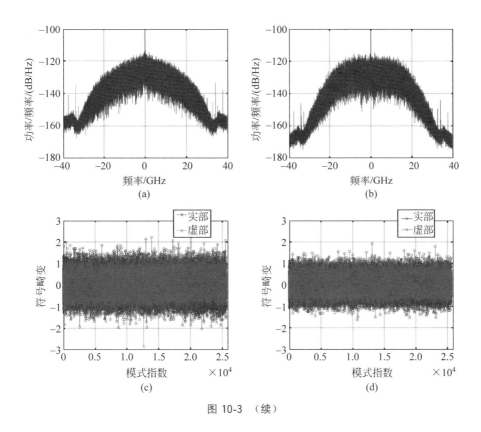

图 10-3　(续)

限 4.95dBQ,采用和不采用 DPD 其所需光信噪比分别为 34dB 和 39.2dB,其代价分别为 7.8dB 和 13dB。在文献[9]中考虑 15% SD-FEC 编码开销,30Gbaud PM-256QAM 信号背靠背系统盈余 1.04dBQ,与其相比,在 25% SD-FEC 编码开销下其系统盈余增加到 1.6dBQ。图 10-3(a)和图(b)分别为采用和没采用预均衡时 34Gbaud PM-256QAM 电信号频谱,图 10-3(c)和图(d)分别为采用和没采用 DPD 时接收端查找表数据,可以看出,经过 9 符号的 DPD 后畸变被抑制。

10.4　单载波 400Gbit/s PM-256QAM 信号传输实验

图 10-4 说明 34Gbaud PM-256QAM 信号波分复用实验。每个波长可以传输 4 个用户信道,每个信道速率 104.79Gbit/s,有 30% 编码开销,其中 25% 用于 SD-FEC 编码,5% 用于概率编码,信息熵为 7.64bit/symbol。从图 10-4 知,发射机(Tx)

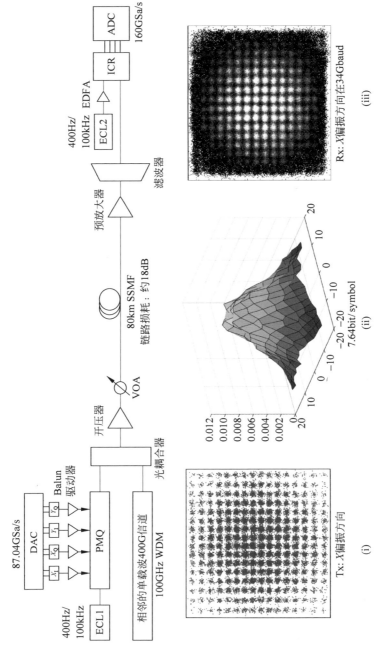

图 10-4　34Gbaud SC-400G PM-256QAM 信号波分复用实验

(i) X 偏振方向经过 PS 和 DPD 后 256QAM 星座点；

(ii) PS-256QAM 信号信息熵为 7.64bit/symbol 时二维概率质量函数；(iii) X 偏振方向接收端 256QAM 星座点

部分包括 1 个工作波长为 1 550.3nm、线宽为 400Hz 的外腔激光器 1,1 个 23GHz 极化复用正交光调制器(PMQ),1 个集成 4 信道 32Gbaud 线性驱动器,1 个采样率 87.04GSa/s、模拟带宽 20GHz 的数/模转换器,4 个 30GHz 平衡变压器(Balun)用于差分单端输出并抑制时钟泄漏。同样的一套发射机组件用于同时调制 7 路 100kHz 外腔激光器,形成 8 路 100GHz 间隔的单载波 400Gbit/s 信道,并通过光耦合器耦合成一路信号。传输链路包括 18dB 损耗的 80km 标准单模光纤,1 个 23dBm 升压器,1 个可调光衰减器(VOA),1 个 23dBm 放大器和 1 个用于选择信道的可调光滤波器。接收机(Rx)部分包括 1 个 EDFA 放大器,1 个集成相干接收机(ICR),1 个 40GHz 平衡光电探测器,1 个采样率为 160GSa/s、数字带宽为 19.28GHz 的模/数转换器。另外 1 个工作波长在 1 550nm 的外腔激光器 2 作为本地振荡器。

在发射端信号处理部分,首先产生长度为 25 600 的格雷映射 256QAM 符号,其中 I 路和 Q 路服从定义的概率质量函数(PMF)[0.018 5,0.028 4,0.041 0,0.055 7, 0.071 2,0.085 6,0.096 7,0.102 8,0.102 8,0.096 7,0.085 6,0.071 2,0.055 7, 0.041 0,0.028 4,0.018 5],图 10-4 中的插图(ii)说明设计的 256QAM 信号概率分布函数,当给定码表后可以很容易由 MATLAB 进行概率整形仿真,并不需要知道比特到符号的映射关系。具体来说虽然 PS-QAM 信号信息熵为 7.64bit/symbol, 但接收端依然可以把 PS-QAM 信号当作一般的 QAM 信号,并按照 8bit/symbol 解码[10],如何对 PS-QAM 信号解码并不是本章关注的重点。PS-QAM 信号进入数字预畸变模块预补偿非线性损伤,数字预畸变模块是基于接收机产生的 9 符号查找表。经过 2 倍过采样,33 抽头 FIR 滤波器后均衡,符号序列重采样以匹配 DAC 的采样频率,输出 34Gbaud 256QAM 信号。图 10-4 中插图(i)说明经过 PS 和 DPD 后 256QAM 信号星座图,接收端 DSP 与文献[9]单载波 400G PM-256QAM 研究类似,只是用了加强版的 193 抽头 T 时间间隔的 DD-LMS 来匹配信道冲击响应,并降低 I 路和 Q 路不平衡造成的信号串扰。

图 10-5 说明传统 PM-256QAM 信号和加入 PS7.64 整形的 BTB 结果,两种情况的符号速率为 34Gbaud,总传输速率为 544Gbit/s。但是,PM-256QAM-PS7.64 信号在 25% SD-FEC 和 5% PS 之前传输速率为 420Gbit/s,而传统 PM-256QAM 信号不需要 PS,SD-FEC 编码前速率 440Gbit/s。在 25% SD-FEC 编码 Q^2 因子门限 4.95dBQ,采用和不采用 PS 其所需光信噪比分别为 28dB 和 31.7dB[10]。注意到当考虑相同的传输速率时,实际的概率整形增益小于 3.5dB。常规 PM-256QAM 信号实际执行代价约为 5.5dB,比之前文献[9]中低了 2.3dB,这是由于使用了更先进的光电设备和数字信号处理算法。理论上,PM-256QAM-PS7.64 信号执行代

价约为 2dB,但是因为理论曲线是基于均匀分布的假设,所以实际执行代价会大于 2dB。图 10-4 插图(iii)说明接收端在 OSNR 为 40dB 时 X 偏振方向 256QAM 星座点。另外图 10-5 中插图(i)和(ii)分别说明 X 偏振方向 PS7.64 和常规 256QAM 信号 LUT 数据,可以看出,PS 符号的 LUT 模式畸变相比常规 QAM 信号更低。图 10-6(a)说明传输 80km 光纤前后的光谱。信道 5 发射功率 1dBm,接收 OSNR 为 29.3dB;图 10-6(b)说明信道 5 Q^2 因子与单个信道发射功率的关系(单信道和 WDM 信道)。可以看出,单信道的最佳发射功率为 3dBm,而对于 WDM 信道,最佳发射功率(400Hz 线宽)为 1dBm/信道,最低发射功率约为 -3.4dBm,动态范围约为 7dB,最佳发射功率(100Hz 线宽)为 2dBm/信道。

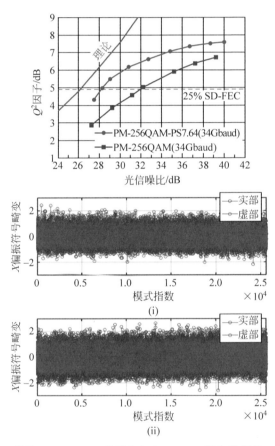

图 10-5　传统 PM-256QAM 信号和加入 PS7.64 概率整形的 BTB 结果

插图(i)和(ii)分别为 X 偏振方向 PS7.64 和常规 256QAM 信号查找表数据

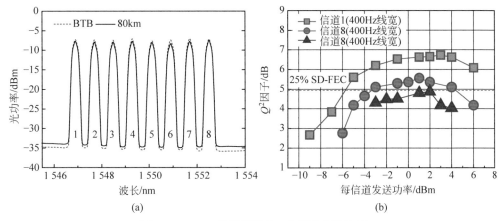

图 10-6　WDM 信道光谱和 Q^2 因子实验结果

（a）传输 80km 光纤前后的光谱；（b）信道 5Q^2 因子与单个信道发射功率的关系（单信道和 WDM 信道）

10.5　本章小结

　　第一部分实验验证了单载波 400Gbit/s 34Gbaud PM-256QAM 信号产生方案，选定的波特率用来获得更高的 FEC 编码增益。编码开销从 15％增加到 25％并联合 LUT 预畸变，预编码 BER 门限会降低。我们在 ROSNR 为 34dB 时实现了 544Gbit/s 超高速率传输，此时执行代价为 7.8dB，系统盈余 1.6dBQ。随着 ADC/DAC 接口采样速率不断提高，我们相信调制效率为 16bit/symbol 单载波 400G 方案未来会在点对点大容量传输系统中逐步商用。

　　第二部分实验验证了 400Gbit/s 34Gbaud PM-256QAM 信号波分复用实验，有 30％编码开销，其中 25％用于 SD-FEC 编码，5％用于概率编码。实验表明，单信道最低发射功率约为 −3.4dBm，动态范围约为 7dB，这使得在传输实验中引入概率编码获得编码增益成为可能。

参考文献

［1］　KLEKAMP A，TOMISLAV D，BUCHALI F，et al．Implementation of 64QAM at 42.66Gbaud using 1.5 samples per symbol DAC and demonstration of up to 300km fiber transmission［C］．Optical Fiber Communication Conference and Exhibition，2014．

［2］　ZHANG J，YU J，ZHU B，et al．Transmission of single-carrier 400G signals (515.2Gbit/s) based on 128.8Gbaud PDM QPSK over 10 130km and 6 078km terrestrial fiber links［J］．Optics Express，2015，23(13)：16540-16545．

［3］　JIA Z．Flex coherent DWDM transmission framework［C］．Opt．Internetworking

Forum,2015.

[4] GEYER J C, DOERR C, AYDINLIK M, et al. Practical implementation of higher order modulation beyond 16QAM[C]. Optical Fiber Communications Conference and Exhibition, 2015.

[5] SWENSON N, MORERO D. Flexible coding and modulation techniques for next generation DSP-based coherent systems[C]. Optical Fiber Communication Conference, 2016.

[6] SUGIHARA K, MIYATA Y, SUGIHARA T, et al. A spatially-coupled type LDPC code with an NCG of 12dB for optical transmission beyond 100Gbit/s[C]. Optical Fiber Communication Conference and Exposition and the National Fiber Optic Engineers Conference,2013.

[7] KE J H, GAO Y, CARTLEDGE J C. 400Gbit/s single-carrier and 1Tbit/s three-carrier superchannel signals using dual polarization 16QAM with look-up table correction and optical pulse shaping[J]. Optics Express,2014,22(1): 71-83.

[8] CHIEN H C, YU J. On single-carrier 400G line side optics using PM-256QAM[C]. European Conference on Optical Communication,2016.

[9] CHIEN H C, YU J, ZHANG J, et al. Single-carrier 400G PM-256QAM generation at 34Gbaud trading off bandwidth constraints and coding overheads[C]. Optical Fiber Communications Conference and Exhibition,2017.

[10] CHO J, CHANDRASEKHAR S, DAR R, et al. Low-complexity shaping for enhanced nonlinearity tolerance[C]. European Conference on Optical Communication,2016.

无载波幅相调制技术

11.1 引言

短距离高速光传输面向接入网和数据中心光互连,其应用场景如图 11-1 所示,数据中心的传输距离在 0.5~10km,而光接入网传输距离为 20~50km。不同于长距离传输的承载网,其技术发展还需要考虑成本、方案复杂度和系统功耗等问题。考虑到成本、功耗和复杂性,强度调制和直接检测(IM/DD)与高阶调制格式相结合是一种更实际的方法[1-8]。总体而言,基于 IM/DD 的无载波幅相调制(CAP)技术已被证明是不复杂并且具有良好性能的方案,能使用低成本的光学组件实现相对高的数据传输速率,如采用直接调制激光器或垂直腔表面发射激光器等低成本光电器件[4-8]。与副载波调制或相干光正交频分复用相比,CAP 技术不需要电的复实转换器件,不需要复杂的混频器,也不需要射频源或光同相/正交调

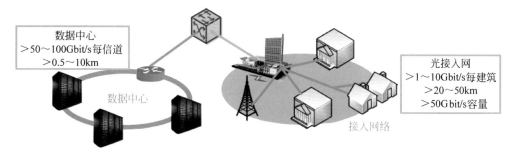

图 11-1　面向数据中心和接入网的高速光传输应用场景

制器[1,3,7]。文献[4]中已经指出，CAP 技术具有低功耗和低成本的优点，相比于其他调制格式，如 NRZ、PAM 或 OFDM 等，CAP 技术用于短距离光传输具有巨大潜力。

本章将针对这种新型调制格式——无载波幅相调制的研究，展开相关介绍。首先，将介绍 CAP 的调制与解调原理和实现方法，包括单带的 CAP-mQAM 的产生和接收，以及多带多阶的 CAP 信号的产生与接收方法。然后，将通过实验研究介绍基于多阶多带 CAP 调制的 WDM-CAP-PON 多用户接入网络，并验证其高速接入性能。接着，将介绍基于高阶调制 CAP-64QAM 的无线接入网传输系统，通过实验验证 24Gbit/s 的 CAP-64QAM 光纤传输 40km 和无线传输接入系统的性能。最后，将介绍基于 DML 和数字信号处理的直接调制、直接检测高速 CAP-64QAM 系统，通过改进的 DD-LMS 均衡的 CAP-64QAM，成功将基于 10G DML 直接调制的 60Gbit/s CAP-64QAM 信号在直接检测条件下传输 20km。

11.2 CAP 信号的调制与解调原理

11.2.1 单带 CAP-mQAM 信号的调制与解调原理

如图 11-2 所示为单带 CAP-mQAM 的调制和解调原理示意图。在发射端，原始数据比特序列首先被映射成 mQAM 的复数符号(m 是 QAM 的阶数)，然后将映射后的符号上采样，以匹配后续的整形滤波器的采样速率。数据上采样后，通过一对正交的整形滤波器得到滤波后的正交信号，将正交滤波器输出相加即可得到已调制的单带 CAP-mQAM 信号。通常，采用数/模转换器实现输出波形的产生，后续得到的信号可以驱动调制器、DML、VCSEL 等。而在接收端，在直接检测后

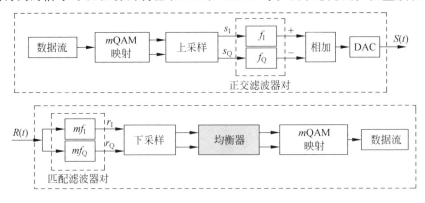

图 11-2 单带 CAP-mQAM 信号的调制与解调原理图

得到的信号,经过模/数转换器后可采用数字信号处理恢复。首先将接收到的信号馈送到一对匹配滤波器来分离同相和正交分量,随后对得到的正交信号下采样,以采用线性均衡器来进行信道均衡。最后对经过均衡的信号解码获得原始比特序列。

在 CAP 产生和解调的收发模块中,用于正交整形和分离的滤波器和匹配滤波器称为希尔伯特滤波器对,包括 $f_1(t)$、$f_Q(t)$、$mf_1(t)$ 和 $mf_Q(t)$。通常,这两组希尔伯特正交滤波器对可以通过平方根升余弦脉冲与正弦和余弦函数相乘来构造,假设 $s_1(t)$ 和 $s_Q(t)$ 是经过 QAM 映射后得到的正交信号,那么通过正交滤波器叠加输出的 CAP 信号 $S(t)$ 可表示为

$$S(t) = [s_1(t) * f_1(t) - s_Q(t) * f_Q(t)] \tag{11-1}$$

而在接收端,匹配滤波器通常满足 $mf_1(t) = f_1(-t)$,同时 $mf_Q(t) = f_Q(-t)$,这样对于 CAP 的解调,I 路和 Q 路信号通过匹配滤波器后为

$$r_1(t) = R(t) * mf_1(t), \quad r_Q(t) = R(t) * mf_Q(t) \tag{11-2}$$

其中,$R(t)$ 为接收到的信号,$r_1(t)$ 和 $r_Q(t)$ 为匹配滤波器的输出信号。

如图 11-3 所示,为希尔伯特滤波器以及匹配滤波器的时域脉冲响应以及频率响应。可以看出,由于滤波器的正交性,同相和正交的数据可以通过正交的匹配滤波器得到。同时,由于滤波器带有平方根升余弦脉冲具有奈奎斯特滤波效应,从而压缩了信号带宽,实现了高频谱效率调制。另外,由图 11-3 中可以看出,由于匹配滤波器之间的峰值都需要在脉冲中心,为了正确地恢复同相和正交数据,时钟同步在解调中非常重要。然而,在实际系统中采样时间并不固定,因此采样时间偏移将导致严重的符号间干扰,需要对随后解调的同相和正交分量进行适当的线性信道均衡。

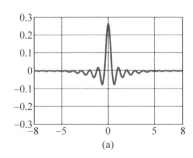 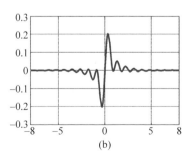

图 11-3　单带 CAP 信号希尔伯特滤波器的时域脉冲响应

(a) $f_1(t)$;(b) $f_Q(t)$;(c) 为两滤波器的频率响应;(d) $mf_1(t)$;(e) $mf_Q(t)$

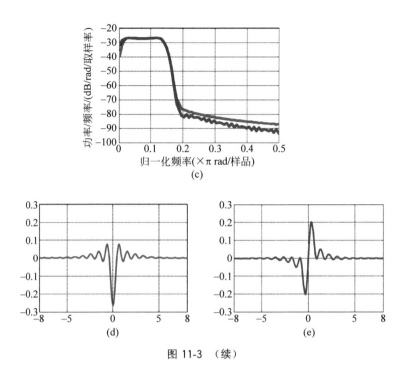

图 11-3 （续）

11.2.2 多带 CAP 信号的调制与解调原理

不同于单带的 CAP 信号,多带 CAP 能更为有效地利用 DAC 的带宽,同时降低各个子带的带宽速率和带宽,更易于信号均衡和处理。多带 CAP 信号的产生原理和解调原理如图 11-4 所示。在发射端,不同的带携带不同的数据,每个子带的数据处理方式相同。首先,将比特序列映射成 mQAM 的复数符号,数据上采样后,通过一对正交的整形滤波器得到滤波后的正交信号,各个子带的信号均通过对应子带的整形滤波器,最后将所有子带滤波器的输出结果叠加,从而得到多带的 CAP 信号。

同样地,在接收端,直接检测后得到的信号,经过模/数转换器后可采用数字信号处理恢复。采用不同的匹配滤波器可以得到不同子带的滤波信号,分离同相和正交分量后对得到的正交信号下采样,然后采用线性均衡器进行信道均衡。最后对经过均衡的信号解码来获得原始比特序列。值得注意的是,不同子带对应于不同的匹配滤波器。这样,采用特定的匹配滤波器只能得到特定的子载波信号,这在一定程度上保证了信号的保密性和完整性。

假定多带 CAP 信号具有 N 个子带,那么第 $n(n$ 取 $1\sim N)$ 个子带的正交滤波器对可以表示为

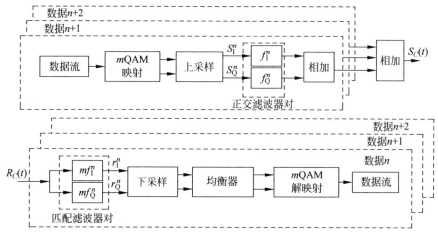

图 11-4　多带 CAP 信号的调制与解调原理图

$$f_{\mathrm{I}}^{n}(t)=\dfrac{\sin\left[\pi(1-\beta)\dfrac{t}{T_s}\right]+4\beta\dfrac{t}{T_s}\cos\left[\pi\dfrac{t}{T_s}(1+\beta)\right]}{\pi\dfrac{t}{T_s}\left[1-\left(4\beta\dfrac{t}{T_s}\right)^{2}\right]}\sin\left[\pi(2n-1)(1+\beta)\dfrac{t}{T_s}\right]$$

$$(11\text{-}3)$$

$$f_{\mathrm{Q}}^{n}(t)=\dfrac{\sin\left[\pi(1-\beta)\dfrac{t}{T_s}\right]+4\beta\dfrac{t}{T_s}\cos\left[\pi\dfrac{t}{T_s}(1+\beta)\right]}{\pi\dfrac{t}{T_s}\left[1-\left(4\beta\dfrac{t}{T_s}\right)^{2}\right]}\cos\left[\pi(2n-1)(1+\beta)\dfrac{t}{T_s}\right]$$

$$(11\text{-}4)$$

其中, T_s 是符号间隔; β 是滚降系数,取值在 0～1。这里假定有 4 个子载波的 CAP 信号产生,则每个子带滤波器的时域响应和频谱图如图 11-5 所示。这里上采样率为 10,而滚降系数取 0.2。通过图 11-5 可以看出,不同的子带滤波器具有不同的时域响应,而这些滤波器分布在不同的频谱范围内。

同样地,假定第 n 个子带的 I 和 Q 信号在 QAM 映射之后可以表示为 $s_{\mathrm{I}}^{n}(t)$ 和 $s_{\mathrm{Q}}^{n}(t)$,那么总的 N 个子带的 CAP 信号可以表示为

$$S_C(t)=\sum_{n=1}^{N}\left[s_{\mathrm{I}}^{n}(t)*f_{\mathrm{I}}^{n}(t)-s_{\mathrm{Q}}^{n}(t)*f_{\mathrm{Q}}^{n}(t)\right] \tag{11-5}$$

在接收端,同样地,对于第 n 个子带,通过匹配滤波器组合 $mf_{\mathrm{I}}^{n}(t)$ 和 $mf_{\mathrm{Q}}^{n}(t)$,可以得到解调的 I 和 Q 路信号为

$$r_{\mathrm{I}}^{n}(t)=R_C(t)*mf_{\mathrm{I}}^{n}(t),\quad r_{\mathrm{Q}}^{n}(t)=R_C(t)*mf_{\mathrm{Q}}^{n}(t) \tag{11-6}$$

其中, $R_C(t)$ 是接收到的全部多带 CAP 信号, $r_{\mathrm{I}}^{n}(t)$ 和 $r_{\mathrm{Q}}^{n}(t)$ 是通过第 n 个子带的匹配滤波器之后的结果。

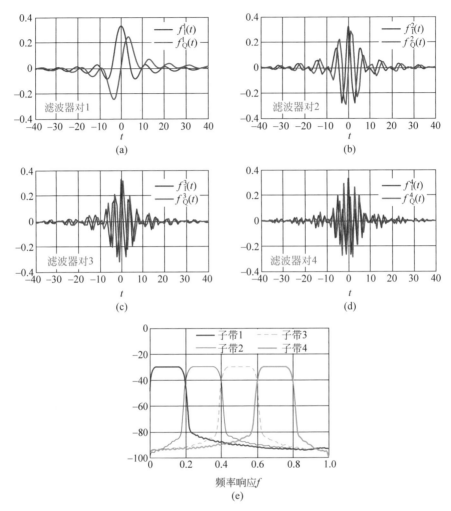

图 11-5　4 个子带的希尔伯特滤波器组合

（a）第一个子带滤波器；（b）第二个子带滤波器；（c）第三个子带滤波器；
（d）第四个子带滤波器；（e）四个子带滤波器的频谱图

11.3　多带多阶 CAP 信号用于 WDM-PON 接入网的研究

利用 11.2 节所提出的多带 CAP 信号的子带独立性，我们提出并通过实验证实了一种新的基于多带多阶 CAP 调制的 WDM-CAP-PON 多用户接入网络。本节将对多带多阶 CAP 用于 WDM-PON 接入网的研究展开介绍。

如图 11-6 所示为基于多带的 CAP 调制的 WDM-CAP-PON 的下行结构图,在中心局,每个光线路终端发射机调制在第 i 个波长上,每个波长都承载一个多带多阶的 CAP 信号。多带多阶的 CAP 信号产生原理如图 11-4 所示,不同的子带携带不同信息,采用不同的正交滤波器产生多带 CAP 信号。在光网络单元,每个用户可以通过对应的匹配滤波器恢复对应子带的信号,而相互之间并无干扰。这样,N 个子带的 CAP 信号可以分配给 N 个用户,如果采用了 K 个波长的 WDM-PON,那么考虑每个波长支持 N 个子带,于是系统总共可以支持 $K \times N$ 个用户。对于上行信号,由于信号速率较低,系统可以采用 OOK 或其他低阶调制格式。

作为概念验证实验,我们搭建了如图 11-7 所示的 $11 \times 5 \times 9.3$ Gbit/s WDM-CAP-PON 实验平台,以验证 55 用户传输 40km 的接入系统。在实验中,通过射频驱动的两个强度调制的 MZM 产生的 11 个多载波作为 11 个信道的光源,奇数和偶数信道分别调制后通过两信道的 28GHz 频率间隔的 WSS 合并。5 个子带的多带多阶 CAP-16QAM 通过工作在 30GSa/s 的高速 DAC 产生,5 个子带分别调制不同的信号,首先通过 16QAM 映射得到 I 路和 Q 路信号,然后通过 12 倍上采样后进行整形滤波。5 个子带采用 5 对不同的滤波器实现,其滚降系数为 0.2,溢出带宽为 15%。通过这 5 个子带,产生了 50Gbit/s 的多带多阶 CAP-16QAM 信号。值得注意的是,由于 DAC 的带宽有限,其 3dB 带宽只有 13GHz,因此,这里需要通过频域均衡来提高频带的功率,以实现同样的性能。图 11-7(a)和(b)分别为 DAC 的未经过频域均衡和经过频域均衡后得到的输出信号。为了实现更长距离的光传输,这里将 WSS 偏移中心载波 14GHz 以实现光的单边带滤波。单个波长信道和 11 个波长信道的 WDM 光单边带多带的 CAP 信号如图 11-8 所示。

在接收机端,每个信道首先通过一个可调的 0.3nm 带宽的光滤波器选出,然后通过直接检测得到信号。探测得到的信号通过 50GSa/s 的采样示波器实现模/数转换后进行离线的数字信号处理。在光电探测器之前,采用了一个 0.9nm 带宽的光滤波器来滤掉掺铒光纤放大器的噪声。数字信号首先上采样到 30GSa/s,然后通过匹配滤波器恢复得到 I 路和 Q 路信号。匹配滤波器之后,将信号下采样到 2 倍采样率后进行线性均衡恢复。每个子带占 2.5GHz,而通过 16QAM 信号调制后携带 10Gbit/s。

图 11-9 显示了背靠背传输下,第四个波长上每一个子带的误码率与接收的光功率的关系。可以看到,通过对每一个子带添加权重的频域预均衡,1~3 个子带获得了相同的性能,在 BER 为 7% 硬判决 FEC 门限下,子带 4 和 5 的功率代价可以忽略不计。我们还测量了没有预均衡时的情况,此时子带 5 的 BER 性能很差。因此,进行预均衡处理还是非常必要的。

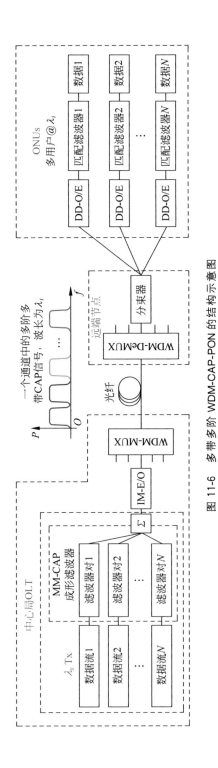

图 11-6 多带多阶 WDM-CAP-PON 的结构示意图

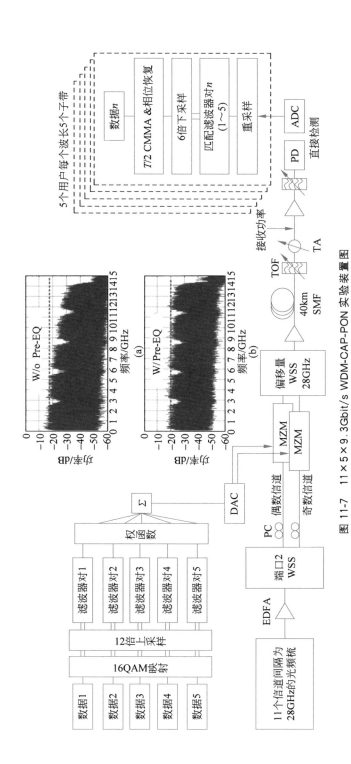

图 11-7　11×5×9.3Gbit/s WDM-CAP-PON 实验装置图

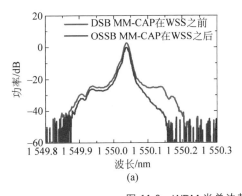

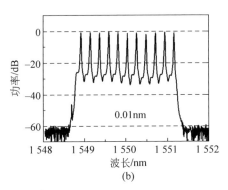

(a)　　　　　　　　　　　　　　　(b)

图 11-8　WDM 光单边带多带 CAP 信号光谱

（a）单个波长信道的光谱；（b）11 个波长信道的输出光谱

图 11-10（a）和（b）分别显示了接收到的经过 40km 的单模光纤双带（DSB）和光单边带（OSSB）的多阶多带 CAP 信号频谱。可以看到,如果没有 OSSB,子带 3 和 4 遭到由于色散和直接检测引起的频率衰落的破坏。近 40% 的数据传输将会被抑制,而通过 OSSB 则可以避免这种频率衰减,如图 11-10（b）所示。

图 11-11（a）所示为经过 40km 的单模光纤（SMF）传输之后,第四个波长的每个子带 BER 与接收到的光功率的关系。其中,插图（i）和（ii）分别表示子带 1 和 5 在 −15dBm 接收功率的星座图。与背靠背情况相比,子带 1 和 2 具有相同的性能,均

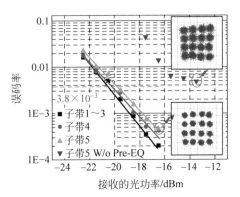

图 11-9　多带 CAP 信号背靠背的误码率和接收到的光功率关系曲线

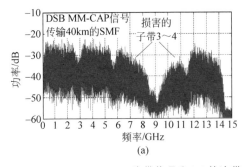

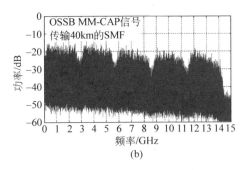

(a)　　　　　　　　　　　　　　　(b)

图 11-10　（a）双边带信号和（b）单边带信号传输 40km 后的直接探测信号频谱

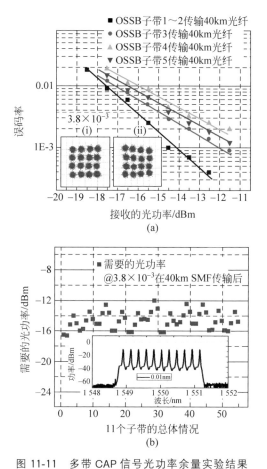

图 11-11 多带 CAP 信号光功率余量实验结果

(a) 40km 的 SMF 传输之后,波长 4 的各子带 BER 与接收到的光功率的关系;(b) 所有 11 个
信道中 55 个子带经过 40km 的 SMF 传输之后 BER 在 3.8×10^{-3} 时的光功率

有约 4.5dB 的功率代价。然而,子带 3～5 具有较大的功率损失,分别约为 5.5dB、6.5dB 和 6dB。这是不完美 OSSB 滤波导致的残余频率衰落的结果。图 11-11(b) 则为全部的 11 个信道中 55 个子带经过 40km 的 SMF 传输之后,在 BER 为 7% 硬判决 FEC 门限即 3.8×10^{-3} 下所需的光功率。每个波长的下行数据速率为 50Gbit/s,移除 FEC 开销后,55 个用户的总速率为 $11 \times 5 \times 9.3$Gbit/s。图 11-11(b) 为所接收的 11 个信道的光谱。考虑到典型的 WDM-PON 中,每个信道的输入功率约为 10dBm,光纤的损耗可以被优化约 8dB,商业波分复用器的插入损耗(如 AWG)小于 4dB,而在我们的实验中采用 MM-CAP 最坏的 WDM 信道所需的接收功率约为 -12dBm。因此,每个波长存在 10dB 的功率余量。因为在此仅考虑

5 个用户,对于每个用户该功率余量足够。另外,在实际应用中,波长间隔和用户数应该优化设计。然而,如果需要更多的用户或更长的距离,则需要在本地或者远端交换机中采用高灵敏度的接收器(如相干接收器)或光放大器。

11.4　CAP-64QAM 在无线接入网的应用

随着终端用户各种各样的多媒体数据服务的出现,无线接入速率的需求也在不断增加。为了满足这一容量和频谱效率的需求,光纤无线系统从开关键控发展到更高阶的调制格式,如基于子载波调制的正交幅度调制、正交频分复用等。本节提出的基于强度调制和直接检测的无载波幅度和相位调制,作为一个候选技术,可以提供良好的系统性能和低复杂度,最近在短距离的光接入网络领域被广泛研究,与 OFDM 相比,CAP 在短距离光传输应用中,在高功率效率和低成本方面拥有巨大潜力。因此,考虑到大容量、高频谱效率等技术优势,CAP 在光纤无线接入系统中值得研究。

作为一个概念验证,搭建了如图 11-12 所示的 24Gbit/s 的 CAP-64QAM 无线传输实验系统,其中传输链路包括 40km SMMF 和 1.5m 的 38GHz 无线信道。一个波长为 1 550.10nm 的外腔激光器用作 CW 光源,通过 IQ 调制器实现载波调制和信号调制。IQ 调制器包括两个并行的 MZM,分别位于两臂上。上臂 MZM 是由 4Gbaud 的 CAP-64QAM 信号驱动,该信号由 12GSa/s 的商用任意波形发生器产生。该数据序列首先被映射到 8 阶的 64QAM 的 I 和 Q 信号,码元长度为 16×2^{11} 符号。然后,在 16 组 8 阶的 I 和 Q 序列上采样至 3 采样每符号,并通过正交希尔伯特滤波器对。该滤波器是有限冲激响应滤波器,每个的长度为 10 个符号长度。滚降系数是 0.2,溢出带宽设置为 15%。用于无线信号生成的下臂工作在载波抑制条件下。下臂 MZM2 偏置在零点,并通过 38GHz 的 RF 信号驱动,最后,通过一个 3dB 带宽为 0.5nm 的光带通滤波器进行基带信号与一阶载波的滤波。

下臂 MZM2 毫米波载波输出和经过 IQ 调制器的基带信号与毫米波信号的光谱如图 11-13(a)和(b)所示。从图 11-13(a)中可以看到一阶载波与光载波的抑制比超过 50dB,该结果十分明显。图 11-13(c)显示出经过光带通滤波器,仅间隔为 38GHz 的基带信号和左侧带第一阶载波被保存下来的结果。载波与基带的功率之比(左侧波段一阶毫米波)约为 18dB。在此之后,所滤出的光基带信号和一阶边带信号输入到 40km SSMF。信号光在 1 550nm 处具有约 10dB 的损耗和 17ps/(km·nm)的色散,同时没有进行光的色散补偿。在光纤传输之前,使用一个掺铒光纤放大器以补偿光纤损耗。

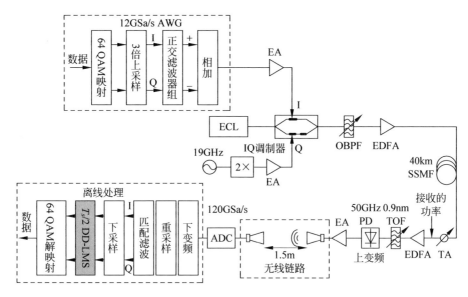

图 11-12　光纤无线接入 24Gbit/s 的 CAP-64QAM 传输实验系统

对于无线传输,通过在 50GHz 的 PD 处的光拍频实现光基带信号上变频。所产生的 38GHz 的毫米波首先通过约 10GHz 的带宽电放大器(EA)放大,然后通过一个 25dBi 增益的角天线进行广播。在无线接收机侧,由另一个 40GHz 的 25dBi 增益的角天线对广播的无线信号进行接收。接收的信号被直接由 120GSa/s 的高速示波器进行采样,该示波器具有 45GHz 的模/数转换器。图 11-14(a)表示 38GHz 的毫米波信号经过 ADC 后的 FFT 频谱。可以看到,中心频率在 38GHz 的 64QAM CAP 毫米波信号(24Gbit/s)只占用了不到 9GHz 的带宽。

经过 ADC 后,采用离线的数字信号处理恢复信号。首先,通过与同步的余弦或者正弦函数相乘进行信号的下变换。然后,下变换的信号进行 16GSa/s 重采样。图 11-14(b)显示了进行 16GSa/s 重采样下变换的基带 CAP-64QAM 信号的 FFT 频谱。需要指出的是这里采用了高速 ADC 进行数字下变换来实现 RoF 系统。对于实际的应用,可以采用 RF 本地射频元进行模拟的下变换来降低对高速 ADC 的要求。之后,重采样的信号通过正交匹配的滤波器产生 IQ 路信号。匹配滤波器工作在 4Sa/码元,长度为 10 个码元。然后在线性均衡之前,IQ 信号下采样到 2Sa/码元。这里,采用基于 DD-LMS 的 4 个实值,31 阶,$T/2$ 间隔的蝶形自适应 FIR 滤波器进行信号均衡和恢复。

图 11-15 给出了 24Gbit/s CAP 64QAM 信号误码率结果,条件分别为没有光纤和无线传输接收的背靠背传输,40km SMMF 传输和 40km SMMF 加上 1.5m

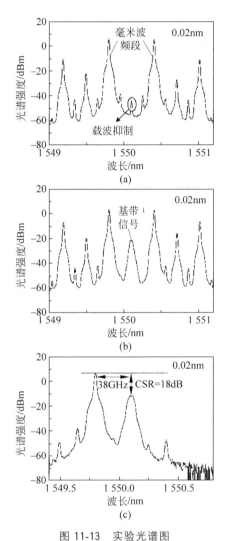

图 11-13 实验光谱图

(a) 通过下臂 MZM 产生的载波抑制光谱图；(b) 调制的基带信号光谱图；

(c) 滤波器滤出的基带信号和一阶边带

的无线传输。光功率是在可调衰减器后测得的。0.9nm 飞行时间用于移除 EDFA 后额外的放大器自发辐射噪声。可以看到，在 BTB 情况下，当 BER 为 7%，硬判决 FEC 限制为 3.8×10^{-3} 时，所需的接收光功率约为 -25dBm。与背靠背的情况比，在 3.8×10^{-3} 误码率下，40km 的光纤传输后的功率衰减不到 1dB。然而，由 1.5m 的无线传输引入了大约 2dB 的功率损失，这是由于无线传输的功率损耗和损伤导致的。在 -22dBm 接收功率下，40km 的光纤传输之后加上或者不加 1.5m 的无线

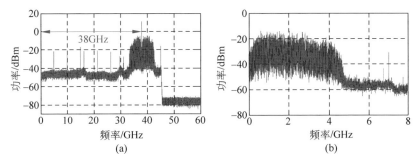

图 11-14　实验频谱图

(a)接收到的 24Gbit/s 的 CAP-64QAM 无线信号的 FFT 频谱图；(b)下变频之后的 24Gbit/s 的 CAP-64QAM 图

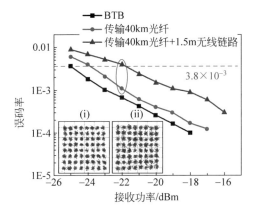

图 11-15　24Gbit/s 的背靠背，有线 40km 光纤传输和光纤无线信号传输后的误码率随光功率的关系

传输的 CAP-64QAM 信号的星座图如图 11-15 中插图(i)和(ii)所示。值得注意的是，作为概念验证，我们只测得 1.5m 的无线链路的结果。我们相信可以通过获得更大的接收光功率或通过在无线发射器和接收器侧使用电放大器来实现更长距离的无线传输。综上所述，这些结果清楚地证明了所提出的高频谱效率的 CAP-64QAM 在光纤无线接入系统中的可行性。

11.5　基于 DML 的 60Gbit/s CAP-64QAM 传输实验

基于 IM/DD 的 CAP 传输系统具有诸多优势，能使用低成本的光学组件实现相对高的数据传输速率，如采用直接调制激光器或垂直腔表面发射激光器等低成本光电器件。本节将介绍作者在高速 CAP 作短距离光传输方面的研究工作,通过实验验证基于 DML 的直接检测和数字均衡化技术的高速 CAP-64QAM 传输效果。在该系统中,采用改进的 DD-LMS 来均衡 CAP-64QAM,与 CMMA 相比,该算法降低了复杂性并提高了性能。使用这种方案,成功实现了基于 10GHz DML 和直接检测的 60Gbit/s CAP-64QAM 采用 SSMF 传输超过 20km。据我们所知,该成果是首次基于 DML 的实现高达 60Gbit/s 的 CAP-64QAM 传输。

图 11-16 显示的是基于 10GHz 带宽 DML 直接检测和数字信号处理的 60Gbit/s 的 CAP-64QAM 的产生、传输和直接检测实验装置。DML 的工作波长为 1 295.14nm,且采用 CAP-64QAM 信号驱动。实验中,采用可编程 30GSa/s 的 DAC 将产生 10Gbaud 的 CAP-64QAM 信号。数据先映射成 8 阶的 64QAM,符号长度为 16×2^{11}。然后,8 阶的同相和正交数据上采样到 3 倍采样,并通过正交希尔伯特滤波器对滤波。该滤波器长度为 10 个符号,滚降系数是 0.2,溢出带宽设置为 15%,最后 DAC 产生 10GHz 带宽的 CAP-64QAM 信号。驱动 DML 后的输出光功率为 8dBm,经过 DML 调制后,通过 20km 的标准传输光后进行直接探测。

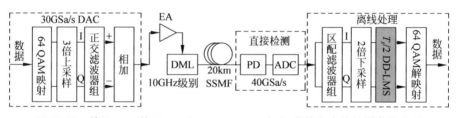

图 11-16　基于 DML 的 60Gbit/s CAP-64QAM 产生、传输和直接检测实验装置

在接收端,信号直接由 PD 检测,然后由数字采样示波器以 40GSa/s 的速度采集并作离线处理。采样的信号首先由两个正交的匹配滤波器进行解调。经过匹配滤波器后,在线性均衡之前,I 和 Q 下采样到 2 倍采样。这里,一个基于改进的 DD-LMS 的 4 个实值,31 抽头,$T/2$ 间隔开的蝶形自适应数字 FIR 滤波器用于信号均衡和恢复。信号解映射后,再进行误码率的测量。图 11-17(a)表示在 40GSa/s 采样速率下,接收到的 10Gbaud 的 64QAM 信号的 FFT 频谱。

图 11-17(b)则为使用不同均衡方式传输 20km 的 SMF 前后,60Gbit/s 的 CAM-64QAM 信号的 BER 性能与接收到的光功率的关系。可以看到背靠背和 20km 单模光纤传输的情况下,DD-LMS 与 CMMA 加相位恢复的方法进行比较,表现出更好的性能。在背靠背和 20km 单模光纤传输情况下,3.8×10^{-3} 处接收功率的灵敏度可以获得约 1.5dB 和 2.5dB 的提高。在接收功率为 -3.5dBm 时使用 DD-LMS 处理过的 CAP-64QAM 信号经过 20km 的单模光纤传输前后的星座如

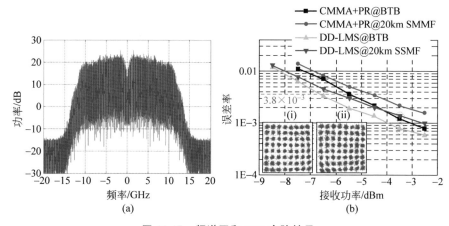

图 11-17　频谱图和 BER 实验结果

（a）40GSa/s 采样后的信号 FFT 频谱；（b）60Gbit/s 的 CAP-64QAM 信号在 20km 光纤传输前后 BER 和接收光功率的关系

图 11-17(b)中插图(i)和(ii)所示。这些结果清楚地证明了基于 DML 和直接检测与改进的 DD-LMS 均衡化的 64QAM 系统的可行性。

在以前的工作中[7]，使用基于 CMMA 的两级均衡，包括 ISI 均衡和相位恢复（PR）来均衡 CAP 信号。然而，CMMA 难以用来均衡高阶 CAP-QAM 信号，因为 QAM 中的环间距一般小于最小符号间距。另外，由于 CMMA 是基于符号的圆的半径，它是相位独立的算法，而这种方式对相位并不敏感，所以 CMMA 后附加的相位恢复是必需的。本节提出了基于改进的 DD-LMS 来均衡 CAP-QAM 信号中符号间干扰和串音。图 11-18(a)给出了 DD-LMS 的结构和原理。不同于相干光学系统中使用常规的基于 4 个复数的 FIR 滤波器，而基于 DD-LMS 算法采用 4 个实数值，$T/2$ 间隔的蝶形自适应数字 FIR 滤波器的结构用于 CAP 信号均衡。以这种方式，在同相和正交信号是由 h_{ii} 和 h_{qq} 滤波器独立地均衡，IQ 串扰部分则由耦合的滤波器 h_{iq} 和 h_{qi} 均衡。

使用改进的 DD-LMS 对 CAP-mQAM 信号均衡的两个好处如图 11-18(b)和(c)所示，这里仿真了 DD-LMS 和 CMMA 处理算法对 CAP-64QAM 信号的仿真结果。图 11-18(b)给出的是使用 CMMA 和 DD-LMS 后的相位旋转与采样时钟误差量的模拟结果。此处上抽样比为 8，可以看到，采样偏移时间所造成的相位旋转不能通过 CMMA 消除，这需要 CMMA 后附加相位恢复进行处理。然而，DD-LMS 则是相位敏感的，信号均衡和相位旋转可以在 DD-LMS 方案中同时被补偿。图 11-18 (c)则为 CAP-64QAM 在不同的均衡方案下 Q 值与 SNR 的关系。可以看到，CMMA 与 DD-LMS 相比表现出更好的 Q 值特性，特别是在低信噪比条件

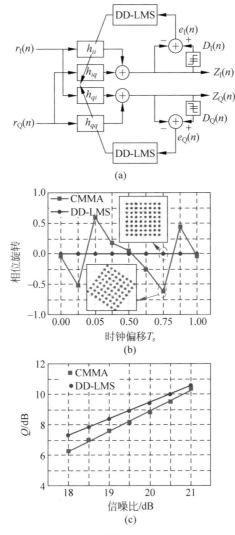

图 11-18　基于改进的 DD-LMS

（a）DD-LMS 结构图；（b）DD-LMS 和 CMMA 处理 CAP-64QAM 信号时采样时钟偏差的影响；

（c）DD-LMS 和 CMMA 在不同信噪比下处理 CAP-64QAM 时的 Q 值仿真结果

下。当信噪比低于 $19.5\mathrm{dB}$ 时，Q 值能得到多于 $1\mathrm{dB}$ 的提高。

最后，我们测量了不同 FIR 滤波器长度下的误码率性能。图 11-19（a）显示出了在发射机使用不同正交滤波器长度（T-OFL）产生 CAP-64QAM 信号的情况下，背靠背的 BER 性能与 DD-LMS 滤波器抽头长度的关系。可以看到，大的 T-OFL 具有更好的误码率性能。最优滤波器长度产生的 CAP-64QAM 大约为 $10T_s$。图 11-19（b）显示在不同的匹配滤波器长度下（R-MFL），不同 DD-LMS 滤波器抽头长度的 BER 曲线。我们可以看到,R-MFL 对接收误码率性能的影响较小。图 11-19(a)和(b)表明,当 DD-LMS 抽头数长度在 1～41 内增加时,BER 性能得到提高。改进的 DD-LMS 的最佳抽头数长度约为 31。在这里,所接收的光功率保持在－6.5dBm。通过以上实验验证了基于 DML 的直接检测和数字均衡化技术的高速 CAP-64QAM 传输效果。使用这种方案,成功实现了基于 10GHz DML 和直接检测的 60Gbit/s CAP-64QAM 超过 20km SSMF 的传输。

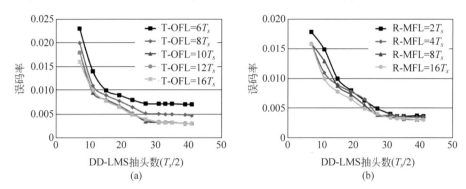

图 11-19　在不同的发射机滤波器(T-OFL)(a)和接收机匹配滤波器(R-MFL)长度(b)下误码率随 DD-LMS 抽头长度的关系

11.6　100Gbit/s 带电色散补偿的 CAP 信号长距离传输

近年来,光传送网、城域网和接入网对超高速率光传输的需求在不断增长[9]。采用先进调制格式的波分复用和超密集波分复用被广泛应用于相干系统作为实现 400Gbit/s 和 1Tbit/s 传输最有前景的解决方案[10]。特别是在城域网中,传输距离和传输成本都需要考虑到实现每信道 100Gbit/s 的系统架构。与相干接收机相比,直接检测光传输在系统建设成本、计算复杂度和功耗方面都被认为是一个更具有吸引力和可行性的解决方案[11]。

无载波的幅度和相位调制是一种采用低成本和有限带宽光学元件的先进单载波调制格式。221Gbit/s 和 336Gbit/s 的比特率分别在准单模光纤中传输了 225km 和 451km 的距离。系统中采用的是偏振极化复用、多带的 CAP 调制和相干收发器[12]。100Gbit/s QAM 调制超过 15km 光纤传输的 CAP 信号已在文献[5]中报道。

尽管很多研究者都研究了城域网中的先进调制格式。仍然没有任何报道可以实现低成本直接检测的 100Gbit/s CAP 超过 400km SSMF 的传输。主要的原因是长距离传输的色散损失。采用单边带和残留边带(VSB)是直接检测系统中克服色散限制的一种方法。已实现100Gbit/s单边带离散多音调制(DMT)超过80km光纤[13]和110.3Gbit/s残留边带离散多音调制[14]。然而,采用单边带的信号相较于双边带信号来说,会造成3dB的信噪比损失[15]。预色散补偿是另外一种抑制色散失真的方法。336Gbit/s PDM64 的 QAM 信号采用 IQ 调制器,超过 40km SSMF 传输已经被实验证实[16]。最近,56Gbit/s DMT 超过 320km SSMF[17] 和 100Gbit/s DMT 超过 80km SSMF[27] 采用双驱动的马赫-曾德尔调制器已经被实现。

在这里,我们展示了一个低成本直接检测的 CAP16 的验证实验。采用 CAP 调制,利用一些商用的光学元件,实现了每波 112Gbit/s 的比特率。我们也比较了色散补偿光纤和预色散补偿在超过 80km SSMF 范围的系统性能。并且 SSB 和预色散信号采用双驱动 MZM(DDMZM)或者 IQ 调制器的传输性能也被评估了。据我们所知,这是单一波长 100Gbit/s 传输超过 480km SSMF 的 CAP16 的基于城域网络直检系统的传输实验被首次实现。

11.6.1 无载波幅度相位调制的数字信号处理

1. CAP16 格式

图 11-20 展示了 CAP16 信号的系统框图。在发送端,数据首先被调制成复数符号的 16QAM 信号。一个抽头长度为 189 的反向线性滤波器被用在时域做预均衡。在预均衡后,做 4 倍上采样。利用 IQ 分离形成希尔伯特变换对,利用滚降因子为 0.1 的平方根升余弦整形滤波器作为整形滤波器。中心频率设为 15.6GHz,CAP16 的波特率设为 28Gbaud,比特率仍然是 112Gbit/s。在重采样之后,信号被预畸变,并且与色散引起的相位延时相反[8]。由于预色散的过程,信号变成了复数信号。在这里,实部和虚部信号分别送入 DDMZM 或者 IQ 调制器中。

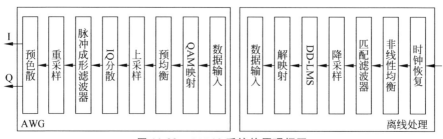

图 11-20 CAP16 系统的原理框图

离线处理中,在加德纳定时恢复和采用最小均方沃尔泰拉滤波器的非线性均衡器后,信号被送到匹配滤波器中分离出同向和正交分量。最后信号的误码率性能通过 DD-LMS 和解映射过程测量。

2. 预色散方法

限制 DSB 信号传输距离的主要因素是由色散造成的功率衰落问题[18]。色散整体的频域信道响应是

$$H(w) = \exp\left(-j\,\frac{DL\lambda^2}{4\pi c}w^2\right) \tag{11-7}$$

其中,D 是色散参数,L 是光纤长度,λ 是载波波长,c 是光速。相应的时域表达式是

$$h(t) = \sqrt{\frac{c}{jDL\lambda^2}} \exp\left(j\,\frac{\pi c}{DL\lambda^2}t^2\right) \tag{11-8'}$$

根据式(11-8')和平方律检测,得到最终公式如下[19]:

$$I_{PD}^2(t) \propto \cos^2\left(\frac{\pi DL\lambda^2}{c}f^2\right) \tag{11-8}$$

当信号的相位和是 $\frac{\pi}{2}+N\cdot\pi$(N 是整数)时,信号会遭受毁灭性的功率衰落。因此第一个瓣的带宽表示为

$$f_{带宽} = \frac{c}{2DL\lambda^2} \tag{11-9}$$

为了解决严重的功率衰落,调制的信号需要被色散信道相应的逆做预畸变。然而,由于预色散方式,信号会同时携带相位信息。这就是我们在实验中使用 DDMZM 和 IQ 调制器的原因。

11.6.2　SSB 信号的生成

SSB 信号是另一种避免色散引起的功率衰落的方法。最近有一些关于用低成本的 DDMZM 生成 SSB 信号的成果发表[6,7]。一个 DDMZM 由两个平行的臂组成,并且它们由 $V_\pi/2$ 的偏置差驱动。DDMZM 的输出可以表示为[10]

$$
\begin{aligned}
E_{out} &= \frac{\sqrt{2}}{2}E_{in}\cdot\left\{ e^{j\left[\frac{\pi}{V_\pi}I(t)-\frac{\pi}{2}\right]} + e^{j\left[\frac{\pi}{V_\pi}Q(t)\right]} \right\}\\
&= \frac{\sqrt{2}}{2}E_{in}\cdot\left\{ -je^{j\left[\frac{\pi}{V_\pi}I(t)\right]} + e^{j\left[\frac{\pi}{V_\pi}Q(t)\right]} \right\}\\
&\approx \frac{\sqrt{2}}{2}E_{in}\cdot\left\{ -j\left[1+j\frac{\pi}{V_\pi}I(t)\right] + \left[1+j\frac{\pi}{V_\pi}Q(t)\right] \right\}\\
&= \frac{\sqrt{2}}{2}E_{in}\cdot\left\{ \frac{\pi}{V_\pi}[I(t)+jQ(t)]+1-j \right\}
\end{aligned} \tag{11-10}
$$

从式(11-10)中可得到,电信号 $I(t)+jQ(t)$ 被线性转换到光域。为了生成 SSB 信

号,可以把电信号 $I(t)$ 设为实信号 x,信号 $Q(t)$ 则为它的希尔伯特变换对 $\hat{x}$。

$x + \mathrm{j}\hat{x}$ 的输出是 x 的解析信号,也是一个单边带信号。然后,光域的表达式为

$$E_{\mathrm{out}} = E_{\mathrm{in}}(x + \mathrm{j}\hat{x}) \tag{11-11}$$

式(11-11)的输出是一个光的单边带信号。

11.6.3　实验装置图和结果

图 11-21 展示了实验装置,用一个 81.92GSa/s 20GHz 带宽的数字模拟转换器和离线的 MATLAB 程序生成驱动信号,在实验中使用 DDMZM(带宽 35GHz)和 IQ 调制器(带宽 30GHz)。DDMZM 的平行双臂以偏置差为 $V_{\pi}/2$ 的偏置电压驱动实现 IQ 调制[20],并且 IQ 调制器的偏置点设置在正交点。在驱动调制器的上下臂之前,信号先被电放大器(EA,带宽 32GHz,增益 20dB)放大。DDMZM 的 6dB 和 0dB 电衰减器和 IQ 调制器分别被用来拟合调制器的线性区。在调制器中输入 1 542.9nm 的连续波光。光纤传输回路包括一个掺铒光纤放大器和 80km 的

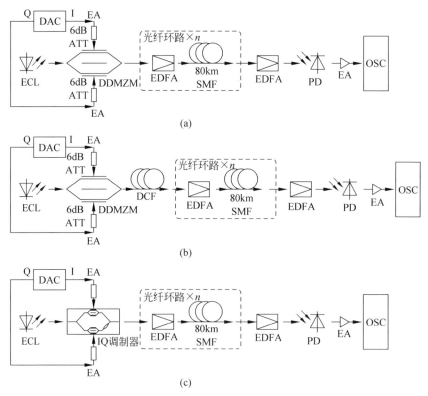

图 11-21　直接检测的光传输系统的实验装置图

(a) 基于 DDMZM 的预色散；(b) 基于 DDMZM 的色散补偿光纤；

(c) 基于预色散的 IQ 调制器

SSMF。EDFA 放大信号之后,用一个 50GHz 的光电探测器检测信号。最后,用实时数字示波器对信号采样,采样率为 80GSa/s,电带宽为 33GHz。

11.6.4　基于 DDMZM 的预色散和色散补偿光纤之间的比较

首先,测试了 80km SSMF 情况下 BTB 的 CAP16 的误码率性能。在图 11-22 中,用色散补偿光纤来补偿由于 80km 光纤造成的色散。

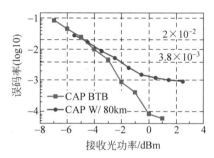

图 11-22　误码率随接收光功率变化的曲线(基于 DDMZM 的 CAP16 在 80km BTB 情况下)

为了研究峰均功率比的作用,用图 11-23 所示的不同 DSP 过程来评估 CAP 信号的峰均功率比(PAPR)情况,图像展示了互补累积分布函数(CCDF)和峰均功率比之间的关系。可以发现,在预均衡之后,PAPR 会增高。如果采用预色散方式,PAPR 会比其他方式高更多。

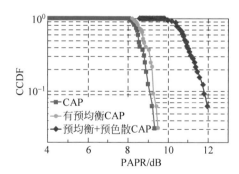

图 11-23　CCDF 随 PAPR 的变化曲线(没有预均衡、有预均衡、预均衡＋预色散)

然后,比较了采用预色散和色散补偿光纤两种方式得到的 BER 性能。根据图 11-24,采用预色散方式,在 HD-FEC 门限下 CAP16 的接收机灵敏度可以得到约 2dB 的增益。

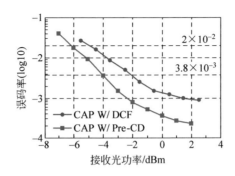

图 11-24　BER 随接收光功率变化的曲线(在 80km 情况下基于 DDMZM 采用预色散和
色散补偿光纤的 CAP16)

11.6.5　基于 DDMZM 的预色散和 SSB 之间的比较

在直接检测的系统中,SSB 是另一种克服色散限制的方法。我们也想比较 CAP 调制下采用预色散和 SSB 的性能。图 11-25 展示了首次超过 240km 传输得到的实验结果。SSB 信号比预色散信号性能要好一些。然而,基于 DDMZM 超过 80km SSMF 时,采用 SSB 相较于 DSB 信号来说会造成 3dB 的信噪比损失[8]。我们的结果似乎与文献[8]的结论不匹配。

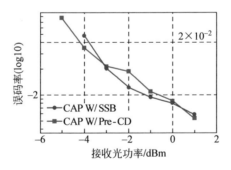

图 11-25　BER 随着接收光功率变化的曲线图(在 240km 情况下,
CAP16 基于 DDMZM 采用了预色散和 SSB)

所以,我们继续研究采用预色散和 SSB 在不同光纤长度下的性能比较,结果如图 11-26 所示。当传输距离太短(约小于 240km),预色散信号比 SSB 信号好,这与参考文献的结果是相符的。当传输距离增加,SSB 会有一个更好的性能。基于 DD-MZM 产生的信号[20]随传输距离的增加,非线性效应会急剧增加。

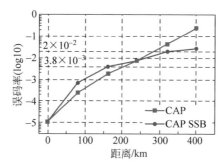

图 11-26　BER 随着传输距离变化的曲线图（基于 DDMZM 的 CAP16 采用了预色散和 SSB）

11.6.6　DDMZM 和 IQ 调制器之间的比较

由于 DDMZM 和 IQ 调制器的性能大致相似[20]，我们也测试了 IQ 调制器在此系统中的性能。图 11-27 展示了采用 DDMZM 和 IQ 调制器在 BTB 情况下 IQ 调制器 BER 性能随接收到光功率的变化情况。与 DDMZM 相比，在 HD-FEC 门限下，采用 IQ 调制器可以使接收机灵敏度得到 2dB 的增益。

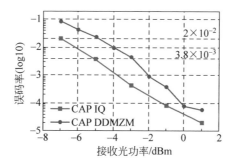

图 11-27　BER 随传输距离变化的曲线图（BTB 情况下，CAP16 采用 DDMZM 和 IQ 调制器）

首先，测量了采用预色散方法和 IQ 调制器超过 400km SSMF 传输的 BER 性能随接收到的光功率变化的情况，展示在图 11-28 中。

然后，测试了基于 IQ 调制器，采用预色散方法和 SSB 的 BER 性能随传输距离变化的情况，展示在图 11-29 中。不像 DDMZM，IQ 调制器的 DSB 信号一直比 SSB 信号性能好。最后，在 3.8×10^{-3} 的 HD-FEC 门限下，实验证实了 CAP16 的 480km 的传输。据我们所知，这是直接检测系统中每信道 100Gbit/s CAP 信号最长的传输距离。图 11-30 展示了 CAP 超过 400km 和 480km SSMF 的 DSB 和 SSB 信号的光学频谱。根据实验结果，我们相信在城域网中采用 IQ 调制器可以实现更好的性能，并且拥有可接受的成本。

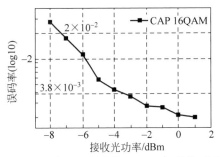

图 11-28　BER 随接收到的光功率变化的曲线图（400km 传输采用 IQ 调制器的 CAP16）

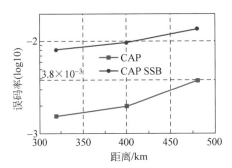

图 11-29　BER 随着传输距离变化的曲线图（基于 IQ 调制器，采用预色散和 SSB 的 CAP16 信号）

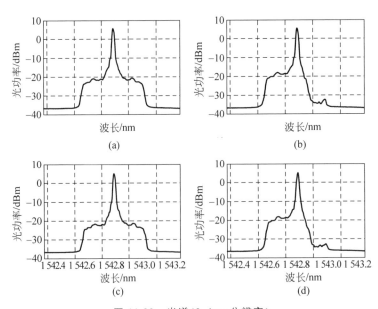

图 11-30　光谱（0.1nm 分辨率）

(a) CAP16 DSB 信号，400km SSMF；(b) CAP16 SSB，400km；

(c) CAP16 DSB，480km；(d) CAP16 SSB，480km

11.6.7　结论

在本节中,验证了一个基于 CAP16 低成本直接检测的城域光传输系统的 100Gbit/s 传输实验。在三种色散补偿方法(即预色散、SSB 和色散补偿光纤)中,色散补偿光纤性能最差,但是它不需要额外的数字信号处理,从而它对于低成本单驱动的 MZM 是很合适的。预色散和 SSB 都需要由 DDMZM 或者 IQ 调制器生成。相较于 DCF,采用预色散方式,CAP16 的接收机灵敏度在 HD-FEC 门限下可以取得 2dB 的增益。并且采用 IQ 调制器的预色散信号始终比 SSB 信号好,这与采用 DDMZM 不同,这是因为调制器的非线性。对于 DDMZM,当传输距离比较短(约小于 240km 时),预色散信号比 SSB 信号好。当传输距离增加,SSB 的性能则更好。

在整个实验中,基于 IQ 调制器的预色散展示了在直接检测系统中等传输下的最优性能。据我们所知,这是在城域网的直接检测系统中第一次实现 CAP16 格式的 100Gbit/s 单波长超 480km SSMF 传输。

11.7　本章小结

本章针对无载波幅相调制 CAP 进行了研究。首先,介绍了 CAP 的调制与解调原理和实现方法,包括单带 CAP-mQAM 的产生和接收,以及多带多阶 CAP 信号的产生与接收方法。然后通过实验研究,介绍一种基于多带多阶 CAP 调制的 WDM-CAP-PON 多用户接入网络,并验证了其高速接入性能,成功地证明了 11 WDM 信道,55 个子频带,为 55 的用户,经过 40km 单模光纤,各用户实现了 9.3Gbit/s(去除 7% 的开销用于前向纠错后)的下行速率。据我们所知,这是首次将如此高速度的多带多阶的 CAP 信号用于 WDM-CAP-PON 中。接着,介绍了基于高阶调制 CAP-64QAM 的无线接入网传输试验,实现了对 24Gbit/s 的 CAP-64QAM 光纤传输 40km 和高速无线传输接入系统的验证。最后,介绍了基于 DML 和数字信号处理的直接调制、直接检测高速 CAP-64QAM 系统。通过改进的 DD-LMS 均衡的 CAP-64QAM,首次基于 DML 直接调制和直接检测,实现了高达 60Gbit/s 的 CAP-64QAM 系统,并成功传输 20km 的标准单模光纤。

参考文献

[1] BREUER D, GEILHARDT F, HULSERMANN R, et al. Opportunities for next-generation optical access[J]. IEEE Communications Magazine,2011,49(2): s16-s24.

[2] CHANG G K, CHOWDHURY A, JIA Z,et al. Key technologies of WDM-PON for future converged optical broadband access networks [J]. IEEE/OSA Journal of Optical

Communications & Networking，2009，1(4)：C35-C50.

[3] KANG J M，HAN S K. A novel hybrid WDM/SCM-PON sharing wavelength for up-and down-link using reflective semiconductor optical amplifier[J]. IEEE Photonics Technology Letters，2006，18(3)：502-504.

[4] WIBERG A O J，OLSSON B E，ANDREKSON P A. Single cycle subcarrier modulation [C]. Optical Fiber Communication-incudes post deadline papers，2009；KAROUT J，KARLSSON M，AGRELL E. Power efficient subcarrier modulation for intensity modulated channels[J]. Opt. Express，2010，18(17)：17913-17921.

[5] KAROUT J，AGRELL E，SZCZERBA K，et al. Optimizing constellations for single-subcarrier intensity-modulated optical systems[J]. IEEE Transactions on Information Theory，2012，58(7)：4645-4659.

[6] LIU B，XIN X，ZHANG L，et al. A WDM-OFDM-PON architecture with centralized lightwave and Pol SK-modulated multicast overlay[J]. Optics Express，2010，18(3)：2137-2143.

[7] CVIJETIC N，CVIJETIC M，HUANG M F，et al. Terabit optical access networks based on WDM-OFDMA-PON[J]. Journal of Lightwave Technology，2012，30(4)：493-503.

[8] WEI J L，CUNNINGHAM D G，PENTY R V，et al. Study of 100 gigabit ethernet using carrierless amplitude/phase modulation and optical OFDM[J]. Journal of Lightwave Technology，2013，31(9)：1367-1373.

[9] RASMUSSEN J C，TAKAHARA T，TANAKA T，et al. Digital signal processing for short reach optical links[C]. European Conference on Optical Communication，2014.

[10] ESTARAN J，IGLESIAS M，ZIBAR D，et al. First experimental demonstration of coherent CAP for 300Gbit/s metropolitan optical networks[C]. Optical Fiber Communications Conference and Exhibition，2014.

[11] WEI J，CHENG Q，CUNNINGHAM D G，et al. 100Gbit/s hybrid multiband CAP/QAM signal transmission over a single wavelength[J]. Journal of Lightwave Technology，2015，33(2)：415-423.

[12] RANDEL S，PILORI D，CHANDRASEKHAR S，et al. 100Gbit/s discrete-multitone transmission over 80km SSMF using single-sideband modulation with novel interference-cancellation scheme[C]. European Conference on Optical Communication，2015.

[13] ZHOU J，ZHANG L，ZUO T，et al. Transmission of 100Gbit/s DSB-DMT over 80km SMF using 10G class TTA and direct-detection[C]. European Conference on Optical Communication，2016.

[14] CHI Y W，ZHANG S，LIU L，et al. 56Gbit/s direct detected single-sideband DMT transmission over 320km SMF using silicon IQ modulator[C]. Optical Fiber Communications Conference and Exhibition，2015.

[15] SHI J，ZHOU Y，XU Y，et al. 200Gbit/s DFT-S OFDM using DD-MZM-based twin-SSB with a MIMO-Volterra equalizer[J]. IEEE Photonics Technology Letters，2017，99：1-1.

[16] KIKUCHI N，HIRAI R，WAKAYAMA Y. High-speed optical 64QAM signal generation using inP-based semiconductor IQ modulator[C]. Optical Fiber Communications

Conference and Exhibition,2014.

[17] LEBEDEV A，OLMOS J J，IGLESIAS M，et al. A novel method for combating dispersion induced power fading in dispersion compensating fiber[J]. Optics Express,2013,21(11): 13617-13625.

[18] OTHMAN M B，ZHANG X，DENG L，et al. Experimental investigations of 3D-/4D-CAP modulation with directly modulated VCSELs[J]. IEEE Photonics Technology Letters,2012,24(22): 2009-2012.

[19] OLMEDO M I，ZUO T，JENSEN J B，et al. Towards 400G BASE 4-lane solution using direct detection of multi-CAP signal in 14GHz bandwidth per lane[C]. Optical Fiber Communication Conference and Exposition and the National Fiber Optic Engineers Conference,2013.

[20] RODES R，WIECKOWSKI M，PHAM T T，et al. Carrierless amplitude phase modulation of VCSEL with 4bit/(s · Hz) spectral efficiency for use in WDM-PON[J]. Optics Express,2011,19(27): 26551-26556.

PAM4信号调制和基于数字信号处理的探测技术

12.1 引言

为了满足快速增长的数据中心流量需求,灵活、低成本的 400Gbit/s 速率传输方案被相继提出,并作为下一代数据中心互连应用的备选方案[1-5]。最近,基于先进调制格式的强度调制/直接检测系统,例如脉冲幅度调制、无载波相位调制、离散多音频信号,作为一种低成本的数据中心互连方案,吸引了很多研究者的兴趣[1]。为了支持 400Gbit/s 速率传输,其中一种有前景的方案是使用 PAM 的 4 信道×每波 100Gbit/s 传输,这种方法可以降低收发机的设计复杂度和能量功耗[1-5]。另外,一些单信道 100Gbit/s 的短距离接入实验也相继发表,这些实验采用 PAM4、PAM8 的内调制或外调制方案[2-5]。值得注意的是,相对于基于外部调制的马赫-曾德尔调制器[1,2],使用电吸收光调制器[3,4]、直接调制激光器[5]的内调制方案成本较低,设计也更为简单。但是,对于这些方案有两方面的瓶颈限制了系统的性能:光电设备的调制带宽限制和调制、解调过程中的非线性损伤问题。许多数字信号处理方法被提出用以解决这两种限制,例如判决反馈均衡[1]、非线性沃尔泰拉均衡[5],这些方案在接收端都需要很高的计算复杂度。作为替代方案,本章提出了一种设计简单的查找表预畸变[6]的非线性补偿方案,并在 PAM4 系统中进行实验验证。

12.2　PAM4 信号调制原理与相关算法

12.2.1　PAM4 信号调制原理

当今时代的数据量正在呈井喷式增长,这不仅意味着更多的数据,也意味着更高的数据传输速率。传统基于非归零码(NRZ)的调制方式已经不再适应发展的需要,需要探索更高效的点对点传输方案,使其在大至光纤传输,小至芯片级传导都有用武之地。这其中一种受到推崇的调制方式是脉冲幅度调制,我们首先讨论PAM4 信号调制的基本概念,然后分析实验结果以及面对的挑战。

在很长一段时间内,非归零码方案一直是主流的数据传输调制方式。在 NRZ 中,我们将比特流信息,如 001100,编码为一系列电平值,低电平代表 0,高电平代表 1(图 12-1)。这里假定传输速率为 28Gbit/s。

在图 12-1 中,PAM4 通过 4 电平幅度调制,每个电平值可以承载 2bit 信息,代价是对噪声更为敏感。如果观察 NRZ 信号的眼图,假设比特周期为 T,幅度为 A,那么信道带宽为比特周期的倒数 $(1/T)$。传输速率越高,比特周期越小,信号带宽越大。通常也会有信噪比要求,这与信号幅度相关。

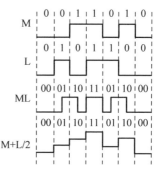

图 12-1　PAM4 信号调制原理

从纵向看,眼图张开的幅度越小,那么从接收端以固定的信噪比分辨出原始信号就更加困难。

通常来说,想要成倍提高点对点传输速率,其中一种实现方式是使用两个信道。在另外一个信道上,传输不同的比特流,如 0101100。但是这种方法也有明显的缺点,一般需要两个发射机,两个接收机,两个信道。我们可能不想付出额外的空间占用或者能量消耗代价,所以需寻求其他方案。

还有什么方法可以成倍提高传输速率呢?其中一种方法是将两路比特流串行化,用一路 56Gbit/s 信道代替两路 28Gbit/s 信道。于是,在原来 28Gbit/s 速率的周期内,现在速率达到 56Gbit/s(图 12-1)。从信号 ML 的眼图可以看出,其幅度依然是 A,但是周期变为 $T/2$。如果将比特周期取倒数,得到信号带宽 $2/T$。关于信噪比依然与 A 相关不变,但信号带宽加倍。所以从信噪比和带宽角度考虑这种方案各有利弊。

我们需要一种在不增加带宽的前提下成倍提高传输速率的方案,这就是PAM4 的优势所在。PAM4 信号将最低位 L (least significant bit) 和最高位 M (most significant bit) 比特映射为 4 电平幅度,每个电平代表 2 比特信息。PAM4

信号相当于图 12-1 中的 M+L/2,电平从低到高代表 00、01、10、11,PAM4 代表 4 电平脉冲幅度调制。

PAM4 的眼图不同寻常,从纵向看有 3 只张开的眼睛和 4 个幅度,符号周期为 T。但是,每个眼睛的张开幅度为 $A/3$,相应的带宽要求为 $1/T$。这样我们得到 56Gbit/s 信号,与 28Gbit/s 的单路信号 M 或 L 带宽相同,但是信噪比与 $A/3$ 相关,因此 PAM4 存在信噪比与信号带宽的权衡。许多串行链路是带宽受限的,因此很难通过缩短比特周期来提高 28Gbit/s。但当有信噪比承受空间时,牺牲一部分信噪比代价换取速率成倍提高的 PAM4 方案会是很好的选择。

12.2.2　最小均方误差算法

判决反馈的最小均方误差算法(DD-LMS)是一种应用广泛的盲均衡算法,算法稳态误差较小,但仅当误码率下降到 10^{-1} 或 10^{-2} 量级时,眼图基本张开后算法才能体现出效果[7]。

如图 12-2 是 DD-LMS 均衡器的算法原理图,由于 DD-LMS 是在离散傅里叶逆变换(inverse discrete Fourier transform,IDFT)变换之后进行,因此可以将 DD-LMS 均衡器看作一种时域均衡。

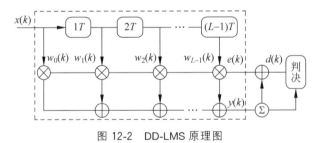

图 12-2　DD-LMS 原理图

一个具有 L 抽头的 DD-LMS 均衡器输入 $x(k)$ 和输出 $y(k)$ 之间的关系为

$$y(k) = w(k)^H x(k) \qquad (12\text{-}1)$$

其中,$w(k)$ 代表 k 时刻的抽头数系数,$x(k)$ 和 $y(k)$ 代表 k 时刻输入和输出向量,$()^H$ 代表矩阵的共轭转置,$x(k)$ 和 $w(k)$ 的表达式为

$$x(k) = [x(k), x(k-1), x(k-2), \cdots, x(k-L+1)]^T \qquad (12\text{-}2)$$

$$w(k) = [w_0(k), w_1(k), w_2(k), \cdots, w_{L-1}(k)]^T \qquad (12\text{-}3)$$

对 k 时刻输出值 $y(k)$ 送入判决器进行符号判决,$d(k)$ 为判决器输出的标准星座点,则两者误差为

$$e(k) = d(k) - y(k) \qquad (12\text{-}4)$$

根据误差值 $e(k)$ 进行下一个时刻抽头数系数的更新,迭代过程表达式为

$$w(k+1) = w(k) + \mu e(k) x^*(k) \tag{12-5}$$

其中 μ 称为步长,决定误差收敛的速度,$k+1$ 时刻抽头数系数更新完成后送入新的序列 $x(k)$,不断迭代下去,完成输出序列 $y(k)$ 的更新。DD-LMS 作为一种随机梯度下降算法,其算法收敛特性并不依赖于输出符号的统计特性,而取决于符号判决过程[8]。

12.2.3　预色散补偿原理

电色散补偿技术(EDC)被认为是一种灵活且高效的提升光传输系统性能的方式。在直接检测系统中,由于接收端光电探测器的平方律检测损失了信号的相位信息,使得接收端电色散补偿技术使用受限。其中一种替代方式是在发送端采用电色散补偿技术[9],发送信号的幅度和相位预畸变。

不考虑单模光纤的非线性时,光纤中的传输函数可以看作是线性的[10]。在这种情况下,光纤色散的频域响应可以被建模为

$$H(\omega) = \exp\left(\mathrm{j}\frac{\lambda^2}{4\pi c}DL\omega^2\right) \tag{12-6}$$

其中,λ 是光波长,D 是色散系数,L 是传输距离,c 是光速,色散效应可以由光纤频域响应的倒数补偿:

$$H^{-1}(\omega) = \exp\left(-\mathrm{j}\frac{\lambda^2}{4\pi c}DL\omega^2\right) \tag{12-7}$$

由式(12-7)可知,电色散预补偿可以有效地在发送端减弱色散效应。

12.2.4　查找表算法

查找表预畸变主要用于降低高速系统中与发送序列相关的模式损伤[11]。它具有计算复杂度低、配置灵活等优点,可以应用于纠正强度调制/直接检测系统系统中的非线性损伤问题。

图 12-3 说明了 PAM4 传输系统中查找表算法原理图,发送符号序列 $X(k-M:k:k+M)$ 长度为 $2M+1$,指代 PAM4 信号中的一种模式,其中 $X(k) \in \{\pm 1, \pm 3\}$。初始状态时查找表中数据全部置零,滑动窗口每次选取发送序列中的 $2M+1$ 个符号,并计算这种模式的地址,即查找表索引 i。$Y(k-M:k:k+M)$ 表示在接收端得到的恢复序列,发送序列和接收序列的中心符号相减得到 $e(k)$,即

$$e(k) = Y(k) - X(k) \tag{12-8}$$

当滑动窗口向前移动,越来越多的数据被储存在查找表中,参数 $N(i)$ 用来记录查找表索引 i 中存入数据的个数,每个查找表索引 i 中的最终数据为所有差值 $e(k)$ 的平均,具体计算过程为

$$\mathrm{LUT}(i) = \mathrm{LUT}(i) + e(k) \tag{12-9}$$

$$N(i) = N(i) + 1 \tag{12-10}$$

$$\text{LUT\_}e(k) = \frac{\text{LUT}(i)}{N(i)} \tag{12-11}$$

$\text{LUT\_}e(k)$即每个查找表索引 i 中的最终数值,一旦基于各种可能模式的查找表被建立,它就可以布置到发射端,用于发送数据的预畸变,具体预畸变过程如下:

$$X'(k) = X(k) - \text{LUT\_}e(k) \tag{12-12}$$

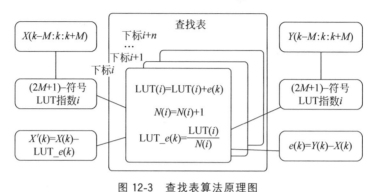

图 12-3　查找表算法原理图

12.3　PAM4 信号高速传输系统

12.3.1　4 信道 IM/DD 112.5Gbit/s PAM4 信号传输系统

图 12-4 为 4 信道 IM/DD 112.5Gbit/s PAM4 传输系统原理以及信号处理流程图[12]。从图中可知,4 个独立的电吸收调制激光器作为激光源,信道间隔为 0.8nm,3dB 带宽为 40GHz,最佳偏置电压为 -1.4V,驱动电流为 100mA。在发射端,采样速率为 80GSa/s,3dB 带宽为 20GHz 的高速数/模转换模块产生 4 信道 56.25Gbaud PAM4 信号。这 4 路数据首先映射为 PAM4 符号,接着进行 LUT 预畸变和预均衡过程以降低系统的非线性损伤。在接收端,经过 3dB 带宽为 40GHz 的光电探测器转换,该信号被采样速率为 80GSa/s,3dB 带宽为 33GHz 的实时示波器(DSO)采样并离线处理。接收信号首先被重采样为 112.5GSa/s,再经过 21 抽头数系数,$T/2$ 间隔的 DD-LMS 均衡器信号恢复,PAM4 符号判决后计算误码率。

对于 80km 单模光纤链路,4 路 PAM4 信号经过波分复用器和掺铒光纤放大器后注入光纤信道。最佳光发射功率在实验中确定。接收端在经过可调光滤波器后,接入另一个掺铒光纤放大器用来抑制放大自发辐射噪声。为了补偿色散,一段匹配的色散补偿光纤级联在单模光纤后。

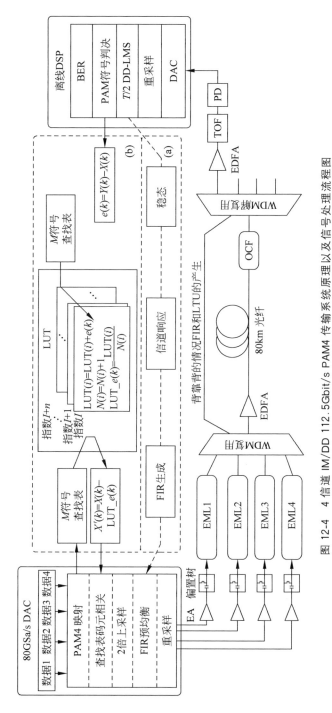

图 12-4　4 信道 IM/DD 112.5Gbit/s PAM4 传输系统原理以及信号处理流程图

（a）基于接收端均衡器的预均衡（Pre-EQ）；（b）基于查找表预畸变（Pre-DT）过程

在传输光纤之前,首先进行 LUT 预畸变和预均衡过程。为了获得良好的信道质量以进行查找表纠正过程,我们在端到端情况下利用训练序列估计信道情况。发送端的预均衡滤波器的参数由接收端 DD-LMS 自适应滤波器的抽头数系数决定(图 12-5(a))。图 12-5(b)说明了查找表的产生过程,主要是通过比较不同模式下发送序列和接收序列的差值,再将结果多次平均后存储于对应的查找表索引中。一旦查找表中存储了不同模式下的补偿值,它就可以布置在发射端用以进行非线性补偿。

我们首先测试了预均衡(Pre-EQ)和预畸变(Pre-DT)的性能。接收端自适应 DD-LMS 均衡器的频域响应如图 12-5(a)和(b)所示,可以看出经过预均衡后获得了平坦的频域响应。预均衡 FIR 滤波器的抽头数系数由自适应 DD-LMS 均衡器

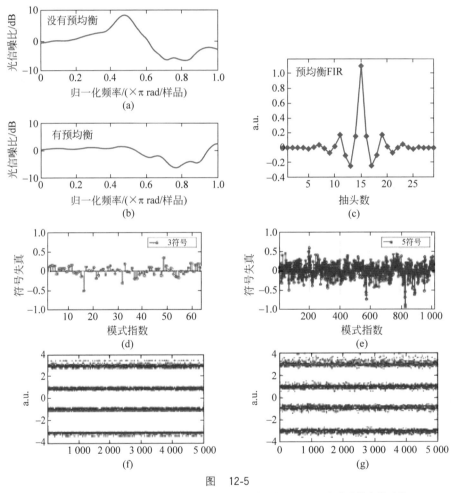

图　12-5

(a)预均衡之前和(b)之后的 DD-LMS 均衡器频域响应；(c)FIR 滤波器抽头数系数；
(d)3 符号和(e)5 符号查找表数据；(f)经过 3 符号和(g)5 符号查找表后 PAM4 信号星座图

产生(图 12-5(c))。图 12-5(d)和(e)表示了 3 符号(64 种模式)和 5 符号(1 024 种模式)查找表过程,可以看出,使用更长的符号可以纠正更大的畸变值。图 12-5(f)和(g)表示经过 3 符号和 5 符号查找表预畸变后 PAM4 信号的星座点。

背靠背的误码率性能如图 12-6 所示,我们测试了 FIR 滤波器抽头数和查找表符号数对于系统误码率的影响(图 12-6(a)和(b))。可以得到,FIR 滤波器 21 抽头

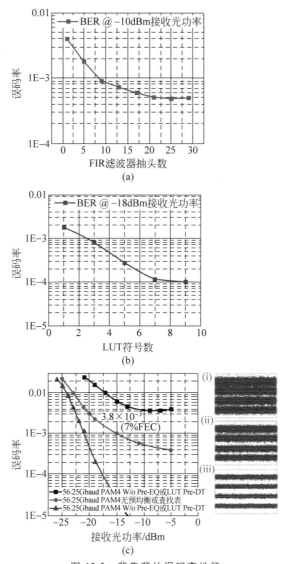

图 12-6　背靠背的误码率性能

(a) BER 和 FIR 滤波器抽头数关系;(b) BER 和 LUT 符号数关系;(c) 不同算法下 BER 和接收信号功率关系插图(i)~(iii)是在-5dBm 接收功率下 PAM4 信号恢复星座点

数,7 符号查找表可以很好地满足预均衡和预畸变过程。图 12-6(c)表示接收功率和误码率的性能曲线,在没有使用预均衡和预畸变时存在误码瓶颈,在使用预均衡后在硬判决-前向纠错编码门限 3.8×10^{-3} 处得到 10dB 的接收机灵敏度增益。额外 2dB 的灵敏度增益可以通过查找表预畸变过程得到。当二者同时应用时,图中可以看出有很大的性能提升。插图（i）、（ii）、（iii）分别表示在接收功率为 -5dBm 时,误码率为 3.9×10^{-3},4.0×10^{-4} 和零误码时的 PAM4 星座图。

4 信道 400Gbit/s 波分复用 PAM4 信号频谱如图 12-7(a)所示,图 12-7(b)表

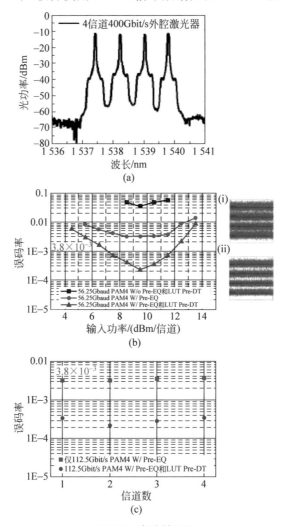

图 12-7　实验结果图

(a) 4 信道 WDM 功率谱；(b) 经过 80km SMF＋DCF 信道 2 BER 和输入功率关系图；

(c) 在 9.5dBm 输入功率下各信道误码率情况

示 4 信道 400Gbit/s 系统中信道 2 在传输 80km 光纤后误码率和输入光功率的关系曲线,从图中不同的传输方案可以看出,联合使用预均衡和预畸变可以得到最好的系统性能,超过 8dB 的输入功率范围可以满足系统误码门限要求。插图(i)和(ii)分别表示经过 80km 光纤只使用预均衡、联合使用预均衡和预畸变时的 PAM4 星座图。112.5Gbit/s PAM4 信号 4 路信道在输入功率为 9.5dB 时的误码率如图 12-7(c)所示,同样,更好的系统性能被验证。

12.3.2　50Gbit/s 和 64Gbit/s PAM4 PON 下行传输系统

图 12-8 说明 50Gbit/s 和每波 64Gbit/s PAM4 PON 下行传输系统实验流程。在光线路终端,1 550nm 的激光二极管作为本系统的光源。3dB 带宽为 23GHz 的双驱动 MZM 偏置在正交位置,用来进行信号的复数调制。采样率为 80GSa/s 和 81.92GSa/s 的数/模转换模块分别用来产生 25Gbaud 和 32Gbaud PAM4 信号。数/模转换模块的 3dB 带宽为 16GHz。I 路和 Q 路发送数据的产生流程如图 12-8 所示,比特信息被映射为 PAM4 符号,接着进行非线性预畸变和线性预均衡以降低系统非线性损伤。对于 20km 光纤传输情况,发送端加入色散预补偿模块,它是基于频域的色散补偿,具体过程如图 12-8 中的插图(iii)。

在传输光纤之前,首先进行 LUT 预畸变和预均衡过程(图 12-8 中的插图(i)和(ii))。为了获得良好的信道质量以进行查找表纠正过程,我们在端到端情况下利用训练序列估计信道情况。发送端预均衡滤波器的参数由接收端 DD-LMS 自适应滤波器的抽头数系数决定。图 12-8(ii)说明了查找表的产生过程,主要是通过比较不同模式下发送序列和接收序列的差值,再将结果多次平均后存储于对应的查找表索引中。一旦查找表中存储了不同模式下的补偿值,它就可以布置在发射端用以进行非线性补偿。

在光网络单元端,可调光衰减器用来测量接收机的灵敏度。接收机包括一个掺铒光纤放大器,保证输出光功率固定在 0dBm,还有一个可调光滤波器,用来消除带外放大自发辐射噪声。另外光电二极管(PIN+TIA)用来进行信号检测,检测 PAM4 信号被采样速率为 80GSa/s,3dB 带宽为 33GHz 的实时示波器采样并离线处理。采样信号首先被重采样为 2 采样/符号(sample/symbol),再通过时钟恢复为 1sample/symbol,最后经过 5 抽头的前馈均衡器进行误码率计算。

图 12-9(a)表示在背靠背传输情况下误码率和接收光功率之间的关系图,从图中可以看出,仅使用 5 抽头前馈均衡器情况下,联合使用预均衡和预畸变可以得到最好的接收机灵敏度。插图(i)、(ii)、(iii)分别表示没有预信号处理、只使用预均衡、联合使用预均衡和预畸变时的 64Gbit/s PAM4 星座图。从插图中可以看出明

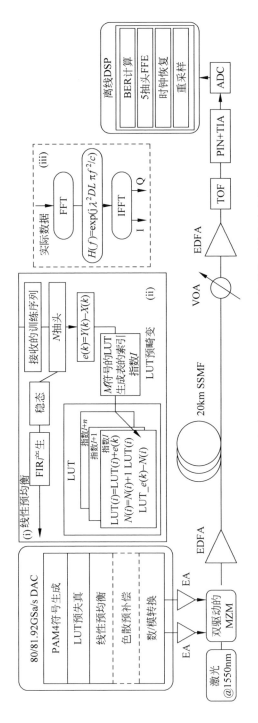

图 12-8　50Gbit/s 和每波 64Gbit/s PAM4 PON 下行传输系统实验流程图

显的线性和非线性损伤抑制效果。当只采用预均衡时,由于非线性损伤,系统大概有 1.5dB 的功率损失。图 12-9(b)说明经过 20km 光纤传输后接收机灵敏度,我们比较了是否采用预色散补偿和预畸变对系统误码的影响。当没有采用色散预补偿时,非线性补偿对于信号的恢复至关重要,实验中联合使用了 66 抽头非线性沃尔泰拉均衡器和 23 抽头前馈均衡器。但是,这种联合非线性补偿的方案依然没有前述的预信号处理方案更优。通过联合使用预色散补偿、查找表预畸变和 5 抽头后均衡器,对于 50Gbit/s 和 64Gbit/s PAM4 信号分别可以得到 2dB 和 4dB 灵敏度增益。

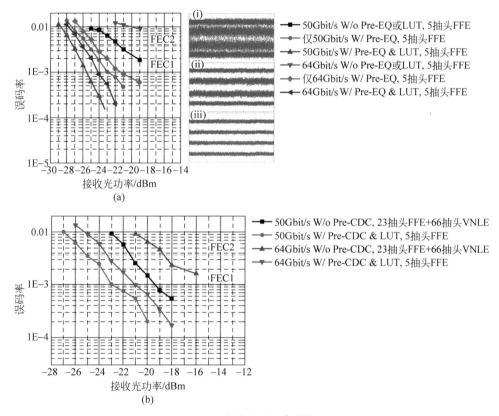

图 12-9　实验的误码率曲线图

(a) PAM4 信号 BER 和接收光功率关系图;(b) 经过 20km 光纤后 PAM4 信号 BER 和接收光功率关系图

为了更好地说明发射端数字信号处理的优越性能,图 12-10(a)～(h)展示了在不同情况下接收端为 50Gbit/s 和 64Gbit/s PAM4 信号眼图。即使在前馈均衡器之前,依然可以看到清晰的眼图(图 12-10(c)、(d)、(g)、(h))。我们也比较了不同抽头数下非线性沃尔泰拉均衡器和前馈均衡器的表现性能。图 12-10(i)说明

64Gbit/s PAM4 信号下前馈均衡器不同抽头数对于误码率的影响。可以看出,联合发送端信号处理(Pre-EQ 和 LUT),仅仅使用 5 抽头数前馈均衡器即可满足误码要求,而如果没有发送端信号处理,至少需要 73 抽头数前馈均衡器。图 12-9(ii)说明了在 18dBm 接收功率下,64Gbit/s PAM4 信号非线性沃尔泰拉均衡器不同抽头数对于误码率的影响,在联合发送端信号处理(Pre-CDC 和 LUT)情况下不需要非线性沃尔泰拉均衡器,反之则需要至少 66 抽头数非线性沃尔泰拉均衡器。

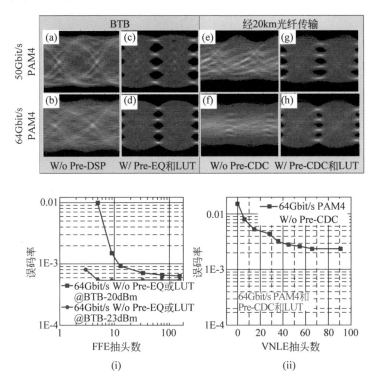

图 12-10　不同情况下接收端 50Gbit/s 和 64Gbit/s PAM4 信号眼图
(i) 背靠背下 64Gbit/s PAM4 信号 BER 和前馈均衡器抽头数关系;
(ii) 20km 光纤后 64Gbit/s PAM4 信号 BER 和非线性沃尔泰拉均衡器抽头数关系

12.3.3　4 信道 IM/DD 112Gbit/s PAM4 信号预色散补偿传输系统

图 12-11 给出了传输距离为 400km 的 4 信道 IM/DD 112Gbit/s PAM4 预色散补偿传输系统。在发送端,4 个可调激光二极管波长范围是 1 554.92 ～ 1 557.35nm,输出功率为 14.5dBm,波长间隔为 100GHz。4 个激光二极管分为奇数信道和偶数信道两组。同一组激光二极管通过光耦合器复用并进行 IQ 调制,

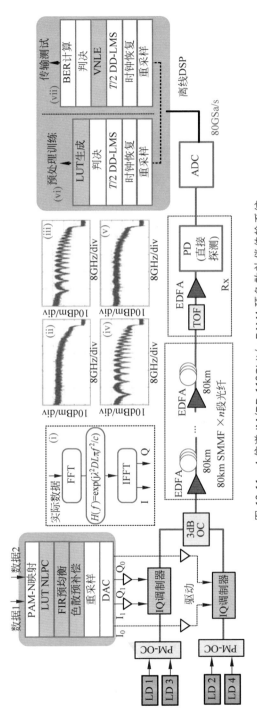

图 12-11　4 信道 IM/DD 112Gbit/s PAM4 预色散补偿传输系统

(i) 频域预色散补偿; (ii)~(v) 背靠背及 80km 光纤无色散补偿情况下,加入色散补偿后传输 80km 光纤前后的频谱图;

(vi) 和 (vii) 基于查找表预畸变过程

IQ 调制器的 3dB 带宽为 37GHz。采样速率为 81.92GSa/s,3dB 带宽为 20GHz 的高速数/模转换模块产生 4 信道 56.25Gbaud PAM4 信号。I 路和 Q 路数据的产生流程如图 12-11 所示,这 4 路数据首先映射为 PAM4 符号,接着进行查找表预畸变和预均衡过程以降低系统的非线性损伤。对于背靠背系统不需要色散补偿,I 路和 Q 路数据的产生流程类似。对于 400km 光纤传输情况,发送端加入色散预补偿模块,是基于频域的色散补偿,具体过程如图 12-11 中的插图(i)。

在接收端,可调光滤波器用来滤出期望信道。经过 3dB 带宽为 40GHz 的光电探测器直接检测,该信号被采样速率为 80GSa/s,3dB 带宽为 33GHz 的实时示波器采样并离线处理。直接检测后信号频谱如图 12-11(ii)~(v)所示,分别为背靠背及 80km 光纤无色散补偿情况下,加入色散补偿后传输 80km 光纤前后的频谱图。通过采用色散预补偿,直接检测后的功率衰落现象(power fading)被克服。对于离线处理,接收信号首先被重采样为 56GSa/s,再经过 33 抽头数系数,$T/2$ 间隔的 DD-LMS 均衡器信号恢复,PAM4 符号判决,计算误码率。

在背靠背和波分复用实验之前,首先采用查找表预畸变[12]和预均衡过程来克服信道的非线性损伤。为了获得良好的信道质量以进行查找表纠正过程,我们在端到端情况下利用训练序列估计信道情况。发送端的 FIR 滤波器的系数由接收端 DD-LMS 自适应滤波器的抽头数系数决定。查找表的产生过程主要是通过比较不同模式下发送序列和接收序列的差值,再将结果多次平均后存储于对应的查找表索引中。一旦查找表中存储了不同模式下的补偿值,就可以布置在发射端用以进行非线性补偿。在测试中使用了 7 符号的查找表,最终数/模转换模块的输出数据经过了预畸变和色散预补偿。对于误码率测试,在 DD-LMS 后,非线性沃尔泰拉均衡器被用来进一步提升系统性能(图 12-11)。

对于 400km 单模光纤链路,4 路 PAM4 信号经过 3dB 耦合器和掺铒光纤放大器后注入光纤信道。最佳光发射功率在实验中确定。其中在每段 80km 光纤前 EDFA 用来补偿功率损失,在可调光滤波器后的另一个 EDFA 用来抑制放大自发辐射噪声,并保证输入光电探测器前的光功率维持在 0dBm。

图 12-12(a)说明了背靠背传输 56Gbaud PAM4 信号误码率与光信噪比(dB/0.1nm)的关系。可以看出,在没有使用预信号处理时系统存在很大的误码率瓶颈,当采用预均衡后获得显著的光信噪比增益。在误码门限 3.8×10^{-3}(7% HD-FEC)处额外 3dB 增益可以通过预畸变过程得到。当使用基于查找表的预畸变,单信道 PAM4 信号在误码门限 3.8×10^{-3} 处所需 OSNR 大约为 32.5dB/0.1nm。我们也观察到,当采用接收端非线性沃尔泰拉均衡器系统性能有轻微改善。当联合采用预均衡和基于查找表的预畸变,在接收功率足够大时可以观察到显著的误码性能改善。插图(i),(ii),(iii)分别表示在 OSNR 为 −48dB 时,误码率为 2.1×10^{-3}、

5.0×10^{-4} 和零误码时的 PAM4 星座图。

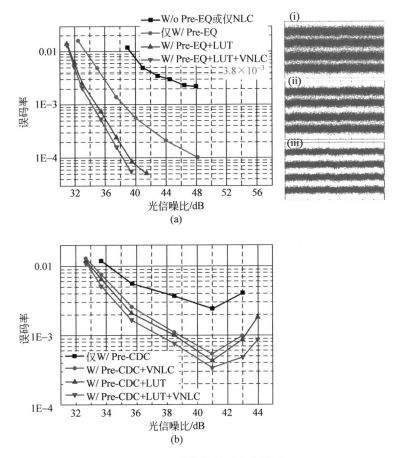

图 12-12　实验的误码率曲线图

(a) 不同方案下 56Gbaud PAM4 信号背靠背传输误码率与光信噪比关系图；(b) 不同方案下
单信道 56Gbaud PAM4 信号传输 80km 光纤后误码率与光信噪比关系图

(i)，(ii)，(iii) 分别表示在 OSNR 为 −48dB 时的 PAM4 星座图

　　我们也测试了经过 80km 光纤后的系统表现（图 12-12(b)）。在测试中，OSNR 是通过改变发送端输入功率测得的，因此当 OSNR 变大时由于光纤的非线性效应造成误码率增大。通过实验我们比较了是否采用预色散补偿、预畸变和预均衡对误码率的影响。结果再次表明，通过采用一系列预均衡和后均衡技术可以显著降低系统非线性损伤。

　　4 信道 400Gbit/s 波分复用 PAM4 信号传输结果如图 12-13 所示。图 12-13(a) 表示 4 信道 400Gbit/s 系统中信道 2 在传输 320km 光纤后误码率和输入光功率关

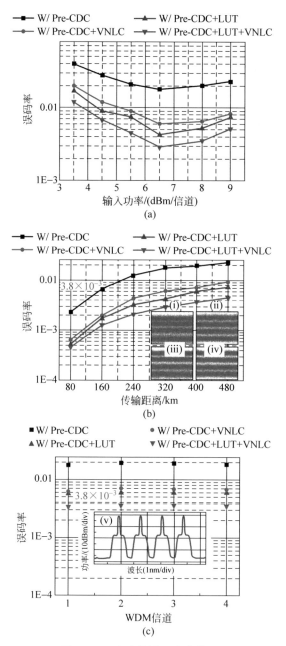

图 12-13　实验的误码率曲线图

（a）经过 320km 光纤后信道 2 BER 与输入功率关系图；（b）BER 与传输距离关系图；（c）4 个信道误码率

（i）～（iv）分别表示经过 400km 光纤后时 PAM4 星座图；（v）波分复用 4 信道频谱

系曲线,从图中不同的传输方案可以看出,联合使用基于查找表的预畸变和基于非线性沃尔泰拉均衡器的后均衡可以得到最好的系统性能。每个 100Gbit/s 信道的最佳发射功率是 6.5dBm,信道 2 在最佳发射功率下误码率随传输距离变化曲线如图 12-13(b)所示。插图(i)~(iv)分别表示经过 400km 光纤只使用预色散补偿、联合使用预色散补偿和沃尔泰拉均衡器、联合使用预色散补偿和查找表,以及三者同时使用时的 PAM4 恢复星座图。信道 2 在传输 400km 光纤后误码率为 3.6×10^{-3},低于误码门限 3.8×10^{-3}(7% HD-FEC)。4 路 112Gbit/s PAM4 信号经过 400km 光纤后误码率如图 12-13(c)所示,可以看出误码率均低于误码门限 3.8×10^{-3}(7% HD-FEC)。4 信道 400Gbit/s 波分复用 PAM4 信号频谱如插图(v)所示。

12.3.4　极化复用的 400Gbit/s PAM4 信号产生和相干探测

为了应对日益增长的带宽需求,网络端和用户端的数据速率已经达到了 400Gbit/s[13-20]。目前有多种方法可以实现 400Gbit/s 速率,包括波分复用增加信道数量、增加信号波特率或提高调制阶数[15-20]。考虑到实现的复杂度、成本和功耗问题,应当尽可能地降低信道数量以实现光接口的高效器件集成[21-23]。因此,只能从提高信号波特率和调制阶数角度增加数据传输速率。另外,脉冲幅度调制由于设置简单、成本低和频谱高效等原因,在短距离光通信领域和城域网[15-20]均引起了众多研究者的兴趣。为了进一步提升单信道数据速率,PAM4 信号波特率逐年提高。最近 56Gbaud PAM4 强度调制/直接检测系统被提出,这是目前为止最高的波特率,数据传输速率达到 112Gbit/s[15-17]。为了实现 400Gbit/s,一种方法是提高信道数量,比如 4 信道 112Gbit/s PAM4 信号[15-17]或者两信道 224Gbit/s 偏振复用 PAM4 信号联合 MIMO 收发机[18]。进而,对于 56Gbaud PAM4 信号,需要至少两信道才可以达到 400Gbit/s,甚至要考虑偏振分集。因此提高单信道波特率以实现 400Gbit/s 是一种高效、有前景的下一代网络解决方案。另外,偏振复用的采用会使直接检测系统接收机更为复杂[18],更好的解决方法是使用相干检测以带来更好的性能[19,20]。

120Gbaud PDM-PAM4 信号相干检测系统如图 12-14 所示,PAM4 信号是通过三阶段电时分复用(ETDM)产生的。首先发送两路 7.5Gbit/s 不相关伪随机序列(PRBS,215-1)通过 2∶1 复用器(MUX)形成 15Gbit/s 二进制序列,再通过 4∶1 复用器形成 60Gbit/s 二进制序列,如图 12-14(i)所示;然后,再通过另一个 2∶1 复用器形成 120 Gbaud NRZ 信号,如图 12-14(ii)所示。在本实验中,4∶1 复用器工作电压 V_{pp} 为 500mV,可以得到 60Gbit/s 二进制信号输出,2∶1 复用器工作电压 V_{pp} 为 400mV,可以得到 120Gbit/s 二进制信号输出。最后,PAM4 信号是由两路不相关 NRZ 信号,其中一路通过 6dB 衰减器叠加而成,如图 12-14(iii)所示。

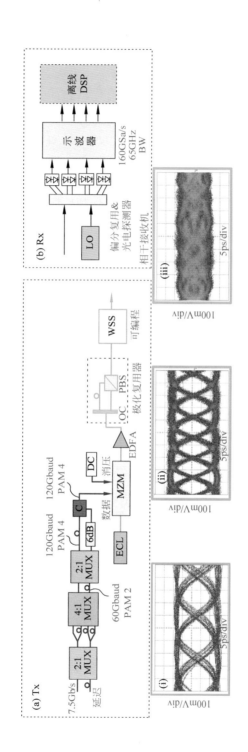

图 12-14 120Gbaud PDM-PAM4 信号相干检测系统

(i)、(ii)、(iii) 60Gbaud NRZ 信号、120Gbaud NRZ 信号和 120Gbaud PAM4 信号眼图

对于 PAM4 信号调制,波长为 1 549.44nm 的外腔激光器作为光源,其线宽小于 100kHz,输出功率为 13.5dBm,电域 PAM4 信号通过马赫-曾德尔调制器进行光调制。由于使用相干检测,因此 MZM 偏置在零点,经过调制后接入掺铒光纤放大器进行功率放大。偏振复用器是由光耦合器、光延迟线和偏振合束器三部分构成。实验中,MZM 3dB 带宽 40GHz,因此 PAM4 信号由于带宽限制会带来低通滤波损伤。同时其他光电器件,如光电探测器、模/数转换等也会有带宽限制,进一步压缩了频谱,带来了符号间串扰、信号串扰等损伤。

为了克服带宽限制带来的滤波效应,我们采用波长选择开关进行发射端预均衡,这是通过降低低频分量能量,增加高频分量能量实现的。这种预均衡方案广泛应用于高速系统中,效果明显[21,23,24]。这里我们采取相似的预均衡方案[24],即通过信道估计得出信道频谱响应。图 12-15(a)展示了信道估计的原理和实验方法,其中 120Gbaud PAM2 信号作为训练序列。在接收端,经过 DD-LMS 收敛得到 49 自适应抽头数系数。图 12-15(b)说明了自适应滤波器频谱响应,这也是信道响应的倒数。通过自适应抽头数系数,可以设计 WSS 以得到匹配的传输函数,如图 12-15(c)所示。

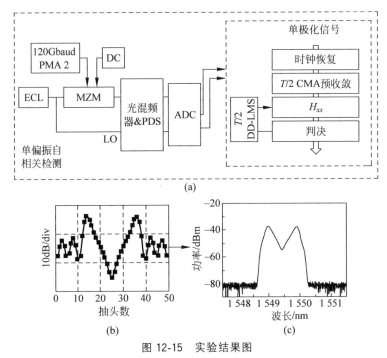

图 12-15　实验结果图

(a) 信道估计实验设置与原理图;(b) 自适应滤波器频率响应;(c) 波长选择开关光滤波器光谱

在接收端,另一个外腔激光器作为本振源,另外 90°光混频器主要是为了实现单偏振态的相位分集接收,平衡探测器的带宽为 50GHz。实时数字示波器采样率为 160GSa/s,3dB 带宽 65GHz,经过 ADC 后过采样率 1.33 得到 120Gbaud PDM-PAM4 信号。然后 4 路 160GSa/s 采样信号进行离线信号处理,重采样至 240GSa/s,经过自适应滤波器作为信道估计,如图 12-15(a)所示。由于 PAM4 信号星座点具有 2 个模值,故引入 $T/2$ 间隔恒模级联算法预收敛,再进一步使用 21 抽头 DD-LMS 提升判决效果。值得注意的是,由于激光器线宽和相干检测的频率偏差引起的相位旋转依然存在。频率偏差引起的相位旋转和相位噪声可以通过时钟恢复算法纠正,DD-LMS 在时钟恢复后进行。由于波特率超过 100Gbaud,因此其对由光纤引起的色散极为敏感。

接收机端信号处理结果如图 12-16 所示,图中为 120Gbaud PDM-PAM4 信号,

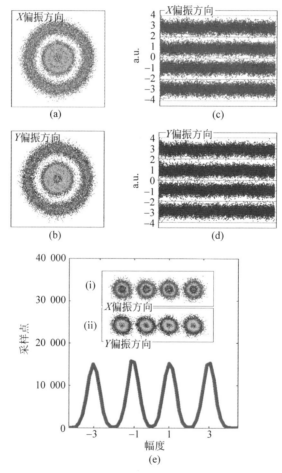

图 12-16　接收机端信号处理结果

(a)和(b) CMMA 后 X 和 Y 偏振方向星座图;(c)和(d) DD-LMS 后 X 和 Y 偏振方向星座图;

(e) X 和 Y 偏振方向信号直方图和星座图

其 OSNR 大于 30dB,图 12-16(a)、(b)说明经过第一阶段 CMMA 后 X 偏振和 Y 偏振方向的星座图,可以看出信号的幅度信息经过 CMMA 后被分开。接下来第二阶段 DD-LMS 用来进一步提升性能,图 12-16(c)和(d)说明了经过 DD-LMS 后 PAM4 信号星座图,可以看出幅度信息被清楚地分开。我们也统计了恢复信号幅度信息的直方图,从图 12-16(e)可以得出其符合高斯分布。插图(i)和(ii)是 120Gbaud PAM4 信号经过信号处理后 X 偏振和 Y 偏振方向星座图。

为了克服滤波效应和接收机噪声影响,我们采用前述的发射机预均衡技术。首先测试背靠背情况下 BER 与预加重强度的关系,如图 12-17(a)所示。这里使用

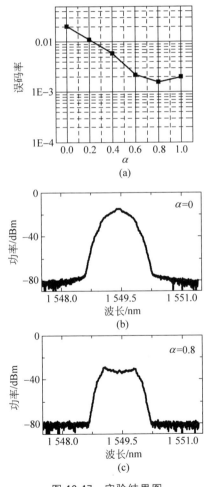

图 12-17　实验结果图

(a) BTB 29.5dB OSNR 时 BER 与预加重强度关系图;120Gbaud PAM4 信号在
(b)使用和(c)不使用预均衡情况下的光谱

α因子来调整预加重强度,当其为零时没有预均衡。从图 12-17(a)可以看出对于 PAM4 信号,最佳 α 因子为 0.8,当 α 高于 0.8 时性能略有下降。图 12-17(b)和(c) 是 120Gbaud PAM4 信号是否使用预均衡情况下的光谱,可以看出经过预均衡后 信号高频分量明显增强。

最后,图 12-18 测试了不同方案下 BER 与 OSNR 的关系,从图中可看出当没 有预均衡时存在很大的误码率瓶颈,当使用预均衡后 120Gbaud PAM4 信号有超 过 5dB 的 OSNR 增益,这里预加重强度为 0.8。考虑 20% 软判决前向纠错编码, 在 BER 为 2×10^{-2} 时其 OSNR 约为 24.8dB,120Gbaud PDM-PAM4 信号可以提 供单载波 400Gbit/s 传输速率。我们也测试了经过 20km 单模光纤后 BER 与 OSNR 的结果,与背靠背情况相比并未有明显的 OSNR 损伤。

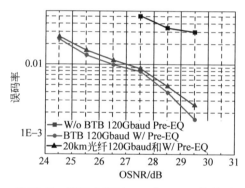

图 12-18 不同方案下 BER 与 OSNR 的关系

我们实验研究了基于单载波的 400Gbaud 以太网方案,通过外部强度调制器 和相干检测实现了 120Gbaud PDM-PAM4 信号,其数据传输速率达到 480Gbit/s, 考虑 20% FEC 开销依然可以达到 400Gbit/s 净传输速率,这些显示其在短距离接 入网和城域网中有广阔的应用前景。

12.4 本章小结

本章主要介绍了 PAM4 信号调制以及相应的数字信号处理算法。12.1 节引 言部分说明了 PAM4 作为一种结构简单、成本低的调制方式,在短距离通信中引 起了广泛的研究兴趣。12.2.1 节从 PAM4 基本原理出发分析了其在信噪比要求 和信号带宽方面的优势,可以很好地应对带宽受限型信道。但当有信噪比承受空 间时,牺牲一部分信噪比换取速率成倍提高的 PAM4 方案会是很好的选择。 12.2.2 节~12.2.4 节介绍了一些 PAM4 信号处理算法,首先是 DD-LMS,这是一 种应用广泛的盲均衡算法,可以收敛星座点并进一步提升判决性能;然后是预色散补偿算法,在发送机进行预补偿从而抵消光纤传输中的色散效应;最后查找表算法作为一种操作简单的算法,通过在发送端信号预畸变,可以抵抗直接检测系统中的各种非线性损伤,降低系统误码率。12.3 节从实验角度分析了多种 PAM4 高速传输系统。12.3.1 节分析了 4 信道 IM/DD 112.5Gbit/s PAM4 传输系统,该系统采用预均衡和查找表算法降低系统线性和非线性损伤;12.3.2 节介绍了每波50Gbit/s 和每波 64Gbit/s PAM4 PON 下行传输系统,在 12.3.1 节基础上加入色散预补偿,并对比分析了非线性沃尔泰拉均衡器与查找表算法在计算复杂度上的差异;12.3.3 节介绍了 4 信道 IM/DD 112Gbit/s PAM4 系统,联合应用了色散预补偿、预均衡、查找表和 DD-LMS 等一系列算法实现了 400Gbit/s 大容量高速系统;12.3.4 节是极化复用的 400Gbit/s PAM4 信号相干系统,该系统通过时分复用和极化复用,再采用预加重技术克服光电器件的带宽限制,实现了 120Gbaud PDM-PAM4 信号,其数据传输速率达到 480Gbit/s,考虑 20% FEC 开销依然可以达到 400Gbit/s 净传输速率,这些显示其在短距离接入网和城域网中有广阔的应用前景。

参考文献

[1] DOCHHAN A, EISELT N,GRIESSER H,et al. Solutions for 400Gbit/s inter data center WDM transmission[C]. European Conference on Optical Communication,2016.

[2] DOCHHAN A, GRIESSER H, MONROY I T, et al. First real-time 400G PAM4 demonstration for inter-data center transmission over 100km of SSMF at 1 550nm[C]. Optical Fiber Communications Conference and Exhibition,2016.

[3] SADOT D, DORMAN G, GORSHTEIN A,et al. Single channel 112Gbit/s PAM4 at 56Gbaud with digital signal processing for data centers applications[C]. Optical Fiber Communications Conference and Exhibition,2015.

[4] PANG X, OZOLINS O,GAIARIN S,et al. Evaluation of high-speed EML-based IM/DD links with PAM modulations and low-complexity equalization[C]. European Conference on Optical Communication,2016.

[5] GAO Y,CARTLEDGE J C,YAM S H,et al. 112Gbit/s PAM4 using a directly modulated laser with linear pre-compensation and nonlinear post-compensation [C]. European Conference on Optical Communication,2016.

[6] JIA Z, CHIEN H C,CAI Y,et al. Experimental demonstration of PDM-32QAM single-carrier 400G over 1 200km transmission enabled by training-assisted pre-equalization and look-up table[C]. Optical Fiber Communications Conference and Exhibition,2016.

[7] 张家琦,葛宁.联合 CMA+DDLMS 盲均衡算法[J].清华大学学报:自然科学版,2009,10:1681-1683.

[8] WANG Y,YU J, CHI N. Demonstration of 4×128Gbit/s DFT-S OFDM signal transmission over 320km SMF with IM/DD[J]. IEEE Photonics Journal,2016,8(2):1-9.

[9] ZHOU J,ZHANG L，ZUO T，et al. Transmission of 100Gbit/s DSB-DMT over 80km SMF using 10G class TTA and direct-detection[C]. European Conference on Optical Communication,2016.

[10] SAVORY S J. Digital filters for coherent optical receivers[J]. Optics Express,2008,16 (2)：804-817.

[11] KE J H,GAO Y，CARTLEDGE J C. 400Gbit/s single-carrier and 1Tbit/s three-carrier superchannel signals using dual polarization 16QAM with look-up table correction and optical pulse shaping[J]. Optics Express,2014,22(1)：71-83.

[12] ZHANG J，YU J,CHIEN H C. EML-based IM/DD 400G (4×112.5Gbit/s) PAM4 over 80km SSMF based on linear pre-equalization and nonlinear LUT pre-distortion for inter-DCI applications[C]. Optical Fiber Communications Conference and Exhibition,2017.

[13] OLMEDO M I, ZUO T,JENSEN J B,et al. Towards 400Gbase 4-lane solution using direct detection of multi-CAP signal in 14GHz bandwidth per lane[C]. Optical Fiber Communication Conference and Exposition and the National Fiber Optic Engineers Conference,2013.

[14] ESTARAN J，IGLESIAS M，ZIBAR D，et al. First experimental demonstration of coherent CAP for 300Gbit/s metropolitan optical networks [C]. Optical Fiber Communication Conference,2014.

[15] MAO B，LIU G N,MONROY I T,et al. Direct modulation of 56Gbit/s duobinary-4PAM[C]. Optical Fiber Communications Conference and Exhibition,2015.

[16] ZHONG K，ZHOU X,GUI T,et al. Experimental study of PAM4,CAP16 and DMT for 100Gbit/s short reach optical transmission systems[J]. Optics Express,2015,23(2)：1176-1189.

[17] XU X,ZHOU E，LIU G N,et al. Advanced modulation formats for 400Gbit/s short-reach optical inter-connection[J]. Optics Express,2015,23(1)：492500.

[18] MORSY O M，CHAGNON M,POULIN M,et al. 1λ×224Gbit/s 10km transmission of polarization division multiplexed PAM4 signals using 1.3 μm SiP intensity modulator and a direct-detection MIMO-based receiver[C]. European Conference on Optical Communication,2016.

[19] XIE C,SPIGA S，DONG P,et al. Generation and transmission of 100Gbit/s PDM 4PAM using directly modulated VCSELs and coherent detection[C]. Optical Fiber Communications Conference and Exhibition,2014.

[20] XIE C,SPIGA S,DONG P,et al. Generation and transmission of a 400Gbit/s PDM/WDM signal using a monolithic 2×4 VCSEL array and coherent detection[C]. Optical Fiber Communications Conference and Exhibition,2014.

[21] RAYBON G，ADAMIECKI A，WINZER P，et al. Single-carrier 400G interface and 10channel WDM transmission over 4 800km using all-ETDM 107Gbaud PDM-QPSK[C]. Optical Fiber Communication Conference and Exposition and the National Fiber Optic Engineers Conference,2013.

[22] CHIEN H C, ZHANG J,XIA Y,et al. Transmission of 20×440Gbit/s super-Nyquist-

filtered signals over 3 600km based on single-carrier 110Gbaud PDM QPSK with 100GHz Grid[M]. New York：OSA Publishing,2014.

[23]　RAYBON G，ADAMIECKI A，WINZER P P J，et al. All-ETDM 107Gbaud PDM-16QAM (856Gbit/s) transmitter and coherent receiver[C]. European Conference and Exhibition on Optical Communication,2013.

[24]　ZHANG J,YU J,CHI N,et al. Time-domain digital pre-equalization for band-limited signals based on receiver-side adaptive equalizers[J]. Optics Express,2014,22(17)：20515-20529.

索　引